教育部人文社会科学研究项目（10YJA790084）研究成果

经济管理学术文库·管理类

# 边境贫困地区生态补偿机制研究
## ——基于新疆视角

Study on Payments for Environmental Services in the
Border Poor Areas
——Based on the Perspective of Xinjiang

孔令英／著

U0349531

经济管理出版社
ECONOMY & MANAGEMENT PUBLISHING HOUSE

**图书在版编目（CIP）数据**

边境贫困地区生态补偿机制研究——基于新疆视角/孔令英著.—北京：经济管理
出版社，2016.7

ISBN 978 - 7 - 5096 - 4372 - 3

I.①边… Ⅱ.①孔… Ⅲ.①贫困区—生态环境—补偿机制—研究—新疆 Ⅳ.①X321.245

中国版本图书馆 CIP 数据核字（2016）第 090215 号

组稿编辑：曹　靖
责任编辑：张巧梅
责任印制：黄章平
责任校对：王　淼

出版发行：经济管理出版社
　　　　（北京市海淀区北蜂窝 8 号中雅大厦 A 座 11 层　100038）
网　　址：www. E - mp. com. cn
电　　话：（010）51915602
印　　刷：北京九州迅驰传媒文化有限公司
经　　销：新华书店
开　　本：720mm×1000mm/16
印　　张：15
字　　数：266 千字
版　　次：2016 年 7 月第 1 版　　2016 年 7 月第 1 次印刷
书　　号：ISBN 978 - 7 - 5096 - 4372 - 3
定　　价：58.00 元

# 前　言

新疆边境贫困地区自然条件恶劣，生态环境脆弱，贫困问题复杂而普遍，与生态环境退化问题呈现出相互影响、互为因果的特殊关系，形成了"粗放式开发利用—生态破坏—经济贫困—掠夺式开发—生态环境进一步退化—生态贫困—经济更加贫困"的恶性循环。加快贫困地区生态补偿机制的建立是新疆边境贫困地区可持续发展的根本要求，更是新疆"十三五"期间及未来亟待解决的重大现实问题。本书旨在研究建立新疆边境贫困地区生态补偿机制，通过扶贫式生态补偿来改善当地脆弱的生态环境状况，并促进生态与经济的协调发展，从而形成缓解贫困的长效机制，以此帮助边境贫困地区有效脱贫。本书研究内容主要包括以下六章：

第一章，生态补偿的理论分析。根据国内外研究，对生态补偿的概念与内涵进行了讨论和界定，并梳理了相关理论基础；详细梳理了生态补偿目标设定、补偿主客体界定、补偿标准核算方法、资金来源、补偿方式、补偿效率评价等在内的生态补偿主要内容；从"地理与生态环境——经济发展——贫困"三者相互作用关系的角度对生态补偿与缓解贫困的关系进行了详细分析，并提出了生态补偿对扶贫特殊作用关系的正效应与负效应。

第二章，国内外生态补偿的实践及经验借鉴。具体分析了国外生态补偿实践中的主要类型、重要生态功能区的补偿方法与 PES 项目的典型模式；详细总结了我国生态补偿的主要类型、重点领域与典型做法；提出了确定生态补偿缓解贫困的副目标、拓展贫困地区补偿资金的筹集渠道以及构建"参与式的生态扶贫"模式等经验借鉴。

第三章，新疆边境贫困地区生态补偿的现状分析。首先，介绍了新疆边境贫困县的分布状况、经济社会发展状况与生态环境现状。其次，系统分析了新疆边境贫困地区生态补偿的发展历程、实施的宏观环境以及具体生态补偿机制的实施状况。再次，通过重点分析生态环境保护与经济发展、生态环境保护与消除贫困、经济发展与消除贫困三方面特殊关系系统分析了新疆边境贫困地区所面临的"两难"选择。最后，对新疆边境贫困地区生态补偿机制存在的缺陷与问题进行了深入、全面的总结。

第四章，新疆边境贫困地区生态补偿机制的构建。首先，提出了新疆边境贫困地区生态补偿机制构建的指导思想、基本原则与设计思路。分别以新疆边境贫困地区典型代表——南疆三地州及该区国家级生态公益林为例，测算了生态系统各类生态服务的总价值和具体补偿对象——国家级生态公益林的八类生态服务功能价值，并通过社会发展阶段系数方法测算出以生态功能服务价值为参考的社会可接受下的生态公益林补偿标准。其次，结合地方实际情况，以生态公益林为例提出建立新疆边境贫困地区公益林动态分阶段补偿标准等的原理与具体实施标准。再次，依次分析了新疆边境贫困地区生态补偿的主体与客体、补偿的方法与途径，提出在新疆边境贫困地区实施动态分阶段补偿与分级分类的补偿方法以及生态补偿的方式。最后，提出构建多元化、多层次、多渠道、全方位的生态补偿资金筹集渠道与管理制度。

第五章，新疆边境贫困地区生态补偿效益案例分析。首先，对新疆草原的生态补偿现状进行了分析。其次，以塔城地区草原生态补偿为例，基于对塔城农牧户的实地访谈调查，以政策实施前后农牧户的资本、行为和效用变化为比较，运用模糊综合分析的方法对塔城地区草原生态补偿的生计资本、农户行为、农户效用等进行了系统分析研究，从而对新疆边境贫困地区生态补偿的效益进行了分析。最后，根据调查结果与实证分析，总结了塔城地区草原生态补偿实施以来取得的效益与存在的主要问题，并提出了具有针对性的相关对策建议。

第六章，新疆边境贫困地区生态补偿机制实施的政策建议。通过对新疆边境贫困地区生态补偿的系统性研究，从法制、政策、体制、财政四方面加强对新疆边境贫困地区生态补偿的制度保障。同时，以前期对于该地区生态补偿的特点与缺陷研究为基础，从完善生态补偿目标、明确补偿主客体等方面提出了完善新疆边境贫困地区生态补偿运行机制的政策建议。

本书通过文献研究法系统分析了国内外生态补偿的主要特点，并总结出对于缓解贫困地区，尤其是新疆边境贫困地区贫困状态的经验借鉴，通过深入塔城地区实地调研，运用案例分析法等对新疆边境贫困地区草原生态补偿项目的实施效益，尤其是对贫困农牧户的影响等进行了重点研究，使得生态补偿项目对新疆边境地区农户贫困状态的影响更为清晰。因此，本书对新疆边境贫困地区"生态与贫困"特殊关系的分析与对生态补偿系统性的研究对该地区"两难"选择问题的有效解决提供了良好思路与实施参考。另外，该地区扶贫式生态补偿机制的构建对于促进生态建设，巩固社会稳定，维护民族团结，增进边防安全等将产生极为重要的作用。

# 目　　录

# 第1章 生态补偿的理论分析

## 1.1 生态补偿的概念与理论基础

### 1.1.1 生态补偿的概念与内涵

我国学界的"生态补偿"一词与国际上关于"生态补偿"方面的定义或称谓有所区别，国际学界与"生态补偿"含义相近的有"生态服务付费"（Payments for Environmental Services，PES）和"生态效益付费"（Payment for Ecological Benefit，PEB）两种概念。其中 PES 项目被认为是包含"生态认证"（Eco – certification Mechanisms）以及"旅游者付费"（Charging Entrance Fees to Tourists）等在内的生态服务支付项目。PES 通常被定义为一个以市场为基础的能有效实现生态系统服务的环境政策工具（Beria，Meine et al.，2015），是创造或改变利益相关者的动机与行为，以此促进能产生生态系统服务以及生态恢复与保护的土地管理实践（See Rodriguez et al.，2011）。PES 是一种市场导向的方法，建立在环境服务受益者支付、环境服务提供者得到补偿的交织性原则上，通过服务供求双方的契约来使得外部问题内部化（Stefano，Ana et al.，2010）。Stefano 认为 PES 的吸引力包括如下三点内容：一是因为保护而实现的创收；二是比政府投资更有可持续性；三是服务收益大于支付成本，项目实施具有有效性。然而到目前为止，对于生态补偿（Eco – compensation）的概念尚没有形成具有权威性的定义，但有三种比较有代表性的观点：

一是目前国际上较为认可的 Sven Wunder 提出的相关定义，他将生态补偿的含义总结为一种自愿性质的生态服务交易，其补偿的内容应该具有较为明确的定义，并且可以量化测度。

二是毛显强等提出的相关定义，其认为，生态补偿是指对损害（保护）资源环境的行为进行收费（补偿），通过提高该行为的成本（收益），以激励损害（保护）者减少（增加）行为带来的外部不经济（外部经济），最终达到保护资源的目的[①]。

三是国内目前引用较多的《中国生态补偿机制与政策研究报告（2006）》对生态补偿概念较为权威的解释，生态补偿是以保护和可持续利用生态系统服务为目的，以经济手段为主，调节相关者利益关系的制度安排。而基于该概念界定，该报告指出，生态补偿机制是以保护生态环境，促进人与自然和谐发展为目的，根据生态系统服务价值、生态保护成本、发展机会成本，运用政府和市场手段，调节生态保护利益相关者之间利益关系的公共制度[②]，其实质是生态责任和生态利益的重新分配。《中国生态补偿机制与政策研究报告（2006）》对于生态补偿的含义比较全面，且符合中国生态补偿实际，本书主要采用该报告对生态补偿含义进行界定。

综合学术界对于生态补偿概念的界定，理论上生态补偿的含义有狭义与广义之分。狭义的生态补偿主要包括对生态系统保护所产生效益的奖励或因破坏生态系统而遭受损失的赔偿，而广义的生态补偿在以上概念的基础上还包含了对破坏生态环境和对环境污染者的收费。实际上，狭义的生态补偿与国家对于生态补偿的两种主要概念更加接近，在本书中我们将其作为同一语对待，不再特别加以区分。

### 1.1.2　生态补偿的理论基础

#### 1.1.2.1　生态环境价值论

在相当长的时间里，关于资源无限等的理论一直深刻地影响着社会生产活动的进行和相关政策的制定，进而深刻影响着人类社会的发展进程。随着生态环境的破坏、污染与自然灾害的频繁发生，人类对于生态环境的认识发生了一定的改变，逐渐认识到生态环境的价值，并逐渐形成了生态环境价值理论，该

---

① 毛显强，钟瑜，张胜. 生态补偿的理论探讨［J］. 中国人口·资源与环境，2002（4）.
② 中国生态补偿机制与政策研究课题组. 中国生态补偿机制与政策研究［M］. 北京：科学出版社，2007.

理论尤其以 Costanza 等和联合国千年生态系统评估（MA）的相关研究最为主流。该理论认为，人类在做出生态系统管理相关决策时，不仅要考虑到人类自身的福利，更要考虑到生态系统本身的价值。由此，该理论将生态补偿视为促进生态保护的经济手段，并将生态补偿的基础依据概括为生态环境特征与价值的准确界定。

### 1.1.2.2　外部性理论

外部性理论作为生态经济学与环境经济学的基础理论，是生态补偿实施的重要依据，亦即正是因为外部性的存在，才有进行生态补偿的必要。生态资源的外部性主要表现在两方面：其一为资源在开发过程中对环境缺乏合理的保护，由此造成了生态的破坏，形成外部成本；其二为生态环境保护所产生的外部效益①。

庇古认为，当社会边际成本（收益）与私人边际成本（收益）相背离时，市场会失灵。此时，政府实行税收、补贴等使边际税率（边际补贴）与外部边际成本（收益）相等，从而得以将外部成本"内部化"。在实际中，由于大部分的外部成本或外部效益的价值并没有在市场方面得到较好的体现，因而致使污染或破坏生态环境的主体没有得到及时应有的惩罚，而生态环境所产生的生态效益与生态产品却被很多人无偿享有，保护生态环境的主体难以及时得到相应的经济补偿，最终导致了整个生态系统难以达到帕累托最优。

### 1.1.2.3　公共物品理论

公共物品通常具有非排他性和非竞争性两个本质属性，而作为公共物品，生态系统及其生态服务也具有该两种属性：非竞争性使每个人都能够得到公共产品的享用，而不影响其他人对该产品的使用；非排他性使所有人都无法被排除在消费之外，由于很难或者不可能对所有使用者收费，则消费者会指望其他人花钱购买，而自己不会自愿购买，因此导致"搭便车"问题严重。在此情况下，如果所有消费者都免费搭车，则最终会导致公共物品的供给不足。

需要注意的是，公共物品并不等同于公共资源。公共资源具有竞争性但无排他性，如公共渔场、牧场等，公共资源一旦无法有效排他，则必然会导致过

---

①　任海军，张林. 西部地区实施生态补偿战略的机理分析［J］. 商业时代，2009（24）：118 - 119.

度使用，并最终导致全体成员的利益受损，产生"公地悲剧"问题。

### 1.1.2.4 可持续发展理论

1980年，世界自然保护同盟提出要通过保护自然生态达到可持续发展的目的。1987年，联合国发表《我们共同的未来》研究报告，该报告将可持续发展进行了正式定义，其认为"可持续发展是能够满足当代人需求，且不危及后代人满足其自身需要能力的基础上的发展"。① 奠定了可持续发展理论的研究基础与理论依据。

实际上，可持续发展理论的核心在于"经济学"与"生态学"之争。一方面，生态学家认为自然资源具有生态功能，不能将生态资源作为简单的资本被生产等其他资本代替，主张将可持续发展与生态保护相结合，将人的发展与环境退化、资源消耗和生态相协调。另一方面，与生态学家的观点相悖，经济学家则认为，生态资源可由生产资本、人力资本和社会资本等予以替代并用于消费，因此，可持续发展的重点是发展，人类社会的发展应当在保持和改善人们生活水平的前提下，给下一代留下不少于当代的资源量即可。

### 1.1.2.5 生态环境与经济协调发展理论

生态环境与经济协调发展理论认为，人类生存的地球及区域环境是由生态环境、经济发展、社会发展等子系统组成的复合系统②，所有子系统之间存在着彼此联系又相互独立，互为支持又相互制约的特殊关系，各子系统的变化都会引起其他子系统发生相应变化，从而对整个大系统产生不同程度的影响。

当前，人口的大量增长与经济的过快发展带来了环境的严重污染与生态的持续破坏，继而使得经济发展、人口增长同资源环境承载力之间的矛盾日趋尖锐。因此，必须要处理好生态环境与经济发展之间的关系，把发展对生态环境的影响控制在生态环境承载力之内，使各子系统的协调发展表现为质与量双层面的协调，并建立人与环境良性互动的关系，促进经济、社会、资源与环境的协调发展③。

生态环境与经济协调发展理论是在生态经济理论和可持续发展理论基础上发展而来的。生态经济学理论为人们分析了生态环境与经济发展之间的相互关

---

① 鲁传一. 资源与经济环境学［M］. 北京：清华大学出版社，2004.

② 刘泾，刘振泽. 我国区域生态经济发展战略模式及体系建构［J］. 发展研究，2011（1）：31 – 36.

③ 张金玲. 促进环境与经济协调发展的研究［D］. 新疆大学，2005.

系；可持续发展理论则重点分析了经济、社会与环境三者间的相互作用关系；而经济发展与生态环境协调发展理论则是在吸收前两者理论主要思想的基础上，系统研究生态环境与经济发展关系的理论。通过正确而全面的认识生态环境与经济发展之间的矛盾关系，再将经济发展与生态环境有机统一，使二者关系由制约向促进转化，最终实现在经济发展对生态环境的影响不超过生态环境承载力的前提下，实现经济的持续较快发展。

生态环境与经济的协调发展是可持续发展的核心，也是生态与贫困关系问题在长远发展的必然选择。良好的生态环境能为经济社会发展提供所需的自然资源与环境保障，同时，良性的经济发展又能使生态环境得到有效保护①。生态环境与经济协调发展有如下特点：

（1）生态环境与经济协调发展目标具有相对性。生态环境与社会经济之间的协调发展是在特定自然环境与社会条件下实现的两者目标的有机统一。经济发展目标是相对生态环境而言的最佳目标，离开生态环境的基础，完全纯粹的经济目标就会变成单纯的经济增长，即使能满足人类的最大欲望，但却因破坏人类经济发展的基础而不能持久。同样，生态环境目标是相对于经济发展而言的，是在满足经济发展基础上的最佳目标，缺乏经济发展而完全纯粹的生态目标对社会发展无任何经济意义②。

（2）生态环境与经济协调发展具有可控性。人类通过认识并遵循生态规律和经济规律，从而实行各种相关政策、法律法规等有效的宏观调控手段，调节和控制社会发展进程，使生态环境与经济发展之间的关系沿着协调发展目标演进。

（3）生态环境与经济协调发展具有相对稳定性和演进性。生态环境与经济协调发展是生态环境与经济共同发展达到协调的一种状态，由于人类思想认识具有反复性与上升性的特点以及受社会发展阶段的限制，生态环境与经济协调发展作为一种特殊状态便具有相对稳定性的特点。两者关系一般需要经历原始协调阶段、不协调阶段，从而向较协调阶段和协调发展阶段演进。生态环境与

---

① 刘泾，刘振泽．我国区域生态经济发展战略模式及体系建构［J］．发展研究，2011（1）：31－36.

② 郭镭，张华，袁去病．区域环境——经济协调发展定量分析方法研究［J］．四川环境，2003，2（5）．

经济的协调发展是一个不断向更高水平演替的过程①。因而，生态环境与经济协调发展亦具有演进性特征。

# 1.2 生态补偿机制的总体框架

生态系统服务是一个多样化的概念，既包括像营养循环的微型项目，也包括气候系统校正的全球性、区域性与地区性三类项目。可以通过观察服务提供地与服务受益地的时空关系来描述生态系统服务，因此，PES 项目对于扶贫的设计与实行也应是在三种层次上进行的（Brendan，2012）。

生态补偿机制是一种将外在的、非市场环境价值转化为当地参与者提供生态服务（ES）的财政激励机制的方法，其实质是一种公共政策设计和合同设计。生态补偿机制以内化外部成本为原则，以生态保护者的生态建设与保护成本，以及由此而产生的发展机会成本作为外部经济性的补偿依据，同时以对生态恢复成本和受偿者被迫丧失的发展机会损失作为对外部不经济的补偿依据。生态效益补偿机制设计的重点包括：提供生态服务类型与目标、外溢影响范围、利益相关方、支付系统及生态补偿项目的效率等。生态效益补偿机制的运行框架②见图 1-1。

确定不同的生态系统所提供的生态功能服务类型是有效实施生态补偿机制的基础和前提。不同的生态系统不仅提供了不同的生态功能服务，而且具有各自的承受能力和调节能力。因此，需要具体根据各生态系统的不同特性，确定生态补偿的必要性及具体补偿多少等。

外部性的溢出范围是确定生态补偿机制中成本分担抑或是补偿客体的最重要变量。通常在各生态系统中，外部性的溢出范围具有明显的区域特征，外部性的溢出程度则决定了各个补偿主体之间成本分担的比例。由于生态服务可以扩展到不同地域，由此会产生复杂的区际利益关系，这为明确界定受益、受损者增加了辨识难度，也影响着补偿资金的筹集方式与补偿方式等。

---

① 张晓东，池天河.90 年代中国省级区域经济与环境协调度分析 [J]. 地理研究，1999，19 (2)：171-177.

② 赵雪雁，徐中民. 生态系统服务付费的研究框架与应用进展 [J]. 中国人口. 资源与环境，2009 (4)：112-118.

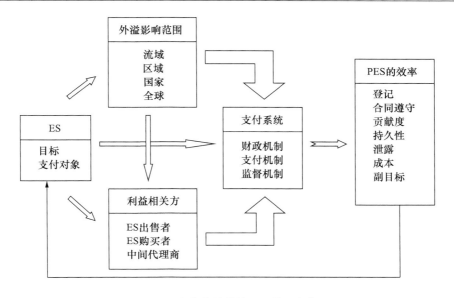

**图1-1 生态效益补偿机制的运行框架**

支付系统是建立生态补偿机制的关键。该系统包括财政机制、支付机制与监督机制三部分。其中，财政机制的功能是资金的筹集与管理，而其最核心的部分则是受偿者的支付能力。此外，对于受偿者与补偿者相关产权的有效界定也是生态补偿的重要前提。支付机制作用主要是推广生态系统服务付费项目及一定的监控项目的执行等。监督激励机制主要关注以下三个方面：生态补偿的激励方式、相关程序和补偿机制的选择、加强补偿制度的设计以及对于惩罚办法等的慎重选择等。

在上述运行框架中，各因素共同决定着补偿成本的分担，其中，外溢范围对于成本是由中央承担、区域联合承担还是地方承担起到了初步决定的作用；各补偿主体的支付能力则从根本上决定着成本的具体分担；交易成本的大小影响着生态补偿各主体之间能否通过市场等有效机制协商确定成本的分担比例；受益受损者的辨识难度也影响着生态补偿的筹资方式，受益者辨识难度小，则可以更多地采用市场主体的补偿方式；反之，受益者辨识难度大，补偿主体难以确定，则应更多地采取政府主体的补偿方式。

# 1.3 生态补偿机制的主要内容

### 1.3.1 生态补偿目标的设定

在生态补偿项目的目标设定方面，不同国家的项目各异，其既定目标（包括主目标和副目标）也各有侧重。扶贫与提供生态系统服务是生态补偿项目的两大目标，尤其对发展中国家来说，如何实现环境保护与扶贫这两大目标的双赢成为了十分有必要解决的问题（Muradian et al.，2010）。然而，该双重目标如何设定才能同时实现最大化，以及两者之间如何实现平衡一直困扰着环境保护者和项目实施者。根据丁伯根关于国家经济调节政策和调节目标之间关系的法则，政策工具的数量或控制变量数至少要等于目标变量的数量，且必须相互独立（线性无关）[1]。生态补偿要实现其中一个目标，就至少需要一种有效的政策工具，因此，生态补偿项目必须从扶贫与生态系统服务中设置一个优先目标，从而决定不同的干预策略。设计生态补偿项目目标及实现机制，最重要的是首先要确定供给者向受益者提供的生态服务类型、外溢范围及作用强度大小等。

从国际生态补偿的相关案例来看，政府资助的生态补偿项目一般会包含多个目标，其中至少有一个副目标，而存在的副目标则大都是缓解贫困与创造就业机会等。生态补偿项目之所以能起到缓解贫困的作用，主观原因是生态补偿项目中增加缓解贫困副目标会产生政治绩效，更易得到政府部门的支持；客观原因是能提供重要生态服务的地区大都为地处偏僻、基础设施差且交通不便的经济欠发达地区，实施生态补偿有利于其缓解贫困[2]。使用者资助项目则一般只专注单个的生态服务，项目目标的数量相对较少，且含义更为明确，如法国Vittel 流域保护项目的目标主要为维持水质，目标较为明确。

许多专家学者经过广泛而深入的论证，认为提供生态服务与扶贫双重目标

---

① 江永清，徐辉. 共生态困境：政府、市场双重失灵的治理——兼对三鹿婴儿奶粉事件多维剖析 [J]. 武汉大学学报（哲学社会科学版），2009（1）118 - 122.

② 王立安，钟方雷，苏芳. 西部生态补偿与缓解贫困关系的研究框架 [J]. 经济地理，2009（9）1552 - 1557.

的设定与实现切实可行。Wunder 等在比较发达国家与发展中国家的 PES 项目的基础上认为，PES 项目是从供给者角度关于直接购买生态保护的重要创新，其注重社会利益与个人利益之间的分歧，将生态保护视为一种等价交换的条件，较好地处理了生态保护不能实现双赢的问题（Sven Wunder，2008）。Stefanie 分析了印度尼西亚热带雨林集体林权的弱产权与伐木企业协议情况，在此基础上设计了 PES 项目框架，认为倘若产权得以确定，则项目设计的复杂性将得以弱化，双重目标将得以顺利实现（Stefanie Engel and Charles Palmer，2009）。Beria 等对综合亚洲（以印度尼西亚、菲律宾和尼泊尔为主）新兴的生态补偿案例进行实证探究认为，在发展中国家，当项目设计恰当，与当地条件适应且项目可持续时，公平与效率目标或是生态保护与造福当地的目标能够同时实现（Stefano，2004；Beria、Meine，2015；Tom，2015）。而 Crystal 基于对中国退耕还林的成本效益分析指出，生态补偿项目中双重目标同时实现的情况并不普遍，如果提供生态服务的农户与其贫困等级之间不相关，则双重目标之间会存在妥协，且其在何种程度上实现取决于两种收益的妥协程度（Crystal，Emi 等，2010）。Brendan 通过对坦桑尼亚东部地区的生态补偿项目研究认为，没有绝对有效的方法能做到人类发展与生态系统服务的极度协调与双赢。同时建议针对不同的目标采取不同的优先策略（Brendan，2012）。与该看法一致，Jane 认为，提供生态服务与扶贫的妥协要比两者的协调更有价值，也正基于此，生态补偿项目作为一种创新性财政机制以更加有效、直接的方式平衡了保护与发展之间的关系，同时其认为，设计一套健全的与当地政治、社会、经济、文化相结合的 PES 和类 PES 项目，可以在生态系统保护和农村生活水平的货币和非货币支持上产生理想效果（Jane Carter Ingram，2012）。因此，对发展中国家的生态补偿项目而言，产权的确定是双重目标实现的重要前提，而对于同一项目而言，两目标之间的妥协程度则对双重目标实现有着重要影响，尤为关键的是，项目实施机制设计的科学性与适应性对项目的有效实施，尤其是对能否实现双重目标的最大化将起到决定性作用。

在基本的双重目标之外，越来越多的多重目标，如实现人权、男女平等等目标也在 PES 项目的既定目标中逐步表现出来，这样将会导致 PES 项目在实现主要目标，即改善生态服务方面会失去原有既定效率（Sven Wunder，2008）。因此，需要我们尤为注意的是，虽然扶贫是生态补偿项目十分重要的副目标，确实应该采取相应措施予以保障，但是，项目设计和实施者应分清主次，不应该将扶贫作为生态补偿项目的主要目标加以严格要求，否则可能会导致主次不明、本末倒置，甚至影响项目的顺利实施，达不到预期效果。

### 1.3.2　生态补偿主客体的界定

生态补偿的主体，一般而言主要是指生态服务的受益者，具体可能是指受益的个人、企业或者特定区域内受益的全体公民，亦即区域内公民利益的代表——各级政府，而补偿的客体则主要是指生态服务的提供者。在我国，由于生态补偿机制不太完善，生态补偿的主体主要是中央政府和各级地方政府。

生态补偿主体按资金来源划分为"政府付费"项目和"使用者付费"项目两大类。由此，补偿主体也主要分为政府（中央政府和地方政府）以及生态服务使用者。政府付费的 PES 项目资金主要来源于第三方团体（主要为纳税人），以税和强制性收取的形式来保证项目资金的充足（J. K. Turpie, C. Marais，2007），同时也会伴有外界的捐赠而使资金进一步充足。使用者付费的项目资金来源于生态服务使用者。在两者主体实施效率的比较方面，Pagiola 和 Platais 认为，在生态补偿中由使用者付费相比于政府付费更符合通过谈判解决问题的科斯思想，因为服务使用者相对拥有更多的关于服务价值的信息，有更强的监督补偿机制，而且能够在必要时重新进行交易谈判或终止补偿项目契约，因此，"使用者付费"比"政府付费"更有效率。后来，Wunder 通过将发达国家与发展中国家的 PES 项目进行比较，发现使用者付费的 PES 项目目标更加明确，更适合当地的实际条件和需要，也能更好地监督参与者执行意愿，其目标相比政府付费的 PES 项目的多目标要少得多（Sven Wunder，2008）。然而，由于环境服务作为公共品属性的自身制约以及随着参与者不断增加而日益提高的交易成本，使用者付费会在成本效益方面失去自身优势（Engel，2008）。

明确生态补偿的支付对象即生态服务的提供者，是 PES 项目实施的前提。其支付的具体对象通常都是土地的所有者。生态补偿的客体应是提供生态服务功能的生态系统，以及保护生态系统的个人或者在特定区域由于保护生态系统而利益受损的群众①。在实际操作中，生态补偿机制中的客体主要分为以下四

---

① 杨丽韫，甄霖，吴松涛. 我国生态补偿主客体界定与标准核算方法分析［J］. 生态经济（学术版），2010（1）：298 – 302.

大类：生态保护贡献者、生态破坏受损者、生态治理受害者与减少生态破坏者。其一为对生态保护做出贡献的贡献者，如重要生态功能区的居民或政府为了保护生态系统而进行的生态投资。其二为生态破坏的受损者，如在矿产资源开发过程中对当地造成的生态破坏，需对受损者进行相应补偿以促进生态的恢复。其三为生态治理过程中的受害者，如为保护与恢复生态而被迫停产或搬迁的企业、居民等。其四为减少生态破坏者。对于生态破坏者不能一概而论，有些生态破坏确系迫于生计而为，也是生态贫困的主要受害者。因此，对部分特定的生态破坏者也需给予一定的补偿，且要为其提供可替代性的生计所需，以促使其改变原有破坏生态的生计方式，从根本上做到生计与生态的可持续发展。

生态补偿的客体按照支付对象的层次分为农户个体支付和社区团体支付两种主要形式。Clements 等对柬埔寨三项生态补偿项目的比较分析表明，在制度约束能力不强的情况下，与农户个人签订项目合约的操作较为简易，且管理成本等相对较低，其对当地项目参与者的帮助也最大，当然，其对于项目管理组织的形成、建设等不利。而由地方政府等团体作为被支付对象参与项目的签订则因其本身的权威性等更容易得到当地具体参与农户等的支持，这具有制度上的效应。因此，应当鼓励当地有影响力的组织机构参与项目，以增强项目的有效执行与内生激励。Cranford 和 Mourato 提出了两阶段补偿方法，即同时对项目参与者和所在组织团体作为补偿对象，首先对组织团体进行补偿，以激励团体形成积极的态度与行为，然后再通过市场机制对个人提供进一步的激励。

因此，对于生态补偿项目中补偿客体的确定，首先，应当明确项目支付对象为直接的微观农户个体还是社区团体；其次，按照生态保护贡献者、生态破坏受损者、生态治理受害者与生态破坏减少者四大主体具体确定生态补偿的对象。本书对我国流域生态系统、矿产资源开发、森林与湿地生态系统以及自然保护区等重点领域的研究实例进行了主客体的界定，详见表 1 - 1。

表1-1 不同生态系统生态补偿主客体界定依据与现实操作状况

| 生态系统 | 主客体确定依据 | 确定主体与客体的具体案例 | | 现实操作状况或研究建议 |
|---|---|---|---|---|
| 流域生态系统 | 受益者付费、保护者得到补偿 | 青岛崂山流域 | 主体：下游用水居民、各企事业单位、游客及与崂山水库相邻的各区市 | 在实际操作中，各类生态建设受益者的补贴额度难以量化。因此，现阶段补偿主体主要是青岛市和崂山区两级政府 |
| | | | 客体：流域内为生态恢复而被迫搬迁的农民和停产企业 | |
| | | 东江源流域 | 主体：国家、江西省、广东省、香港地区 | 补偿以政府主导补偿为主，主要由中央政府、广东和江西两省政府三者进行补偿 |
| | | | 客体：东江源的源区三县（赣州市寻乌、安远和定南县） | |
| 矿产资源开发 | 一切单位和个人都有保护环境的义务、受益者补偿 | 甘肃省安阳地区石油开发 | 主体：国家和采矿权人（法人和自然人） | 研究建议：国家对于资源开发所造成的历史与现实问题都负有责任。采矿权人应当治理自身污染，而且应补偿当地居民和政府 |
| | | | 客体：资源所在地的地方政府和人民 | |
| 森林生态系统 | 依据森林生态系统服务价值确定 | 祁连山水源涵养林 | 主体：林业旅游部门、国家、全球、林区河流排污的企业 | 该补偿对恢复迁出地的生态环境发挥了一定作用。补偿资金以政府主导为主，初步保障了移民基本生活，但与移民实际损失还有差距 |
| | | | 客体：林区农户 | |
| 湿地生态系统 | 依据湿地生态服务功能价值确定 | 洞庭湖湿地生态系统 | 主体：湖区旅游部门、向洞庭湖排放污水的企业、整个区域、国家以及世界 | 研究建议：征收生态补偿费和生态补偿税、政府补偿补贴、推广优惠信贷、开展流域范围内的补偿，可借助国内外基金 |
| | | | 客体：退耕还湖中移民农户 | |
| | | 鄱阳湖湿地生态系统 | 主体：湖区旅游部门、向鄱阳湖排放污水的企业、整个区域、国家以及世界 | 研究建议：向受益部门收缴湿地补偿税、建立湖区替代产业发展基金、推广小额信贷模式、借助国家和世界性的湿地基金 |
| | | | 客体：退耕还湖的农户 | |

| 生态系统 | 主客体确定依据 | 确定主体与客体的具体案例 | | 现实操作状况或研究建议 |
|---|---|---|---|---|
| 自然保护区 | 保护者得到补偿 | 江苏省大丰麋鹿国家级自然保护区 | 主体：整个国家 | 研究建议："输血型"包括政府补贴和借助国内外基金；"造血型"包括国家可出资建设产业基金或完善大丰市基础设施建设 |
| | | | 客体：保护区所在地江苏省大丰市 | |

资料来源：根据文献整理。

### 1.3.3　生态补偿标准核算方法

生态补偿标准，亦即生态补偿支付数量，一般以货币为基本核算单位。Brendan 认为在 PES 项目与减贫问题上，产权归属、生态系统服务提供价值和机会成本等都是需要考虑的标准（Brendan Fisher，2012）。然而，在国内外许多案例中，PES 补偿标准却没有得到足够的重视，当生态服务被农民商品化后，项目参与农民所得的支付实际上并不包含其丧失的机会成本，而是作为对于其参与的较大激励（Esteve，Nicolas，2007）。针对 PES 项目补偿标准，Pham 等指出，最有效率的生态补偿是根据所提供服务的实际机会成本来确定支付标准（Pham TT，Campbell BM，2009）。

理论上讲，补偿标准应介于受偿者机会成本与其所提供的新增生态服务价值之间[1]。综合现有文献与实际补偿案例，生态补偿标准的核算方法主要分为按照生态系统服务价值、生态保护者的投入与机会成本、生态破坏的恢复成本、生态受益者的支付意愿、生态受偿者的意愿以及生态足迹等途径。然而，在标准衡量方面却普遍存在着评价指标不一致、价值估算方法各异以及所得标准与现实补偿能力差距较大等问题[2]，因此，生态服务功能价值一般只能作为生态补偿标准的上限值。虽然学术界对于生态补偿的标准方面研究较多，但少有较为公认一致的标准，实际上，诸多对于生态补偿标准与方法的研究对于生

---

[1]　熊鹰，王克林等．洞庭湖区湿地恢复的生态系统服务付费效应评估［J］．地理学报，2004，59（5）：772－780.

[2]　杨丽韫，甄霖，吴松涛．我国生态补偿主客体界定与标准核算方法分析［J］．生态经济，2010（1）：298－302.

态补偿机制的不断完善和有效实施提供了有益的指导与借鉴作用，相关方法的确定依据和具体算法总结如表1－2所示：

表1－2　生态补偿标准确定依据与补偿核算方法分析

| 确定依据 | 生态补偿的方法 | 相关案例 |
|---|---|---|
| 按生态系统服务的价值 | 计算方法有市场价格法、影子工程法、生态服务价值当量法、造林成本法等 | 段晓男等对梁素海湿地生态系统服务功能及价值进行了评估 |
| 按生态保护者的直接投入和机会成本 | 根据生态项目实施区的产业产值、当地生产的净收益率以及物价指数等核算受偿者损失收益 | 巩芳等通过测算直接成本与机会成本等对内蒙古草原的生态补偿标准进行了评估 |
| 按生态破坏恢复或修复成本 | 主要根据污染物的治理或生态恢复成本计算生态补偿标准，修复等数据通过实验的方法确定 | 虞锡君计算出太湖流域水生态修复成本 |
| 按支付意愿和受偿意愿确定补偿标准 | 主要采用条件价值评估法等 | 田红灯等对贵阳市的生态效益价值进行了评估 |

资料来源：根据文献整理。

目前，在众多补偿标准中，将生态保护者的直接投入与机会成本作为补偿标准的方法得到了较多认可。因为在实际的补偿中，补偿标准只有与地区经济发展的实际相结合，才能得到有效的实施贯彻，亦才能具有项目的可持续性，所以其标准不仅应包括建设投入和相关成本，还应包括生态保护者因此而丧失的机会成本，比如因实施生态补偿项目而禁止或限制开发所造成的区域性发展机遇丧失所造成的成本。保护区的机会成本往往和限制发展、土地用途改变、土地管理操作、资源开发和控制物种的能力有关，这些措施都会带来参与者经济利益的损失（Leander，Nikolay，2014）。而不同地区不同实施项目机会成本的异质性差距较大，对于机会成本的测算就要结合导致机会成本异质性的原因，例如生态服务供给者的家庭规模、生计方式、所在社区的经济发展状况、地理位置和人口结构特征等（Newton，2012）。在众多生态补偿的标准中，直接投入与机会成本之和可能是较低的标准，也是对生态受偿者的最低保障。

生态补偿的最初目的是保护或修复生态环境，因此，按照生态破坏的恢复成本或修复成本进行生态补偿也是生态补偿的一个重要标准。而由于我国对于环境污染治理方面的技术与经验较为成熟，所以对于生态修复成本的衡量等也就相对容易一些。此外，将补偿意愿与受偿意愿作为补偿的重要参考标准，也集中体现了公众参与。生态补偿标准的研究要充分考虑补偿地区的实际情况，使理论与实际充分结合，让补偿政策更具可操作性。

上述核算生态补偿标准的方法在生态补偿理论与实践应用中较为普遍，都有着各自的适用范围与优缺点。因此，应将这些方法与标准相互结合，从而作为较为合理的补偿标准。具体而言，对于森林等较易恢复的生态系统，可将生态维护所需的投入成本和机会成本以及生态系统功能服务价值等相结合；对于已遭受破坏的生态系统，应对生态修复所需费用进行评估，以其作为主要补偿标准的参考；对于大范围区域而言，可将生态足迹法与受偿意愿等结合使用，通过生态足迹法对所包含范围内的补偿进行初步测量，同时充分考虑各地域间的生态修复成本与支付意愿的具体情况，分别确定各自相适应的补偿标准与方法。

### 1.3.4 生态补偿资金来源

生态补偿资金的筹集主要有以下三种途径：政府转移支付、受益者支付以及来自国际与国内环保组织的贷款或捐助。在我国，前两种途径是补偿资金筹集的主要来源，而国际或国内环保组织发起的生态补偿项目或是对生态补偿项目的资助，虽然对生态补偿政策的有效实施有一定作用，但资金往往缺乏可靠保障，不能确保持续性供给，对于补偿项目的有效实施带来重大不确定性问题，如厄瓜多尔 Pimampiro 流域的生态补偿项目，项目资金较大程度来源于中美基金，而在其停止向该补偿项目提供资金援助后，补偿项目难以继续实施，该流域的生态环境也受到了极大的威胁①。政府补偿同样可能存在类似问题，由于政府部门会有关于领导班子的更替变化以及主要领导的变更，相关生态补偿政策的执行等可能会出现一定的变化，甚至导致补偿项目在实施期内被取消以及导致项目实施夭折或无果而终。此外，还有一些地方政府受本级财政所限，几乎无法保证生态补偿资金的持续供给②。然而，受益者支付却一般能确保资金供给的可持续性，其资金筹集的主要形式有生态服务使用

---

① 赵雪雁，徐中民. 生态系统服务付费的研究框架与应用进展 [J]. 中国人口·资源与环境，2009（4）：112 – 118.

② 秦艳红，康慕谊. 国内外生态补偿现状及其完善措施 [J]. 自然资源学报，2007（4）：557 – 567.

费、指定用途税（碳税、环境税）和环保基金等。补偿资金来源如表 1-3
所示。

表 1-3　生态补偿的资金来源

| 项目类别 | 案例 | 融资渠道 |
|---|---|---|
| 流域管理 | 哥斯达黎加水生态服务市场 | 多数情况下私人用水者承担 1/4 的费用。剩余的 3/4 由国家林业基金提供 |
| | 墨西哥水环境服务支付项目 | 墨西哥政府 |
| | 厄瓜多尔市流域保护 | FONAG 水基金 |
| 农业环境保护 | 美国保护与储备计划（CRP） | 政府财政转移支付 |
| | 退耕还林（草）工程 | 政府财政转移支付 |
| 生物多样性保护 | 世界临界生态系统生物多样性保护 | 关键生态系统合作基金（CEPF） |
| | 中小企业项目与土地投资基金 | 国际金融公司（IFC） |
| | 哥斯达黎加生物多样性保护工程 | 世界银行贷款、全球环境基金捐款、哥斯达黎加政府出资 |
| 碳汇 | 《京都议定书》 | 签署国家之间的排放权交易 |
| | 欧盟排放交易方案 | 所有欧盟成员国 |
| 景观服务 | 尼泊尔自然保护区景观保护 | 每位游客向安纳布尔那保护区支付 12 美元的门票 |
| | 伯利兹城保护区信托 | 部分由游客交纳，每个游客交 3.75 美元生态保护费 |

资料来源：根据文献整理。

### 1.3.5　生态补偿的补偿方式

国际上的诸多案例中，按照支付方式的不同分为直接现金支付、价格补贴和间接实物支付等几种方式。不论是国际还是国内，现金支付几乎都是最普遍的补偿形式，与此同时，在诸多生态补偿案例中，也多以技术支持和实物补偿等方式加以补充。

不同的 PES 支付方式，在作用发挥方面也有着明显的不同。在支付方式上，单一的大规模汇款支付可能对地区发展带来不利影响，但越来越多的证据表明，精心设计的有条件的现金支付很可能会既能实现既定的政府目标，又可以提高服务供给者的福利（Sven Wunder，2008）。在现金支付与价格补贴比较方面，通过对厄瓜多尔南部三个 PES 项目的分析，Leander 认为，相比于向保护林木系统的土地所有者提供咖啡价格补贴，直接现金支付显得更为有效，因为价格补贴依赖于消费者的支付意愿，而且容易受到国际价格波动影响。而后者能够提供固定支付，免于依赖市场（Leander，Nikolay et al，2014）。在现金支付与实物支付方面，不论是现金支付还是实物支付，都需要考虑是否存在相应被保护资源作用的替代品。通过对坦桑尼亚的 PES 项目进行研究发现，提供硬通货可减缓森林破坏，但是前提是要有森林破坏主要成因的替代机制，如果仅仅是简单的现金支付，则常常会忽略很多项目参与人远离市场和拥有很少替代品的事实，对于从根本上解决问题无益（Brendan Fisher，2012）。通过综合比较分析生态补偿案例中的各补偿方式发现，生态服务提供者的补偿需求方式是不同的，面对不同的提供者应采取不同的补偿方式，当补偿数额不大时，非现金补偿方式比现金补偿方式对服务提供者产生的激励作用更明显（Asquith et al，2008）。

从生态补偿资金来源视角看，使用者支付和政府支付存在很大差异。通常，使用者支付的补偿方式多种多样；相反，政府支付项目则会因注重体现公平以及方便管理、提高执行效率等考虑而在较大范围内实行"一刀切"的单一补偿方式。国内外生态补偿案例主要环节如表 1 - 4 所示。

表 1 - 4　国内外生态补偿案例主要环节比较

| 类型 | 案例 | 生态服务 | | 买方 | 卖方 | 支付方式 |
| --- | --- | --- | --- | --- | --- | --- |
| | | 目标 | 支付对象 | | | |
| 使用者资助 | 玻利维亚 | 流域和生物多样性保护 | 森林和草原保护 | 南美大草原自治市 | 农户 | 实物 + 技术支持 |
| | 厄瓜多尔 | 流域保护 | 森林和草原保护/造林 | 城市计量用水者 | 农户 | 现金 |
| | 厄瓜多尔 | 碳的固定 | 造林 | 电力协会 | 林农 | 现金 + 实物 + 技术支持 |
| | 法国流域保护项目 | 水质 | 奶牛业 | 流域 | 农户 | 现金 + 技术支持 + 农业劳动成本 + 土地租金 |

| 类型 | 案例 | 生态服务 | | 买方 | 卖方 | 支付方式 |
| --- | --- | --- | --- | --- | --- | --- |
| | | 目标 | 支付对象 | | | |
| 政府资助 | 墨西哥 | 流域和含水层保护 | 森林保护 | 自治州管理机构 | 私人土地拥有者和地方社团 | 现金 |
| | 中国退耕还林 | 流域保护 | 退耕还林还草 | 中央政府 | 农户 | 现金＋免费树苗＋技术支持 |
| | 哥斯达黎加 | 水资源、生物多样性、固碳、景观保护 | 森林保护 | 公共和个人土地拥有者 | 公共和个人土地拥有者 | 现金 |

### 1.3.6 生态补偿的效率评价

美国生态学家 Pagiola 提出了分析生态补偿项目实施效率的基本框架，根据该框架，补偿项目的实施效率主要取决于以下几方面：

（1）登记。登记是确定生态补偿受偿者的关键环节。通常情况下，无论是潜在的生态服务提供者还是实际的生态服务提供者都应加入生态补偿项目中，对于未能参加生态补偿项目并同时提供生态服务者不宜进行登记归入项目中。因为当项目的社会收益大于社会成本或者是社会收益小于社会成本时，社会福利会减少，因此，生态补偿项目的登记应以机会成本为负值或是较低的项目参与者为主，否则可能出现参与者的实际成本远高于所得补偿等问题，也不利于生态补偿项目的有效进行。

（2）监督。有效地监督是控制与提高生态补偿效率的重点。对于生态服务提供者而言，生态补偿项目的监督主要分为两大部分：其一是监督生态服务提供者有无按照合同的约定用途使用土地；其二是生态服务提供者的生态服务是否达到了预期的效果。对于生态补偿主体的监督主要是对资金的管理使用效率以及对总体生态项目实施效果等进行监督。

（3）可持续性。可持续性决定了生态补偿项目能否在长期取得预期的效果以及效果能否得到有效的维持。补偿项目的能否可持续主要取决于生态补偿能否有稳定保障的资金来源。在政府支付项目中，项目的可持续性主要取决于预算分配的可持续；在使用者支付项目中，可持续性主要取决于使用者对生态服务的满意情况与自身的支付能力。

（4）副目标。一般而言，使用者支付项目很少设置副目标，但政府支付项目的副目标一般至少都在一个以上，如我国退耕还林项目的副目标除降低贫穷以外，还包含了进行粮食补贴及促进木材生产另外两个副目标。关于副目标在政府付费项目与使用者付费项目区别方面在前文已做了较详细的对比分析，在此不再多加赘述，现将政府付费和使用者付费两种主要生态补偿模式的效率差异进行对比，具体见表 1 – 5。

表 1 – 5　使用者付费和政府付费的生态补偿模式效率差异

| 类型 | 环境目标 | 副目标 | 规模 | 支付方式 | 资金来源 | 合同遵守 | 持久性 |
|---|---|---|---|---|---|---|---|
| 使用者付费 | 明确 | 少 | 小 | 灵活 | 私人 | 好 | 好 |
| 政府付费 | 模糊 | 多 | 大 | 一刀切 | 政府 | 差 | 差 |
| 类型 | 自愿性 | 变化情况 | 管理者 | 监督成本 | 信息租金 | 惩罚情况 | 效率 |
| 使用者付费 | 买卖方 | 不大 | 第三方 | 相对高 | 低 | 一般 | 高 |
| 政府付费 | 卖方 | 大 | 政府 | 相对低 | 高 | 一般 | 低 |

# 1.4　生态补偿与缓解贫困的关系

消除贫困是广大发展中国家面临的重要议题之一，生态补偿是缓解生态贫困的重要途径。研究扶贫式生态补偿相关问题离不开对生态环境与贫困之间相互关系的深入探讨。研究边境贫困地区扶贫式生态补偿问题，不仅要分析生态环境与贫困之间的影响关系，是单向影响还是相互影响及影响程度如何，而且要了解在增加生态补偿之后，其对于生态环境与贫困的作用程度如何等。本书的生态环境含义较为广泛，不仅包括通常所说的生态环境，还包括自然资源及地理位置。

### 1.4.1　地理位置与经济增长的关系

亚当·斯密《国民财富的性质和原因的研究》一书最早研究了地理位置与经济增长之间的关系，他通过对非洲内陆、俄罗斯及西伯利亚和中亚的大部分地区的经济发展分析认为，区域内即使有大河流经，但若大河之间彼此相距太远或是支流较少或缺乏，且下游要经他国才得以入海，则该国商贸业将受下游国家或地区限制，大规模商业很难发展。斯密以海洋贸易为基础的论证对于内陆地区地理位置因素对经济发展的限制给予了最早的研究。

杰弗里·萨克斯在斯密理论基础上加入了气候条件对经济发展的影响，对于解释包括气候条件在内的自然地理因素对不同区域与国家间在经济发展与贫困差异等方面起到了重要作用。我国西部地区生态环境的脆弱性与贫困之间存在着极为密切的关系，西部地区距海远，气候干旱、风沙频繁、土地贫瘠、生态脆弱，贫困县同时是生态脆弱县的概率高达 74.7%①。

新疆边境贫困县主要分布于南疆 4 地州和边境地区，与多国接壤，担负着"戍守边疆"维护国防安全的重要作用，地理位置极为特殊重要。对戍边而言，无论是保卫祖国西北边防，还是维护边疆稳定，都属于国防的范畴，是典型的公共产品，为保障边境安全做出的巨大牺牲理应得到补偿②。同时，该地区的生态维护与建设尤其对于风沙治理，减少内陆地区沙尘暴等灾害天气方面具有较高的外部效应，国家和全社会作为受益者也应公平公正地为这一公共产品付费。

### 1.4.2 生态环境与经济发展的关系

从生态贫困角度看，生态环境与贫困之间的关系在本质上反映了生态环境与经济发展之间的特殊关系，从长远来看，贫困地区生态环境与经济之间协调发展要在清晰理顺区域内生态与贫困复杂关系的基础上，以生态与贫困关系问题作为破解当前贫困难题的主要思路，正确处理生态环境与经济之间的特殊关系，有效化解"贫困陷阱"恶性循环，促进生态环境与经济社会协调发展。

如何将贫困与生态环境退化相互作用关系的知识转化为扶贫与生态环境保护协同的政策与实践，实现经济发展与生态环境协调，已成为当务之急。实践证明，生态环境既是经济发展的条件，又是其发展的结果，环境问题是经济发展到一定阶段的必然产物，一方面是因不合适的经济活动引起，另一方面环境问题的完全解决又需要经济发展到一定水平之后才有可能实现③。因此，生态

---

①② 孔令英，段少敏，张洪星. 新疆生态补偿缓解贫困效应研究［J］. 林业经济，2014（3）：108 – 111.

③ 张远等. 海岸带城市环境——经济系统的协调发展评价及应用——以天津市为例［J］. 中国人口资源与环境，2005，15（2）：53 – 56.

环境与经济发展之间存在着密切而又特殊的内在关系。

（1）生态环境对经济发展的影响。首先，生态环境是经济发展的根本保证，经济发展所需的资源大都来自于生态环境。人类通过劳动把自然界中存在的物质与能量应用到经济发展中，以此将自然界的物质与能量转化为人类发展所需，没有了生态环境的资源供给，人类社会与经济发展将无从谈起。

其次，生态环境对于经济发展有一定的约束作用，生态环境的资源承载力等对于经济发展的构成要素等有约束作用。由于所在的生态环境不同，相同的经济活动在开发难易程度上也会有较大的差异。

最后，随着经济与社会的不断发展以及人口增长速度的加快，人类对资源与能源的需求快速增加，对资源高强度开发的速度急剧加快，甚至逐步演化为掠夺式开发，但因资源的有限性与生态环境的脆弱性等，导致出现了资源枯竭与生态环境恶化等一系列严重的生态环境问题，最终形成了生态环境对经济发展的较大制约。

（2）经济发展对生态环境的促进与抑制作用。从经济方面来看，只有经济得到发展、财政得以增加，政府才能拿出充足的资金用于保护和修复生态环境，以增强生态环境系统的稳定性和耐受力[①]。因而，经济发展是生态环境保护与优化的物质基础，没有经济发展作为基础，人类生态环境的改善也只能近乎无意义的空谈；反过来，经济发展又会对生态环境产生抑制作用。限于各国经济、技术水平和人们认识的差异与限制，在生产过程中会存在副产品因利用率低而被废弃排入环境，尤其在贫困地区，因技术水平落后，其资源利用率低，与发达地区相比，其同等数量下的资源产出率更低，未被充分利用的副产品被作为垃圾丢弃的数量更大，加之环境承载能力与自我净化能力有限，当废弃物超过环境承载能力时，会产生环境污染，甚至导致生态的恶化和崩溃。

### 1.4.3　生态环境与贫困的相互关系

生态环境与贫困之间的关系情况较为复杂，不单纯是单向的决定作用，其关系更表现出明显的双向相互作用，而根据国内外相关文献与对国内贫困地区生态贫困的相关研究，生态环境退化与贫困之间存在生态贫困恶性循环的理论也被越来越多的学者广泛提出。

（1）贫困陷阱。贫困陷阱（也指社会陷阱）主要是指地区性的资源消极

---

① 黄国强．新疆环境质量与经济增长关系的实证研究［D］．新疆财经大学，2007（5）．

利用造成了区域甚至全球性的生态系统服务供给的不良影响。而解决贫困陷阱的复杂性在于从极度贫困者角度上看，其行为又是理性的，但这种理性在较大范围的社会中却只是净成本（Brendan Fisher，2012）。戴维·皮尔斯等在1987 年对非洲撒哈拉地区的贫困现象指出，"没有任何一个地区比承受着这种'贫困——环境退化——进一步贫困'的恶性循环的痛苦更加悲惨"[1]。美国经济学家迈克尔·P. 托达罗在《经济发展与第三世界》一书中指出，贫困与生态环境退化的恶性循环是造成贫困地区经济社会难以持续发展的重要原因[2]。针对学界中部分学者提出的 PES 项目将成为贫困陷阱的观点，Wunder 在 2008年指出，穷人能更广泛地参与 PES 项目，其参与通常会使得他们的生活条件得到改善，因而 PES 项目不会成为贫困陷阱。新疆边境贫困地区经济发展落后，农户生计大都较为简单且困难，仅以农业为主的生计方式加之土地贫瘠、气候干旱多风沙且灾害频繁等恶劣的生态环境使得当地农户的生存条件极为脆弱。当地大规模的土地开垦与滥用以及森林乱砍滥伐和草原过度放牧等，造成了本就十分脆弱的生态环境破坏得更甚。当地不断向脆弱的生态环境索取几乎没有任何成本的公共资源，导致生态环境严重恶化，由此形成了"贫困——索取自然资源——生态环境恶化——更加贫困"的恶性循环[3]。

（2）环境库兹涅茨曲线。1995 年由美国学者库兹涅茨提出"环境库兹涅茨曲线"（Environmental Kuznets Curve，EKC）又称倒 U 形曲线，见图 1 - 2。当一个国家或地区的经济水平较低时，生态环境的污染程度一般较轻，随着人均收入的增加，环境污染逐渐加剧；而当经济发展到某个临界点后，污染程度将由高趋低，环境质量逐步改善，由此形成环境的库兹涅茨曲线[4]。克鲁格曼（Grossman） 等在 1991 年研究北美贸易协定的环境效益时，根据经验数据得出了污染与人均收入的倒 U 形曲线关系，并从经济增长影响环境质量的规模效应、技术效应与结构效应三方面对 EKC 曲线进行了解释。该理论在工业革命后在学术界被广泛传播[5]。与生态与贫困关系理论不同的是，"环境库兹涅兹曲

① 戴维·皮尔斯，李瑞丰·沃福德. 世界无末日 [M]. 北京：中国环境出版社，1996.

② 迈克尔·P. 托达罗. 经济发展与第三世界 [M]. 北京：中国经济出版社，1992.

③ 孔令英，段少敏，张洪星. 新疆生态补偿缓解贫困效应研究 [J]. 林业经济，2014（3）：108 - 111.

④ 姚焕玫，唐国滔，莫创荣，王东波，雷晓霞，胡霞. 基于环境库兹涅茨曲线的经济增长与环境质量实证研究 [J]. 环境污染与防治，2010（11）：74 - 77 + 83.

⑤ Stern D. I. Common M. S.，Barbier E. B. Economic Growth and Environmental Degradation：The Environmental Kuznets Curve and Sustainable Development [J]. World Development，1996，24（7）：1151 - 1160.

线"理论未从典型的"贫困陷阱"角度考虑生态与环境的复杂关系，而是将环境退化当作消除贫困的一个必经阶段，认为只有当经济发展到较高程度时，环境退化的趋势才能得到抑制或扭转。尽管受到种种批评与质疑，但这种理论依据极大地迎合了政府发展经济的迫切愿望，被广泛认同并付诸实践。先污染后治理的发展道路首先被工业国家所验证，并被急于摆脱贫困的发展中国家所效仿。尽管多数政府均推崇兼顾经济发展与生态环境保护的可持续发展模式，但在实践中却迫于摆脱贫困的压力而不得不将生态环境保护置于相对次要的位置，导致区域发展往往以牺牲环境为代价。不过遗憾的是，该假设模型却并不能很好地反映出生态与经济系统内部的复杂关系。

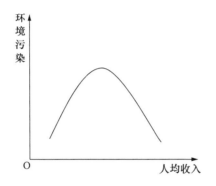

**图 1 - 2　环境库兹涅茨曲线**

（3）贫困导致（加剧）生态环境退化。在生态环境与贫困关系方面，学者们较早的研究大都集中于将贫困作为生态环境退化的原因。该理论认为，贫困农民缺乏各种生计资本与财产，为了维持基本生计过度依赖自然资源与生态环境，通过将劳动力与自然资源进行配置来获取基本的生活所需，以维持基本生存的继续。此外，由于传统观念的影响，农村贫困家庭往往趋于多生子女，从而造成人口增长过快，继而为保证新增人口的生计所需，引发过度开垦土地、滥伐森林以及其他过度开发、掠夺自然资源同时破坏生态环境等问题。由此，贫困导致了脆弱生态环境的进一步退化、恶化。李小云等通过总结中国与国际上关于贫困导致生态环境退化的相关案例分析指出，贫困农户很少会考虑环境问题或可持续发展问题，他们更关心的是住房、吃饭、穿衣、子女教育、养老等问题，而这些问题的基本需求进一步决定了他们的生产和消费方式，从而其过度开垦利用自然资源的行为将造成生态环境的破坏，而由此造成的环境成本将由大众承担甚至持续到其未来的后代①。《中国人类发展报告（2002）》认为，贫困与不平等是导致生态退化的驱动因素，加之不完善或不恰当的社会与经济政策，致使当地贫困者掠夺性地利用当地土地与森林等自然资源，从而造成了土地退化、森林破坏、生物多样性丧失等严重的生态问题②。

对于贫困导致（加剧）生态环境退化，也有学者提出反对观点，汉森指出，贫困并不必然导致生态的退化，生态退化的主因应是商业化与垄断③。随着交通的不断改善，外界因素的强烈介入，给传统社区造成了不断增加的社会压力与人际方面的压力，原有传统相传的村规民约与约定俗成的社会机制被逐渐打破与淡化，对于经济动机的需求不断上升，从而导致了对地方社会资源的耗尽。

（4）生态退化导致（加剧）贫困。在研究生态退化对贫困的影响方面，学者的研究很多集中于对"生态贫困"概念的解析，多数学者将这种由生态环境的脆弱性或生态环境退化导致的贫困理解为生态贫困④。在生态贫困定义方面，Brendan 认为，生态贫困是指由生态环境恶化所引起的经济不发展或经济发展受阻，使得农民生活困苦，由此而造成贫困，这种贫困在地区内部、区际之间、区域之间都存在着空间的异质性（Brendan，2012）。国内学者何运鸿将生态贫困定义为"某一地区生态环境不断恶化，超过其承载能力，造成不能满足生活在这一区域的人们的衣食住行等基本生存需要和难以维持再生产的贫困现象"⑤。

Brown 在研究非洲的贫困现象后提出："人类与生态环境的发展一同存在与演化，人类对生态环境造成的污染最早是由工业化与产业化的进程引起，接着产生了对生态环境的冲击，最后会引发一系列意想不到的生态贫困问题⑥。"贫困联盟（GCAP）专家 Dainan Killen 和可持续发展政策研究所（SDPI）专家 Shaheen Rafi Khan（2005）认为，贫困者几乎无法选择自己的生产行为和消费方式，而自然条件的恶劣与自然资源的匮乏、自然灾害的频发等外部冲击成为

① 李小云等. 环境与贫困：中国的实践与国际经验 [M]. 北京：社会科学文献出版社，2005.
② 联合国开发计划署驻华代表处等. 中国人类发展报告 2002 绿色发展，必经之路 [M]. 北京：中国财政经济出版社，2002.
③ 斯泰恩·汉森：发展中国家的环境与贫困危机 [M]. 北京：商务印书馆，1994.
④ 李虹. 中国生态贫困的主体分析 [J]. 生态经济，2013（8）：41－44＋50.
⑤ 何运鸿. 消除生态贫困的有效途径 [J]. 农村经济与技术，2001（2）：33－34.
⑥ （美）莱斯特·布朗. 生态经济：有利于地球的经济构想 [M]. 林自新等译. 北京：东方出版社，2002.

致贫抑或是返贫的原因。

新疆边境贫困地区恶劣的生态环境尤其是贫瘠而多盐碱的土地再加之风沙和常年干旱的持续影响，使得原本脆弱的生态环境在过度的（或不适当的）人类经济开发活动之下，引起了生态环境的不断恶化，进而威胁到当地居民尤其是贫困农民的基本生存环境与可持续生计，最终导致当地人们同时面临生态与经济双重贫困的贫困状态。通过上述分析可见，生态环境与贫困的关系较为复杂，不仅仅是单向决定性作用，两者存在着双向作用的关系，由此构成了一种生态贫困的恶性循环。其前提是农户生计脆弱性与生态脆弱性两者必有其一，从而导致另一问题的出现，贫困与环境之间的关系主要看两者的起始条件①。

### 1.4.4　生态补偿与贫困的关系

生态补偿与贫困之间的关系相互制约而又互为因果。一方面，贫困地区的贫困问题与脆弱的生态环境高度相关。在我国，生态脆弱区与实际贫困地区在空间布局上有着非良性的耦合，95%的中国绝对贫困人口生活在绝对贫困地区。我国集中连片特困地区的贫困状态大都是实际上的生态贫困，加之贫困者确实因所从事的劳动行为等提供了相应的生态系统服务，或在提供生态服务时承受了相应的损失，致使贫困发生或加剧，因而需要进行生态方面的经济补偿，以促使其在维持生计的情况下，继续提供相应的生态服务。另一方面，生态补偿对贫困农户贫困状态的减缓作用如何，学术界的争论热议不断，围绕生态补偿（即PES项目）的缓解贫困作用形成了不同的观点。

#### 1.4.4.1　PES项目与贫困缓解的区域性关系

尽管生态补偿的主要项目动机不是扶贫，但是由于贫困区与生态服务提供区在空间方面高度重叠，因此，其在扶贫方面也有一定作用（Stefano，Ana et al.，2010；Leander，Nikolay et al.，2014）。与此观点相一致，Pagiola等通过对墨西哥的PES项目进行分析认为，大多数墨西哥剩余的森林土地都被当地贫穷的合作农场所拥有，因此，其PES项目的参与者大都为穷人，项目参与的地域限制将对贫困地区产生较好的影响（Pagiola，Stefano et al.，2008）。在危地马拉和洪都拉斯流域内，大量的森林砍伐都是发生在山地陡坡，而那里的贫困密度也最高（Nelson，Chomitz，2007）。与此相反，Pagiola与Colom（2006）发现危地马拉的贫困率和水资源地区供给的重要性之间几乎没有任何联系。Perez

---

① 陈健生. 论退耕还林与减缓山区贫困的关系［J］. 当代财经，2006（10）：5–12.

C. 等认为生态补偿计划对地方发展的作用是双重的，既可能有利于地区发展，也可能会对地方的发展带来负向效应①。但综合大多数案例和文献来看，除危地马拉的水资源供给保护项目方面所体现的生态补偿与贫困之间缺乏显著关系之外，生态补偿项目大都体现出了关联性。

也有学者提出，对于提供生态服务于扶贫这两大目标而言，很难做到 PES 项目在最大化实现生态目标的同时对扶贫作用的最大化发挥，两者很难同时实现。John M. 通过对肯尼亚、秘鲁、塞内加尔三国的土壤固碳案例进行分析认为，土壤退化严重的地区往往是最贫困地区，但固碳协议的增收幅度极为有限，且无法实现农业系统向可持续发展方向的转化，不能同时解决环境与经济问题，对贫困的持续性缓解与消除作用甚微（John M.，Jetse J.，2009）。

1.4.4.2　生态补偿的扶贫效应分析

（1）生态补偿的扶贫正效应。其一，对贫困生态环境服务提供者收入的影响。Miranda 等利用补偿的接受程度作为指标对哥斯达黎加环境保护计划的减贫效应进行量化分析，发现该计划对贫困人口收入提高有比较明显的作用②。Locatelli 等利用模糊综合评估方法评价生态补偿计划对哥斯达黎加北部地区发展的影响，结论表明，在大多数维度中，生态补偿对当地贫困人群的正向效应要高于对富裕人群的正向效应。所以，该生态补偿项目在长期上具有减贫作用，但在短期来看，贫困人群由于收入上受到冲击，可能会影响其参与补偿计划的积极性③。国内外的一些相关案例普遍反映了许多参与 PES 项目的贫困农户收入都有所增加，且比其他提供者（高收入者）的状况好一些。因此，从补偿收入的角度来看，生态补偿对于缓解贫困是有一定作用的。

其二，对贫困生态环境服务提供者非收入的影响。非收入影响主要包括以下三个方面：一是土地使用权的稳固；二是通过集体谈判和行动，增加参与者的人力和社会资本；三是对潜在的投资者（捐助者和公共实体）而言，参与者

① Perez C. , Roncoli C. , Neely C. , et al. Can Carbon Sequestration Markets Benefit Low – income Producers ［J］. Agricultural Systems, 2007, 94 （1）: 2 – 12.

② Miranda M. , Porras I. T. , Moreno M. L . The Social Impacts of Payments for Environmental Services in Costa Rica. A Quantitative Field Survey and Analysis of the Virilla Watershed ［M］. London: Internationa Institute for Environment and Development, 2003.

③ Locatelli B. , Rojas V. , Salinas Z. Impacts of Payments for Environmental Services on Local Development in Northern Costa Rica: A Fuzzy Multi – criteria Analysis ［J］. Forest Policy and Economics, 2008, 10 （5）: 275 – 285.

有更高的知名度①。1995 年，南非政府针对外来植物对水资源供应构成的威胁专门实施了 WFW 项目，其最初的发起即作为扶贫公共工程计划，因而主要目标之一就是缓解贫困。该项目在当地创造了数以千计的就业机会与增值收益，对于贫困的缓解起到了较大的作用。

然而，关于 PES 项目减贫正效应方面，有学者提出怀疑观点。Engel 等认为，不能因为项目参与的自愿性就简单肯定生态补偿项目存在减贫方面的正效应，因为补偿支付是有条件的，在某些情况下，项目实施所获的正效应可能还不能完全补偿其参与成本②。

（2）生态补偿的扶贫负效应。首先，生态补偿可能造成社会不公平。生态补偿作为一种强制干预市场失灵的特殊政策，必然存在着一定的问题，尤其是社会不公平的问题。其一，生态补偿实施的区域选择可能造成区域之间的不公平性。一方面，生态补偿实施区的确定与相关者利益十分密切，补偿区域确定的不规范、不合理或是地域位置的特殊性会使得相近地区等产生不公平等问题。另一方面，不贴合实际的"一刀切"的补偿标准使得不同经济发展地区的绝对标准趋于一致，但相对标准差距甚大，造成受偿地区和农户的较大不满。其二，我国的生态补偿项目有许多都较为缺乏退出机制，一旦农户与政府等签订合同，但因为实际条件发生变故，机会成本等上升，而补偿标准未发生相应变化，农户不愿意继续参加项目，却不能顺利退出，由此也带来相关项目后续实施的一些问题。因此，在今后进行生态补偿设计时，应注意科学合理确定补偿区域，注意社会公平的维持，同时根据个人机会成本的不同适当调整补偿数额，并设计相应的退出机制。

其次，生态补偿影响贫困者生计。从某种程度上讲，生态补偿项目在环境保护方面取得了一定的效果，但它或许会伤害没有参加生态补偿项目的绝对贫困人口。如一些退牧还草等草原生态补偿项目，会使牧民的生计方式产生极大转变，很多草原区域被列为禁牧休牧区，而且牧民亦由游牧等天然放牧向牲畜圈养与牧民定居等方向发展，牧民的收入、生计方式等变化较大，补偿标准与补偿方式的不合理以及相关配套措施的缺乏等极易对牧民的生存产生威胁，并加剧其贫困状态。

① 王立安，钟方雷，苏芳. 西部生态补偿与缓解贫困关系的研究框架 ［J］. 经济地理，2009（9）：1552 – 1557.

② Engel S．，Pagiola S．，Wunder S. Designing Payments for Environmental Services in Theory and Practice：An Overview of the Issues ［J］. Ecological Economics，2008，65（4）：663 – 674.

此外，一些关于森林等的生态补偿项目，由于一般只对参与项目的林农等进行补偿，而对未参与项目的林农以及同样以森林为生者（伐木工人、薪碳制造者）等会失去唯一的生计。

最后，生态补偿对贫困农户参与的影响。针对生态补偿项目对参与项目的贫困家庭影响到底如何，是否带来收益的增加，程度如何等一系列问题，各国学者对不同地域的生态补偿项目进行了广泛的讨论。影响农户参与决策的因素分为以下三大类：即影响农户参与资格的因素、影响农户参与意愿的因素、影响农户参与能力的因素。这三大类因素构成了一个逻辑顺序，即有资格参与与有能力参与密切相关，而有能力参与又是有意愿参与的关键和前提（Pagiola et al. , 2005）。在此基础上，当地农户的参加除取决于资格、意愿、能力外，还受其自身在参与中竞争力的影响（Sven Wunder, 2008）。

在具体的实践中，学者们对农户参与的影响因素及其影响程度等进行了深入的探讨。农户参与影响的程度取决于 PES 参加者中实际贫困的人数、贫困人口的项目参与能力以及支付的额度（Stefano，Agustin，et al. , 2004）。补偿项目增加了当地农户土地与森林资源获得的安全性，但限制了农户扩大和多元发展农业的能力；他还发现补偿项目对农户幸福感的影响与支付的大小有关，即与市场挂钩的支付额度更高的 PES 项目与农户幸福感有正向显著效应，较低额度的支付项目对于农户生计没有显著效应（Tom，E. J. Milner，2014）。Landell - Mills 等认为，生态补偿的减贫效应并不明确，由于穷人的生计相对单一且更依赖于生态环境系统，生态补偿计划可能会通过扩大收入差距而对穷人产生负向作用，因而更有利于生活状况相对较好的群体而不是穷人[①]。当项目不能解释非正式的森林产权时，可能会加剧决策制定方面的不公平，满足当地局部人的利益而非其他人利益，并且不包含保护最贫穷的农户，从而导致农户和项目管理者之间的直接冲突（Esteve，Nicolas et al. , 2007）。Leah 等评估了厄瓜多尔 PES 项目中影响其正向促进与反向限制参与的因素认为，尽管该项目吸引了当地农民和农村团体的广泛参与，然而大量的影响因素包括土地所有权、土地用途限制以及参与者的社会需要和财政资金的有限性等使得该项目有利于具有更大土地规模的更富裕的土地所有者（Leah，Kathleen et al. , 2014），

① Landell - Mills N. , Porras I. Silver Bullet or Fools' Gold? A Global Review of Markets for Forest Environmental Services and Their Impact on the Poor ［M］. London：International Institute for Environment and Development，2002.

因此，其认为产权界定是否清晰与合适是影响农户参与的重要因素。Pagiola 通过对尼加拉瓜的林草牧项目进行实证分析，验证了部分影响农户参与性的因素如：信用（贷款）、多元选择的可得性和交易费用，具体影响包括：一是信用（贷款）是影响贫困农户项目参与的重要潜在限制因素，贫困农户很少有可替代性的选择，他们的储蓄与可供出售的资产都很少，因此，致使其通过信用贷款的方式来获取前期资金，参与 PES 项目的路径较为困难。二是多元选择的可得性（林草牧项目）可能促进了贫困农户的积极参与，因为他们能在既定项目的限制条件下做出最优选择。三是交易费用可能是贫困农户参与项目的更大威胁。在多数案例中，PES 项目中的交易费用由两部分组成。第一部分是支付费用和签订契约的费用，这对于所有农户几乎都完全相同。第二部分是交易费用与农户规模大小有关。贫困农户的农场规模越小，其交易费用也就相对越高，因而交易费用越大，则 PES 项目对较大规模土地所有者越具有吸引力，从而导致 PES 项目将集中于较富裕的农户（Pagiola, Stefano et al. ，2008）。

由上文可以看出，生态补偿与贫困的关系较为复杂，不单单只是补偿政策（项目）与贫困（缓解）之间的关系，还包含了生态与贫困之间双向的关系，以及因为生态补偿政策对扶贫的有效减缓和生态的有效保护带来的生态改善进而进一步促进扶贫，甚至于彻底脱贫等关系。在今后有关贫困地区生态补偿机制的研究中，需将生态补偿理论和贫困理论深入结合，并多角度地具体分析，以便全方位研究生态补偿效益对贫困者的影响，进而促进生态补偿项目缓解贫困作用的真正有效发挥。

# 第 2 章　国内外生态补偿的实践及经验借鉴

## 2.1　国外生态补偿实践

### 2.1.1　国外生态补偿的主要类型

国际上，生态服务付费或生态效益付费项目主要分为四大类：

（1）直接公共补偿。直接公共补偿是指政府直接向参与生态补偿项目的土地提供者等提供规定的补偿，以补偿其所提供的生态系统服务，该种补偿方式无论是在国际上，还是在我国都最为普遍，如退耕还林等生态工程。

（2）限额交易。该补偿类型主要是由政府或管理机构按照一定的标准对生态退化或生态破坏（污染物排放等）设置一定的限额，相关单位或个人可以在界限范围内按照规定进行生产与排放，将所剩余额即"信用额度"出售给其他超过限额的单位或个人，从而间接性地受到补偿。

（3）生态产品认证计划。在生态产品认证中，消费者自愿选择那些由独立第三方权威机构根据相关标准认证的生态友好型产品。一般情况下，经过认证的生态友好型产品的价格都比一般同类商品高，从中的差价等即是对于生态产品与服务供给者的补偿。

（4）私人直接补偿，通常又被称为"自愿补偿"，因为购买者是在没有任何管理动机的情况下进行交易的（徐永田，2011）。在该类补偿中，相关团体或个人出于慈善、风险管理或准备参加管理市场的目的，进行资金的捐助或项目的投资，从而使受偿者得到一定的补偿，但私人直接补偿由于资金的不确定性等一般只能作为重大生态补偿项目的补充。

### 2.1.2　国外生态补偿的重点领域

自 1980 年以来，各国积极开展各类生态补偿项目，涉及范围广，资金投入大，主要涉及流域管理、农业环境保护、植树造林、自然环境的保护与恢复、碳循环、景观保护等，并根据各项目作用范围、生态服务种类的不同，将其划分为流域、区域、国家、全球等尺度①，具体如表 2-1 所示。

表 2-1　国外生态补偿的类别与案例

| 项目类别 | 案例 | 主要提供的生态服务 | 补偿尺度 |
| --- | --- | --- | --- |
| 流域管理 | 环境服务支付（PES）；日本和哥斯达黎加流域下游对上游的生态补偿 | 主要为改善与净化水质量、涵养水源、防洪、保持土壤、兼顾调节气候、维护景观、保护野生生物等 | 流域 |
| 农业环境保护 | 欧洲的农业环境项目；加拿大的永久性草原覆盖恢复计划 | 主要为保持土壤、降低侵蚀与沉积、减少农药化肥的污染、兼顾调节气候、维护景观、保护野生生物等 | 国家 |
| 林业 | 爱尔兰的私人造林补贴和林业奖励 | 基本涵盖上面所提到的所有生态服务功能，另外还包括固碳功能 | 流域、国家 |
| 自然生态的保育与恢复 | 栖息地保护公约；新西兰的生物多样性保护激励措施；美国渔业与野生动物保护方案 | 主要针对生物多样性保护，同时提供其他生态服务 | 区域、国家、全球 |
| 碳汇 | 《京都议定书》；欧盟排放交易方案 | 主要是防止全球变暖，同时提供其他生态服务 | 全球 |
| 景观保护 | 瑞士自然保护区景观保护；尼泊尔自然保护区景观保护 | 主要为保护特殊景观、提供休闲、文化等服务 | 区域 |

①　薛晓娇，李新春．中国能源生态足迹与能源生态补偿的测度［J］．技术经济与管理研究，2011（1）：90-93.

在流域生态补偿方面，各国政府都承担了大部分的资金投入，通过生态补偿方式，对流域上游生态建设的居民进行补偿，增强流域上游地区对生态保护的积极性。其作用主要为改善净化水质量、涵养水源、防洪、保持土壤，兼顾调节气候、维护景观、保护野生生物等。流域生态补偿的典型代表是美国纽约市与上游的清洁水交易、厄瓜多尔水资源保护基金、日本和哥斯达黎加流域下游对上游的生态补偿等。

在农业环境保护的生态补偿方面，退耕、休耕、禁牧等措施比较普遍，其主要作用是保持土壤肥力、减少农药化肥的污染、提高草原覆盖率、维持农牧业可持续发展。在农业环境保护立法方面，美国、日本和德国比较完善，20 世纪 30 年代，美国颁布了一系列法律，如《土地侵蚀法》、《自然资源保护法》、《清洁水法》等；德国不仅重视农业环境立法，而且对于违反法律的行为规定了具体的惩罚措施；除此之外，各国也开展了有关农业环境保护的生态补偿项目，例如美国、瑞士、欧盟的退耕还林工程，欧洲的农业环境项目；加拿大的永久性草原覆盖恢复计划等[1]。在实施计划的过程中，各国政府采用财政补贴的方式来引导农民生产向环保方面转化[2]，并为农民提供收税优惠、良种补贴、有机农机设施补贴等。

森林生态补偿方面，在国外实践较为丰富，其补偿支付方式除了政府支付外，大多通过市场机制进行补偿[3]，交易案例已多达 300 件，遍布美洲、加勒比海、欧洲、非洲、亚洲以及大洋洲等多个国家和地区[4]。其中森林碳汇交易尤为突出。1997 年，联合国气候变化框架公约参加国第三次会议正式制定了《京都议定书》，并规定"发达国家出钱向发展中国家购买碳汇指标"，同时"碳汇交易"制度相应建立。目前，较为典型的案例有欧盟排放交易体系、新西兰减排计划、东京交易体系等。除碳汇交易外，森林生态服务交易还有生物多样性保护交易、流域保护交易、景观美化交易及"综合服务"交易。

景观保护补偿方面，其补偿项目常常与生物多样性服务补偿相重叠，主要是为了保护特殊景观，提供休闲、文化等服务。例如瑞士自然保护区景观保

① 朱丽华. 生态补偿法的产生与发展 [D]. 中国海洋大学, 2010.

② 彭亮太. 浅谈国外农业环境保护的特点——以美国、日本和德国为例 [J]. 人民论坛, 2011 (8)：140 - 141.

③ 王辉民. 环境影响评价中引入生态补偿机制研究 [D]. 中国地质大学（北京）, 2008.

④ 王立安, 钟方雷. 生态补偿中有关筛选贫困参与者的研究进展 [J]. 财会研究, 2010 (10)：68 - 71.

护、尼泊尔自然保护区景观保护等。其补偿方式主要表现为以市场为基础的参观权进入补偿，如参观费、旅游服务费等。通过收取旅游门票，政府再将一部分收入投资到景观保护、民族文化保护和当地福利中，建立生态补偿基金，完善补偿机制，最终使当地自然景观、民族宗教文化遗产得到显著恢复。

### 2.1.3　国外重要生态功能区生态补偿方法

#### 2.1.3.1　水源涵养功能区

水源涵养生态功能是指利用大自然生态环境调节流量、维持水质、调节地下水位的一种生态服务功能，其生态补偿形式主要通过下游或源区外的自来水供水公司、水电公司等向上游或源区内居民提供适当补偿的形式来实现。例如，20 世纪 90 年代为了保护水源地土地，实现纽约市清洁供水交易，纽约市政府在 10 年内以公债及信托基金等方式对上游卡茨基尔（Catskills）流域投入 10 亿 ~ 15 亿美元，并对农场可能产生污染采取控制措施；法国维特尔（Vittel）瓶装水公司采取向农民付费的方式与农民合作，使农民在公司用来装瓶的蓄水层上面保持特定的土地使用方式。除此之外，哥斯达黎加、墨西哥等拉美国家在水源涵养生态功能补偿方面也做了大量实践工作[1]。较为典型的案例有哥斯达黎加 PSA 计划和墨西哥的 PSAH 计划。

#### 2.1.3.2　防风固沙与土壤保持功能区

防风固沙与土壤保持可以通过增加森林、草地等方式得到实现。近年来，经济合作与发展组织国家开展了一系列环境生态补偿计划以应对集约型农业生产方式造成的环境退化，增强防风固沙、土壤保持等生态功能。如美国的农业环保休耕计划（简称 CRP）；英国的环境敏感区计划；瑞士的保护性农业生产补助等[2]。美国的 CRP 有效防止了耕地的土壤流失，该计划由政府补贴，自愿参与 CRP 的土地所有人每年获得政府提供的土地租金和植被保护措施实施成本来换取农田休耕 10 ~ 15 年。澳大利亚新南威尔士州政府为了控制盐碱化对植被带来的伤害，制订了"河水出境盐度总量控制"计划，并实施"排盐许可证"交易制度[3]。如果农场主通过植树有效地控制了土地和河水盐化，就可以

---

① 张金凤，何栋材. 中外生态补偿机制比较研究［J］. 中国园艺文摘，2011（6）：45 – 49.
② 阳文华，钟全林，程栋梁. 重要生态功能区生态补偿研究综述［J］. 华东森林经理，2010（1）：1 – 6.
③ 靳乐山，李小云，左停. 生态环境服务付费的国际经验及其对中国的启示［J］. 生态经济，2007（12）.

向环境服务投资基金会出售自己的减盐信用以获得补偿。

#### 2.1.3.3 调蓄防洪功能区

森林、湖泊、湿地、河流、人工水域等都具有调蓄防洪功能。调蓄防洪区的生态补偿包括项目工程补偿、退耕还湖补偿、保护森林与湿地补偿等方面①。1990年以后，德国和捷克为共同治理贯穿两国的易北河成立了双边合作组织。根据共同治理协议，德国在易北河流域建起的国家公园和自然保护区内，禁止建房、办厂或从事集约农业等影响生态保护的活动，整治的经费主要来源于政府财政贷款、排污费、研究津贴及下游对上游补偿费用等。

#### 2.1.3.4 生物多样性功能区

生物多功能区的生态补偿基本上是通过政府和基金会的渠道进行的，有时也会与森林、农业、流域等补偿相结合②。其方式主要包括购买具有较高生态价值的栖息地付费、对使用物种或栖息地的付费、生态多样性保护管理付费、限额交易规定下可交易的权利等方面，具体见表2-2。由于生物多样性保护的生态补偿发展阶段各不相同，采取的补偿形式也较为多元化，其中私人或政府购买具有较高生态价值的栖息地的补偿模式较为常见，通过生态付费的形式对森林生物多样性进行补偿。例如，芬兰国家政府通过购买南部私有林的自然价值，对私人或组织开展生物多样性考察、狩猎、垂钓等活动进行收费，减少对森林多样性的破坏。南非的自然资源保护公司通过购买牧场和农场来满足市场上对生态旅游和狩猎的需求，并与当地居民签订合同，要求土地所有者保护当地野生动物，维护生态多样性。另外，美国、澳大利亚、印度等国家也在积极构建对生物多样性进行保护的市场交易机制，通过开展生物多样性信用额度交易和友好产品开发，允许买卖濒危物种额度及碳信用额度，从而达到保护当地生物多样性的作用，美国的资源保护性预存市场就是一个很好的例子。

### 2.1.4 国外生态补偿的模式

#### 2.1.4.1 国外政府主导的生态补偿模式

政府主导的生态补偿模式是指政府作为主要的生态补偿主体对生态补偿项目进行支付，国外政府主导的生态补偿主要有以下三种模式：

---

① 阳文华，钟全林，程栋梁．重要生态功能区生态补偿研究综述［J］．华东森林经理，2010（1）：1-6.

② 刘丽．我国国家生态补偿机制研究［D］．青岛大学，2010.

（1）政府直接补偿。国外政府直接补助的领域主要集中在重要生态功能区以及具有生态服务功能的耕地、流域等。从 20 世纪 50 年代起，美国政府为了保护农业耕地，购买了生态敏感区来建设土地自然保护区，并按照相关政策规定对退耕的农场主给予了相关税收政策优惠及农产品价格补贴。积极实施"保护性储备计划"、"土地休耕计划"、"紧急饲料谷物计划"、"有偿转耕计划"等耕地保护计划，引导农场主积极开展对退耕土地的土壤保护。

表 2 - 2　生物多样性付费的种类及内容

| 类型 | 内容 |
| --- | --- |
| 购买高价值栖息地 | 私人土地购买；公共土地购买 |
| 对使用物种或栖息地的付费 | 生物考察权；调查许可；用作生态旅游的情况 |
| 生态多样性保护管理付费 | 保护地役权；保护土地契约；保护特区许租地经营权；私人农场、森林、牧场栖息地或物种保护的管理合同 |
| 限额交易规定下可交易的权利 | 可交易的信用额度；可交易生物多样性信用额度；可交易开发权 |
| 支持生物多样性保护交易 | 企业内对生物多样性保护进行管理的交易份额；生物多样性友好产品 |

资料来源：根据文献整理。

（2）建立生态补偿基金。复垦专项基金制度的建立为德国恢复矿区的生态环境提供了有力保障。近年来，德国联邦政府针对新开发矿区，根据《联邦矿山法》的有关规定，要求矿区业主必须对矿区复垦提出具体措施并作为审批的先决条件：必须预留复垦专项资金，其数量由复垦的任务量确定，一般占企业年利润的 3%；必须对因开矿占用的森林、草地实行等面积异地恢复。墨西哥政府在 2003 年建立了用于补偿森林提供的生态服务基金，该规模达到 2000 万美元，该补偿标准规定：重要生态区 40 美元/公顷·年，其他地区 30 美元/公顷·年[①]。厄瓜多尔首都基多为了保护 Cayambe—Coca 流域上游 40 万公顷的水土和 Antisana 生态保护，在 1998 年成立了流域水土保持基金和流域水保基金。日本还设立了"绿色羽毛基金"制度，通过社会集资对森林资源建设事业进行支持。

---

① 徐永田. 我国生态补偿模式及实践综述［J］. 人民长江，2011（11）：68 - 73.

# 美国耕地的保护性储备计划案例

保护性储备计划（Conservation Reserve Program—CRP）是美国保护性退耕计划（Land retirement programs）的一个重要组成部分。该计划始于 1985 年，美国政府为将生态敏感的土地进行保护而与农民签订合同，放弃在该土地上耕种，同时植树种草，增加植被覆盖率，最终由政府对参与农民因为停止耕作和转换生产方式等带来的损失等进行补偿。

在补偿标准方面，政府按照登记的土地数量以租金的形式向农民进行支付，同时为了使补偿标准更加科学合理，政府在标准的制定中将农户的自愿原则与市场和竞争机制相结合，按照土地的生产力和竞争情况等确定租金，平均补偿金额为每年 116 美元/公顷。此外，合同还规定了合理的退出机制，即农户在合同履行完成后可根据农作物价格等决定是否继续参加该项目。

据统计，从 1985～2002 年，参与该项目的土地高达 1360 万公顷，参与农户高达 37 万户，所退耕地中，有近 60% 转为草地，16% 转为了林地，对于生态环境的恢复起到了极大的作用。

（3）征收生态补偿税。瑞典、比利时、丹麦、西班牙、荷兰、芬兰、英国、法国、德国、意大利等国家对生态环境进行补偿时均采用了税收的方式，如：碳排放税、氮排放税、硫排放税、垃圾填埋税、能源销售税等与环境有关的税种[①]。丹麦自 1993 年生态税收改革决议通过之后，汽油税、柴油税、煤税、水税、垃圾税等有大幅度增加，其环境和能源税的增幅由原来税款总额的 10% 增加到 15%。为实现森林生态效益维护和建设，法国采用了优惠税费政策。具体做法是：对于国有林的养护采取林业收入不上缴，不足部分再由政府拨款或优惠贷款；对国有和集体林经营所产生的利润免除税费，并为私有林经营提供各种财政优惠政策[②]。另外，为了使温室效应得到有效控制，法国加收了碳税。征收生态环境税或施行税费减免政策是各个国家和政府为实现生态补偿所采用的重要手段之一，它能够较为有效地平衡经济活动主体个人利益和其

---

① 杜丽娟，王秀茹，王治国. 生态补偿机制现状及发展趋势 [J]. 中国水土保持科学，2008 (6)：120 - 124.

② 陈书伟，王士心，杨永梅. 三江源区生态环境建设价值补偿机制与制度创新研究 [J]. 生态经济，2013（6），75 - 79.

行为带来的生态环境外部效益或成本①。

### 2.1.4.2 国外市场主导的生态补偿模式

由西方发达国家和拉丁美洲的众多案例可知，政府不是唯一的补偿主体，补偿模式向多元化发展，各国政府按照"受益者付费、受损者补贴"的原则引入市场机制，对产权明晰的生态补偿类型进行补偿，发展了多重生态补偿的市场运作模式，将生态服务功能价值货币化，投入到市场机制当中，从而使生态补偿从生产领域延伸到消费领域②，提高生态服务提供者的积极性，对生态环境建设起到重要作用。归纳起来，目前各国市场化运行的生态补偿主要有以下五种模式。

（1）绿色偿付。绿色偿付是指生态建设受益者向提供生态服务的人们进行补偿的一种生态补偿模式，此模式在美国、法国东北部、哥斯达黎加等地区被广泛运用。20世纪80年代后期，法国一家瓶装水公司购买了位于泉水附近的600英亩农田，并与居住在泉水周边的农民们签订了一份18～30年的协议，确保农民采用更为环保的生产耕作方式，从而实现流域生态保护。哥斯达黎加西北部的柑橘种植和果汁生产集团通过绿色偿付，长期购买巨蜥保护区所提供的生态服务功能，服务内容包括：控制森林昆虫、果汁厂果皮等残余的自然降解等③。绿色偿付近年来已成为各国实现流域上下游生态效益平衡的主要生态补偿方式之一。

（2）配额交易。配额交易制度在美国较为盛行，它是建立在法律约束和总量控制的基础上，制定了明确目标，例如，水质不能恶化，湿地、耕地数量不能减少等环境保护目标④。如果生态资源使用者的使用量超过法律法规所限定的标准或无法完成义务配额时，就要通过市场购买相应的信用额度。

（3）生态标签。1992年，欧盟颁布了生态标签体系来引导民众在欧洲地区生产及消费"绿色产品"⑤。欧盟的生态标签制度是一个自愿的制度，生态标记（签）是间接支付生态服务的价值实现方式，其关键在于建立一个认证体系，该认证体系能够让消费者的信任以生态友好方式生产商品，其价格高于普

---

① 李国英. 刍议生态补偿制度 [J]. 水利发展研究，2013（2）：1－7.
② 中国水土保持生态补偿机制研究课题组. 我国水土保持生态补偿机制研究 [J]. 中国水土保持，2009（8）：5－8.
③ 杜丽娟. 水土保持补偿机制研究 [D]. 北京林业大学，2008.
④ 徐永田. 我国生态补偿模式及实践综述 [J]. 人民长江，2011（11）：68－73.
⑤ 税永红，周宇. 绿色消费与社会可持续发展的思考 [J]. 四川环境，2006（3）：119－122＋126.

通商品，消费者在购买这种商品时就相当于支付了商品生产者伴随着商品生产而提供的生态服务。在美国，绿色标签是为那些在保护生态和自然的前提下生产的农副产品贴上的认定标签，消费者通过购买这些高价产品间接地对自然环境进行补偿。较为广泛运用的生态标签还有：有机农产品标签；不伤害海豚的金枪鱼食品标签；树荫咖啡（不破坏雨林）标签；可持续采集的木材标签等①。

## 欧盟的生态标签体系案例

为逐渐推动欧盟各类消费品生产商提高生态保护意识，鼓励欧洲范围内"绿色产品"的生产与消费，欧盟创立了生态标签制度，从正式颁布之初至今，已经有 20 多年的历史。该制度将各类在设计、生产、销售、使用及处理等流程均符合生态保护的产品列为生态"绿色"产品，并贴上生态产品标签，与此同时，欧盟通过各种方式积极向消费者推荐获得生态标签的产品，从而使"贴花产品"在销售中更易得到消费者的青睐，从而以这种间接的方式对生产厂家在生产过程中的生态行为予以补偿和奖励，此外，产品的附加值与企业形象等均得到相应的提高，以纺织品为例，在欧盟，标有生态标签的纺织品比其他同类纺织品的价格要高出 20% 以上，但仍被大部分消费者所看好。在具体申请方面，由欧盟统一制定环保性能标准，所需申请的产品生产商向欧盟各成员国指定管理机构提交申请，并完成规定的测试程序，以证明产品是否达到生态标签的授予标准。

（4）排放许可证交易。排放许可证交易可以通过市场手段实现生态补偿，激励人们做出保护生态环境的行为。在政府制定必要规则的基础上，将生态服务商品化，投入市场机制当中，使生态服务提供者获得收益，生态服务消费者付出代价，开拓了生态补偿资金的融资渠道。例如，澳大利亚新南威尔士州就是排放许可证交易的一个典型案例，政府通过"排盐许可证"交易制度从减排盐分的农场主那里购买减盐信用，将其投入市场，向买主出售②。为了规范"排盐许可证"交易，新南威尔士州成立了环境服务投资基金会，用于管理"排盐许可证"交易，使得排放许可证交易机制更加完善。另外，像温室气体这类生态服务能够被标准化为可计量的、可分割的商品，也可以通过转变为温

① 徐永田．我国生态补偿模式及实践综述［J］．人民长江，2011（11）：68－73.
② 李国英．刍议生态补偿制度［J］．水利发展研究，2013（2）：1－7.

室气体抵消量投入交易市场。

## 澳大利亚实施的水分蒸发信贷案例

澳大利亚 Mullay—Darling 河流域的水分蒸发信贷案例，是生态补偿实践中的一个经典案例。在 Mullay—Darling 河上游，由于大规模的森林采伐导致了流域内土壤盐渍化问题日益严重，并对下游的农场灌溉经营等带来了严重威胁。为从根源上解决土壤盐碱化问题，该河下游的 600 位农场主组成了食物与纤维协会，与上游的州林务局签订了盐分信贷购买协议，该协议规定由该协会按照每 100 万升水缴纳 17 澳元，或按每公顷土地 85 澳元的价格来向林务局支付"蒸腾作用服务费"作为生态补偿，期限为 10 年，而林务局需要利用该经费在河流上游地区通过种植脱盐植物、栽种树木或多年生深根系植物等建设 100 公顷森林的蒸腾水量，从而达到保护水质、避免盐碱化的目的。

（5）国际碳汇交易。碳汇交易属于生态建设的配额交易制度，是一种利用市场机制减轻气候变化的政策工具与生态补偿的重要举措。由于森林、湿地等可以快速、大量地吸收、汇聚和储存二氧化碳即具有碳汇功能，加之由于发达国家因发展工业而制造了大量温室气体，由于降低温室气体排放量的成本较高，发达国家就可以通过向发展中国家投资造林，碳汇抵消排放，从而达到《联合国气候变化框架公约》、《京都议定书》对该国家规定的碳排放标准。因而 1997 年联合国气候变化框架公约参加国第三次会议正式制定了《京都议定书》，并规定"发达国家出钱向发展中国家购买碳汇指标"，即"碳汇交易"制度相应建立[①]。目前，正在强制性实施的碳交易项目主要有欧盟排放交易体系（EU ETS）、区域温室气体减排行动（RGGI）、新西兰减排计划（NZ ETS）和东京交易体系（TOKYO ETS）等。

### 2.1.5　PES 项目的典型模式

#### 2.1.5.1　以欧美地区为代表的发达国家典型模式

欧洲和美国是 PES 项目实施较早和较为成功的典型地区，尤其是在欧盟成员内部，早在 20 世纪 70 年代在拉丁美洲实施 PES 项目之前，就开始了关于外

---

① 张於倩，冯月琦，李尔彬．黑龙江省森工林区贫困问题研究［J］．林业经济问题，2008（4）：310 - 313.

部效应内部化的机制讨论，1992 年在成员国范围内建立并统一实施的 Agri - environmental Programs（AEPs）项目，成为在欧美地区最大的生物多样性保护项目。而美国由政府主导的激励生态保护的政策在欧洲很早之前就已经存在。早在 20 世纪 30 年代，以保护土壤并减少作物种植方式过剩为主要目的的 Conservation Reserve Program（CRP）项目的开展就已成为美国现代 PES 项目的先驱。欧洲和美国是 PES 项目的起源与发展较为迅速和全面的两大主要地区。这些地区分散于各个领域的 PES 相关法律制度体系建设较为成熟，其 PES 项目最为典型的国家分布是美国、德国、英国、法国、瑞士等国家。值得注意的是，美国、德国、英国等国家基本上形成以政府为主导的 PES 运行模式，其资金来源以政府付费为主，主要来源于政府预算及其税收等形式①，当然，也包含了一定的市场主导的资金来源方式。以法国为代表的国家则主要是以市场为主导的 PES 运行模式，其资金来源以使用者付费为主，政府付费所占份额较低。以政府为主导的 PES 模式在欧美地区，甚至于全球大部分地区是最为主要的生态补偿模式。

（1）扶贫目标。欧美地区大多数的 PES 项目主要为发达国家和地区，其目标以生态服务为主，扶贫目标较少，有的存在于副目标或者隐含于总目标。例如美国的 CRP 项目和 EQIP 项目其副目标即是减少农产品商品化供给，提高农产品价格，增加农民税收；英国的 ESA 项目和 CSS 项目的副目标中暗含着提高农民收入。美国的 CRP 项目和 EQIP 项目尽管没有定向扶贫，然而其扶贫资金在项目中占了很大的比例。

（2）资金来源方面。美国、英国、德国、瑞士等发达国家为主的 PES 项目其规模一般较大，资金以政府预算和补贴为主。例如，美国全国性农业环保项目——耕地保护性储备计划（CRP），该项目规模达 1450 万公顷之多，其资金主要来源于政府，由政府向农民支付由于退耕还林、还草等造成的费用，提供直接补偿资金。英国的环境敏感地区（Environmentally Sensitive Area，ESA）和农村管理计划（Countryside Stewardship Scheme，CSS），两项目以生物多样性和水域保护以及景观娱乐为主要目标，其资金主要由政府和欧盟提供。德国易北河流域的生态补偿项目（Northeim Model Project）资金也主要来源于财政资金与研发补贴等。

（3）政府主导下的多种类补偿形式。欧美地区在以政府付费为主导的 PES

① 谭小芬. 中国服务贸易竞争力的国际比较 [J]. 经济评论，2003（2）：52 - 55.

体系下，由于生态补偿规模的庞大与冗杂，为了进一步弥补所需的大量经费，增强项目的长期性与可持续性，各国拓宽了经费资金的筹集渠道。一是建立生态保证金制度。例如，美国、英国、德国等地为了加强对矿区的修复和补偿，建立了较为完备的矿区复垦保证金制度来拓宽生态补偿资金。二是建立生态相关税收制度。税收作为国家最为稳定的主要财政收入来源，具有强制性与固定性的特点①，一定程度上较为满足 PES 项目对于资金稳定性的需求。生态环境相关税制已经在欧美等发达国家较为普遍地建立起来，例如，德国的 Northeim model project 项目，除了国家财政的相关资金外，该项目还专门开设了排污费，即先由污水处理厂向受益居民和企业代收排污费，然后由污水处理厂将所收费用按照一定比例留存作为处理污水的补偿，再将剩余部分上缴国家环保部门。另外，德国还采取各州政府将生态税作为消费税附加收取的方式来进一步为生态补偿工作储备资金，其所得收入除州政府自留 25% 外，其余按照法定标准由经济发达的州转拨给经济落后的州以此作为区域间的生态补偿，平衡区域均衡发展。此外，英国对于泰晤士河的治理，投入的资金高达 300 亿英镑之多，除主要来源于财政支出外，政府征收的水资源税也占资金的不小比例；瑞士等欧美其他国家也开展了固体废弃物污染税、空气污染税以及噪声税等生态税。

（4）创新性的契约与制度设计。在支付标准方面，除采用传统的以机会成本为主要参考外，美国的 CRP 项目还采用了逆向拍卖的方式来提高参与者保准补偿的合理性与激励性，该方法通过竞标的方式由农民提交项目申请和补偿要求，再由政府根据环境敏感度和诉求情况进行付费水平的选择②，目前该方式在德国正在进行试点与实验。此外，以绩效为基础的支付和绩效支付与拍卖相结合的支付形式也正在德国开展实验进行验证。

（5）科学的标准制定与管理举措。PES 机制的设计与安排极为复杂，是影响项目实施效果极为重要的环节。欧美地区的 PES 机制十分严谨与科学，如瑞士的生态补偿区域计划（Ecological Compensation Areas，ECA），在正式实施前就组建了一个由 200 多个农场组成的网络，用来试验和测试保护项目对于农业活动在经济、生态等方面的影响，其为项目的有效实施奠定了坚实的数据基础和科学依据，促进了项目目标的顺利实现。在项目实施中，细致的管理与到位

① 　王鸿貌．税收法定原则之再研究 ［J］．法学评论，2004（3）：51－59.
② 　聂倩，匡小平．公共财政中的生态补偿模式比较研究 ［J］．财经理论与实践，2014（2）：103－108.

的技术服务促进了 PES 项目的有效实施。法国 Vittel 水资源保护项目中成立了具体负责项目实施的组织 Agrivair，该组织人员由具有专业知识和专业技能的国家农业研究所（INRA）工作人员担任主要负责人，除负责项目设计、谈判、合约签订、实施以及监督外，还向参与的农户提供技术指导以及相关的支持，帮助农户科学种养殖。

（6）严格的监督与处罚机制。欧美大部分地区的 PES 项目的补偿标准以项目参与者的机会成本为主要参考，例如美国的耕地保护性储备计划（CRP），该项目就是向项目参与的农民支付因其退耕还林、还草等而承担的机会成本。法国的 Vittel 项目也是通过向参与的农民支付由于使用新技术以及改变土地用途而可能造成的风险和收益来进行生态补偿。同时，为了避免在项目实施过程中带来的由于信息不对称导致的道德风险以及项目参与者基于成本比较等原因导致单方面违约等问题，欧美等发达国家采取了相应措施，如英国的环境敏感地区 ESA 项目和 CSS 项目以及美国的 CRP 项目每年都有负责机构（ESA 和 CSS 还联合多所大学）对于农户规模的 5% 进行检查，德国的 Northeim Model Project 项目每年都对项目进行全面检查。在项目惩罚措施方面，美国、英国、德国等以此为修复以及偿还利息，警告、开除项目额返还补偿以及停发补偿，相比之下，德国的惩罚措施则更为严厉。

2.1.5.2　以拉丁美洲为代表的发展中国家典型模式

PES 项目在拉丁美洲得到了广泛的接受和推广，哥伦比亚、哥斯达黎加、尼加拉瓜、厄瓜多尔、墨西哥等国都启动了 PES 项目，世界银行也在给予上述国家较多的支持。哥斯达黎加、尼加拉瓜以及哥伦比亚三国开展的区域性林草牧生态系统管理项目（RISEMP）以及哥斯达黎加的环境服务支付项目（PSA）和墨西哥的水文环境服务支付项目（PSAH）最具有代表性，其中哥斯达黎加的 PES 项目被认为是 PES 项目实践的先驱。

（1）资金来源。拉丁美洲的 PES 项目是市场主导下的购买模式，使用者付费和以政府付费（亦即政府购买）的项目为主，并与市场购买方式（使用者付费）相结合。例如，尼加拉瓜为鼓励参与者在牧草退化地区实施草木保护的 Silvopastoral Project（林草牧项目），其初始资金主要由全球环境基金（GEF）资助 450 万美元，以及世界银行等国际组织的援助。墨西哥为专门保障水资源供给的 PSAH 项目，经费来源是用水者缴纳的水费。厄瓜多尔的 PROFAFOR 碳封存项目也有由项目的受益者——FACE 电力集团对当地的社区以及土地所有者就其重新造林的生态服务进行补偿。主要由哥斯达黎加政府出资的环境服务支付项目 PSA，其大部分项目的资金来自 FONAFIFO 的化石燃料税收入，其税收收入的 3.5% 被列入该项目并作为主要资金（大约每年 1000 万美元），但也包括服务使用者的付费及国际机构，如世界银行、全球环境基金（GEF）、德国援助机构 KFW 和非营利组织等的大量捐赠。

（2）项目的可持续性。拉丁美洲以政府主导下的 PES 项目，其税收、财政统筹、财政基金等的形式确保了资金的稳定性和项目的可持续性。同样，以市场为主导的生态补偿项目生态基金、绿色补偿、国际碳汇等可持续性项目在拉丁美洲也广泛地开展起来。如厄瓜多尔为保护 Cayambe – Co – ca 上游土地和生态保护区而实施的流域水土保持基金项目。哥伦比亚卡利市建立了独特的生态基金，该基金是由水稻和甘蔗种植者为摆脱干旱与洪涝灾害，自发主动地提高向 CVC 公司缴纳水费并列为独立基金，以此委托该公司进行河流流量的改善工作。在积极参与《京都议定书》的清洁生产机制的基础上，哥斯达黎加通过将国内剩余的林业碳汇作为碳汇储备在国际碳交易市场上出售给他国企业，并将该收入大部分再补偿给林地所有者，以此来增加 PES 资金和国内 PES 项目的可持续性。

（3）管理机构或中介机构设置。由政府付费的 PES 项目，为了确保资金的有效管理与监督，根据项目单独建立的政府机构管理，或由政府相关部门直接管理，例如，哥斯达黎加政府为有效实施 PSA 项目专门成立了具有独立法律地位的半自治组织"森林生态环境效益基金"（FONAFIFO），该组织在项目地区总共建立了 8 个办公室，具体负责项目申请、协议签订和监督执行等具体事务。主要由使用者付费的尼加拉瓜的 Silvopastoral Project 则由当地非政府组织 Nitlapan 负责具体的操作执行。墨西哥的 PSAH 项目由墨西哥环境部下属的森林和水资源委员会负责具体运作，政府对管理机构进行有效干预并保障了项目的长期稳定实施。

（4）对于贫困的 ES 提供者的支付标准与举措。机会成本的概念在拉丁美洲 PES 项目补偿标准的制定中被较多地引用和参考。如尼加拉瓜的 Silvopastoral Project 是以参与者的机会成本为主要的参考标准制定的，土地使用者向参与者提供广泛的项目种类的选择，从简单的、价格低廉的土地用途改变到大量复杂且支付额度更高的土地用途变化等，为参与者在约束条件下选择最大化效益提供条件。该项目向土地使用者支付为了提供环境服务而进行土地维护或改变土地用途导致的相关成本费用，一个支付周期为 4 年，基本覆盖了参与者因参加项目而产生的机会成本。哥斯达黎加的 PSA 项目也是以土地的机会成本为重要的参考标准。建立在机会成本视角的基础上，尼加拉瓜的 Silvopastoral Project 划分出 28 种不同的土地用途，并据此设计了生物多样性保护指数和固碳服务指数，然后将其合成单一的生态服务指数（ESI），最终根据总的 ESI 得分，按照每一个 ESI 得分 10 美元的基本补偿标准向参与者一次性支付全部补偿费用。此外，每年每增加一个 ESI 指数，该项目将多支付 75 美元作为奖励。仅在项目实施前期，区域内 24% 的土地按照项目要求改变了用途，而且草地退化所占比例下降了 2/3，具有树木密度较高的牧场数目大幅增加。此外，该项目还带来了野生动植物栖息地增加以及土壤固碳等一系列的生态效益。哥斯达黎加的 PSA 项目更为严格，首先由拟参与项目的土地使用者提交一份由经过授权的林务官编写的可持续森林管理计划，该计划必须详细地包含对项目土地的描述、土地占有期限、土地物理性质信息以及森林防火计划、防止非法捕猎和非法采伐计划、监督计划等。FONAFIFO 规定，申请必须符合《森林法》才会得到受理，当林地的所有者通过审议后会立即签署生态补偿合同，在合同约定的支付期限内，按照项目土地 64 美元/公顷·年的标准以及超过 10 年的树木为 816 美元/公顷的标准支付环境服务费用。林地的拥有者可按照合同规定，在其土地上进行植树造林、保护林木、管理森林等合同要求。PSA 项目将持续十余年，项目区域的森林覆盖率提高了 26%，在水资源与生物多样性保护以及固碳等方面都取得了较大的成功，并且项目参与者的生活水平也得到了提高，致使森林价值得到认可。

（5）ES 使用者参与支付举措。拉丁美洲的 PES 项目大部分以自愿参与为主，尤其是对于 ES 提供者，在 ES 使用者方面，自愿参与与强制性参与并存。在哥斯达黎加的 PSA 项目中，FONAFIFO 与水资源使用者进行谈判，通过向支付者出售一定数量的环境服务权证（CSA）的形式，鼓励使用者参与的积极性。FONAFIFO 经过谈判与 Sarapiqui 流域的水电公司 Energia Global（简称 EG）协商一致，EG 公司提供每公顷土地 18 美元，FONAFIFO 在 EG 公司的基础上再增补 30 美元，以保证河流年径流量得到增加，提供充足的水量。而这些补助最终以现金的形式按照每公顷土地 48 美元的标准直接支付给上游的土地所有者，资助和鼓励其造林、从事可持续林业生产。但随着项目的逐渐大范围开展，许多水服务使用者存在着"搭便车"现象，拒绝支付，为保证项目的可持续性，哥斯达黎加在 2005 年进一步拓展了对水资源的补偿，将一定的补偿费用加入水价，并将所得收入作为流域保护专项资金，以此来提升 PSA 项目支付的参与，这表明该项目正在由自愿参与支付向强制性支付转变。

（6）项目审核、管理与监督。哥斯达黎加的 FONAFIFO 建立起了监督土地使用者规定遵守情况的数据库，通过负责签署协议的 SINAC 以及具备资格的林务官等定期审计，验证监督的有效性。对于不遵守规定的参与者将被没收接下来的补偿支付，没有准确测定参与者遵守计划情况的林务官将被吊销其许可证书。

# 2.2　国内生态补偿实践

## 2.2.1　国内生态补偿的主要类型

1990 年初，我国正式开始对贫困地区生态补偿进行实践和研究。现有政策和立法动向都表明，受益者为贫困地区提供生态补偿将是大势所趋，如《中国农村扶贫开发纲要（2011～2020 年)》就明确规定，要建立健全生态补偿措施，并重点向贫困地区倾斜。因此，采取合作而非对抗的方式将是生态系统服务的受益者和贫困的生态系统服务提供者之间的明智之选，主要表现形式有以下三种类型：

### 2.2.1.1　中央政府主导的贫困地区生态补偿

退耕还林、退耕还草、退田还湖工作的成功标志着我国生态补偿工作的起点和进步，为接下来的生态补偿工作树立了标杆，其成功具有深远的影响及意义。1990 年初，国家通过对退耕农户进行粮食和现金等无偿补助来开展退耕还林还草试点工作。补偿措施采取因地制宜的核心思想，根据不同粮食产地分为不同标准进行补助，给予长江流域区及南方地区的退耕户的退耕地每年每亩150 公斤粮食和 20 元的现金补助；给予黄河流域及北方地区的退耕户的退耕地每年每亩 150 公斤粮食和 20 元的现金补助，并向农户免费提供种苗，同时农户的退耕地和宜林荒山荒地可凭种苗费和造林费得到每亩 50 元的补助。

### 2.2.1.2　地方政府主导的贫困地区生态补偿

（1）协商。省际之间互帮互助解决生态补助的横向转移问题，如河北、北京基于水资源供应问题的生态补偿。

（2）立法。在山东、江苏等地方政府出台了多种多样形式的生态补偿法规法案，以明确划分生态补偿的责任和标准等。

（3）市场化。伴随着甘肃张掖的水权交易与浙江义乌东阳的水权交易等案例的市场化成功，越来越多的生态补偿项目被引入了市场机制，如排污权、水权、碳汇和草原放牧权等。这种市场化机制并不是依托法律或行政建立起来的，完全基于用户之间的信誉，以签订合同的形式来相互约束。

（4）合作。此模式是生态获益发达地区寻找符合生态经济理念的欠发达的贫困地区，实行异地产业开发，在异地即贫困地区开展新型产业（发达地区的优势产业）代替其落后传统的经济发展产业，并且发达地区会给予贫困地区一定补偿，为贫困地区创造新的经济发展产业，同时自身也会获得相应生态收益，此模式就是为了实现发达地区生态获益及贫困地区发展生态和经济互利互惠的局面。浙江省金磐异地扶贫开发区就是一个很好的例子，2003 年，异地扶贫开发区通过合作的形式使工业产值达到 5 亿元，占该县财政收入的 2/5 多，有效地缓解了当地贫困。

#### 2.2.1.3　与国际合作的生态扶贫项目进行的生态补偿

香港乐施会资助的"甘肃省民勤县绿洲沙漠化防治与社区生态扶贫项目"中，为当地农民准备了充足的草料等物质，同时建立暖棚、修建蓄水池等设施，还给农民一定的现金补助。不仅解决了农民的生计问题，也激励了农民从事防沙治沙的公益活动，效果显著。

### 2.2.2　国内生态补偿的重点领域

#### 2.2.2.1　森林与自然保护区生态补偿

森林与自然保护区的生态补偿工作起步较早，资金投入较大，取得了较为明显的成效。自 1992 年起，国务院、国家体改委、国家环保局相继出台了一系列政策来推动森林生态补偿工程的实施，如，《关于一九九二年经济体制改革要点的通知》、《关于进一步加强造林绿化工作的通知》、《关于确定国家环保局生态环境补偿费试点的通知》、《森林法》等。2001 ~ 2004 年为森林生态效益补助资金试点阶段；2004 年出台了《中央森林生态效益补偿基金管理办法》[①]，标志着森林生态效益补偿基金制度正式建立。各地区也积极响应国家政策，建立健全林价制度、森林资源有偿使用制度等，实行森林资源有偿使用；并设立了森林生态效益补偿基金，以保证生态补偿项目持续发展。除了森林生

---

① 李新一，洪军，刘杰，负旭疆. 草原生态补偿的实践与探索［J］. 内蒙古草业，2009（2）：1 - 4.

态效益补偿，天然林保护、退耕还林等六大生态工程也是对长期破坏造成生态系统退化的补偿①。

### 2.2.2.2　流域生态补偿

在流域生态补偿方面，地方的实践主要集中在城市饮用水源地保护和辖区内上下游间的生态补偿问题。各省市间可自主交易、协作，对辖区内流域进行补偿工作。采用的主要政策手段是由上级政府对下级政府给予财务上的支持，或聚集资金集中弥补，或同级间的横向转移支付。近年来，各地方政府对水资源保护尤为重视，积极探索了新的补偿方式来解决问题，如水资源交易模式等。义乌市通过水资源使用权交易，取得了上游东阳市 5000 万立方米水资源的永久使用权②。宁夏回族自治区、内蒙古自治区也有类似的水资源交易的案例，上游灌溉区通过节水改造，将多余的水卖给下游的水电站使用。除此之外，浙江和广东等地也在积极探索"异地开发"模式，通过异地开发的形式避免上游工业造成的污染，并弥补工业的经济损失。

### 2.2.2.3　矿产资源开发生态补偿

在矿产资源开发生态补偿方面，20 世纪 80 年代中期，我国通过征税来调节级差收入，促进资源合理开发利用。1994 年又开征矿产资源补偿费，维护国家对矿产资源的财产权益。其征收的资金主要用于治理和恢复由于开发矿产而造成的生态环境破坏问题。1997 年实施的《中华人民共和国矿产资源法实施细则》对矿山开发中的水土保持、土地复垦和环境保护做出具体规定，要求不能履行水土保持、土地复垦和环境保护责任的采矿人，应向有关部门缴纳履行上述责任所需的费用，即矿山开发的押金制度③。在各地实践中，浙江省采取"谁开发、谁保护；谁破坏、谁治理"的原则解决新矿山的生态破坏问题。对于废弃旧山，按照"谁受益、谁治理"的机制实施，若找不到受益人，则由政府出资治理和恢复。

### 2.2.2.4　区域生态补偿

20 世纪 80 年代以来，我国针对生态环境治理问题，开展了一系列生态建设工程，例如水土流失治理、防护林体系建设、荒漠化防治、退耕还林还草、

①　李海鸣. 进一步完善生态补偿机制的财税政策思考 [J]. 江西行政学院学报，2010（3）：46 - 49.

②　李锦秀，肖洪浪，任娟. 阿拉善地区水资源与生态环境变化及其对策研究 [J]. 干旱区资源与环境，2010（11）：5 - 7.

③　张贞. 我国矿产资源开发生态补偿法律制度研究 [D]. 中国地质大学，2013.

天然林保护、退牧还草等，投入资金高达千亿元①。从区域生态补偿方面来看，尽管这些财政转移支付和发展援助政策没有直接考虑生态补偿的因素，也极少用于生态建设和保护方面，但其对西部地区因保护生态环境而牺牲的发展机会成本，或承受历史遗留的生态环境问题的成本变相给予了一定的补偿。

### 2.2.3  区域生态补偿的典型做法

#### 2.2.3.1  浙江省生态补偿实践

浙江省是第一个全面推进生态补偿实践的省份。2005 年 8 月浙江省政府颁布了《关于进一步完善生态补偿机制的若干意见》，标志着浙江省正式进入生态补偿机制成熟阶段，该机制明确了各方的职责、权利和义务；要求各方互帮互助，互相协调，实现共同发展的工作态度；确立先易后难、循序渐进的工作思路；应用多措并举、合理进行的工作手段，全面开展生态补偿工作。浙江省财政每年对生态补偿进行专项拨款，用于生态补偿工作的开展，力求解决生态补偿面临的财政困难等问题。2008 年制定的《浙江省生态环保财力转移支付试行办法》，提出要积极探索区域间生态补偿方式，支持欠发达地区加快发展的具体政策途径和措施，为探索解决贫困地区补偿提供了一定的依据。

浙江省贫困地区生态效益补偿机制最大的亮点在于各地积极地探索多形式的生态补偿方式，例如，深入了解矿区复垦与矿区居民的矛盾，制定出了合理的补偿方案；规划出水资源保护的界限，对在水土保持方面做出贡献和牺牲的单位给予补偿；对耕地被占用的农户进行补偿，保证农民的生计问题，获得了良好的社会效果；为发达地区与贫困地区牵线搭桥，帮助贫困地区发展生态和经济，并将补偿给予贫困地区等多形式的生态补偿。这其中，浙江部分县城制定的下游区建厂返税政策对保护水源起到了非常大的益处；东阳与义乌的水权交易为实现区域性补偿提供了依据。在环境污染整治过程中，对生态脆弱地区进行保护和监管，通过制定综合性的防治措施和扶持政策，不仅使得环境得到保护，而且在环境污染治理的过程中施行扶持政策，帮助污染治理技术得到了改造并调整了产业结构，实现了一定的经济效益，从而促使部分地区的经济可持续发展，为贫困地区农民增收提供了途径。2012 年 3 月，浙江省《生态补偿条例》起草工作已经正式启动，规定了省财政（包括中央财政补助）与县（市）地方财政的补贴资金支出比例，加大了对贫困地区的生态补偿力度，对

---

① 唐俐. 南海海洋生态补偿法律问题探析［J］. 法学杂志，2010（1）：29 – 32.

省重点扶持地区、省次重点扶持地区、一般地区、省补助标准为全省最低补偿标准的 90%、60%、40%①。

### 2.2.3.2　北京市生态补偿实践

2004 年，北京市委、市政府决定加快北京市林业发展，全面展开对公益林的管护工作。2004 年 12 月 1 日颁布的《北京市山区生态林补偿资金管理暂行办法》正式开启了北京市对贫困山区生态补偿的系列工作，根据规定北京市政府将一次性投入 1.92 亿元，对 60.80 万公顷生态公益林进行管护。采用以乡镇为个体，具体划分片区进行管理，每个片区配备相应的护林人员，并按时给护林员发放工资和补助，激励广大山区的人民树立爱林护林意识，并为贫困山区增添就业岗位。2006 年，为有效进行育林、造林计划，北京市园林绿化局实行了严格的封山育林和"五禁"政策，并颁布了《北京市人民政府关于建立山区生态林补偿机制的通知》，保障育林计划执行到实处；同时，北京市财政局根据《通知》规定，按每月 400 元的补偿标准对贫困山区进行生态林补偿；并完善组织管理机构，确保补偿金能全部发放到农民手中，增加农民造林、护林的积极性。

据官方数据显示，到 2007 年末，北京共补偿山区集体生态林 620.47 公顷，惠及 7 个贫困山区县及海淀、丰台、顺义 3 个半山区的 104 个乡镇。全市共确定了 46000 多个护林岗位，解决了贫困山区 20.3% 的剩余劳动力就业问题。除此之外，北京市政府每年投入管护资金 2.2 亿元，使山区农民纯收入增加了350 多元，家庭年均增收 5100 多元，有效缓解了山区贫困状况，实现了山区生态与经济和谐可持续性发展。

### 2.2.3.3　广东省生态补偿实践

自 1990 年起，广东省正式开展生态林公益补偿工作，成为开展此类项目最早的省份之一，为全国各省起到了模范带头作用。截至 2006 年底，广东省财政部门直拨 23.96 亿元的补偿金，用于全省范围内 21 个地级或以上市、119个县（市、区）、1867 个镇（场）、13567 个行政村和 10 个省属林场的生态林补偿工作。受惠农林达到 536 多万户、2591 多万人，增加了近 3.2 万个就业岗位，不仅缓解了当地的就业压力，同时增加了当地农户的人均收入，有效改善

---

①　石道金，高鑫.完善浙江省森林生态效益补偿制度研究［J］.林业经济，2010（8）：108 –112.

了当地的经济水平①。近 20 年来，广东省不断提高补偿标准，从 1990 年的 37.5 元/公顷提高到 2008 年的 150 元/公顷，全方位、多层次地推进了贫困地区生态屏障建设。2003 年颁布了《广东省生态公益林效益补偿资金管理办法》，旨在确定贫困地区损失性补偿和综合管护费用的比例、补偿对象和补偿资金的发放形式②。2006 年，广东省为保证补偿对象的经济利益不受损害，对贫困地区生态林效益补偿资金进行了深化改革，使得贫困山区的生态与经济得到了可持续的协调发展。2010 年，广东省将湿地生态纳入补偿对象，并选取具有代表性的 6 个重点湿地作为补偿工作的标杆，进行补偿管理工作。2012 年，广东省政府将生态保护与发展经济之间的矛盾作为贫困地区生态建设的主要矛盾，为能使贫困地区生态得到重建，提供贫困农民增收途径，政府正式出台《广东省生态保护补偿办法》，此办法计划省财政部每年支付一定的生态保护补偿资金，对贫困地区给予补偿和激励，进而改善当地贫困现状，增加贫困地区的人均收入。

### 2.2.3.4 新疆维吾尔自治区生态补偿实践

新疆生态补偿工作自 1973 年至今已有 40 年的历史，但前期阶段工作成效甚微。自改革开放和西部大开发战略实施以来，按照国家"再造一个山川秀美的西部"总体构想，1996 年先后启动了天山、阿尔泰山天然林保护和平原绿化、保护荒漠植被等生态建设工程；塔里木河流域治理工程、改善艾比湖区域生态环境、"三北"防护林体系四期工程、"绿色通道"、草地生态环境建设和保护工程、城区和油田绿化及环境治理等生态治理工程，这些国家财政支持的大型项目补偿以政策、资金、实物、生态移民等形式进行了多元化补偿。

在推进生态补偿项目实施的过程中，新疆自治区政府设立了专门的机构，雇用了当地的人员来从事生态补偿项目的建设、监督、检查等工作。以新疆塔城地区为例，新疆塔城地区为推进草原生态补偿项目的实施，实现草原生态环境的永续发展目标。截至 2011 年底，建立草原所 8 个、草原工作站 8 个、雇用当地居民 442 人，促进了当地的就业。自 2003 年草原生态补偿项目实施以来，累计投入资金近 5 亿元，用于生态环境的各项工作。牧民收入也由原来单一的放牧收入变得多样化，牧民从生态补偿资金中获得一部分收入，由于要减少放

---

① 《中国集体林产权制度改革主要政策问题研究》课题组. 已划定生态公益林和已租赁集体林林权改革理论与实践回顾 [J]. 林业经济，2010（8）：30 - 52.
② 任毅，刘薇. 森林生态效益补偿政策在我国的实践与分析 [J]. 中国林业，2007（19）：26 - 27.

牧量或进行圈养，节约一部分劳动力转移到二三产业而增加收入，据统计，牧民的收入由 2005 年的 1500 元上升到 2010 的 3450 元，增加 1950 元，收入年均增长率为 26%。

以新疆塔城地区生态补偿项目建设为例，截止到 2010 年全区共有 82 个定居点，累计饲草料地保有面积 3.06 万公顷，户均 3.07 公顷，棚圈 14105 座、青贮窖 3058 座、牧业医院 28 家、学校 34 所、牧业道路 352 公里、防渗渠 263 公里，配套机井 436 眼、电网改造 654 千米、建冷配点 83 个、人工授精站 47 个。部分定居点基本实现了"三通、四有、五配套"，极大地改善了牧民的生产生活条件，为牧民脱贫致富奔小康奠定了坚实的基础。通过牧民定居建设，使畜牧业有了长足的发展，一方面带动了畜产品深加工企业的崛起，如托里县的康乐和绿洲企业、额敏县的库鲁斯台和万通企业、裕民县的巴尔鲁克和悦羊公司、塔城乌苏的海川乳业等，十几家畜产品深加工企业纷纷落住塔城。另一方面使畜牧业增强了抵御自然灾害的能力，保证了牧区牲畜的稳定增长，仅 2008 年牧业牲畜越冬度春死亡率就降低 0.4 个百分点，经济收入人均增长 32 元。定居牧民 1.51 万户，定居率达 69%，比 2005 年提高 59%，2010 年计划新增定居 3000 户，完成定居房建设 14.5 万公顷，完成棚圈建设 20.7 万公顷，完成草料棚建设 0.75 万公顷，牧民定居比例将达到 90%①。

2.2.3.5　河北省生态补偿实践

河北省丰宁满族自治县小坝子村实施的退耕还林还草工程，限制了传统的种植业和畜牧业的发展，使农民收入呈现不稳定状态。但是政府通过加大对农户的技术扶持、资金扶持等，使得该区的种植和养殖结构得到优化，改善了种植及养殖方式，增加了农民的收入。有关部门先后下发了《国家发展改革委关于做好京津沙源地河北丰宁县特殊困难乡镇农民脱贫致富工作的通知》、《河北省发改委关于印发〈河北省丰宁县小坝子乡农民脱贫致富实施方案（2012～2020 年）〉的通知》。小坝子乡谋划的解决思路是，生态建设和经济发展相结合，因地制宜发展特色生态经济。小坝子乡正通过招商引资、农地流转等方式引导农民参与包括食用菌种植、舍饲畜牧等在内的生态农业项目，促进农民收入提高。2014 年，丰宁县把小坝子乡作为"生态文明与经济社会协调发展"试点乡，整合项目、资金和人力物力先行打造、共同治理。借京津冀协同发展

① 孔令英，段少敏，张洪星. 新疆生态补偿缓解贫困效应研究 [J]. 林业经济，2014（3）：108－111.

的机遇，小坝子乡与北京华坤生态治理科技产业有限公司合作，尝试种植红柳和梭梭，并从寄生于两种植物上、具有"沙漠人参"美誉的苁蓉上提取出药用价值极高的物质。去年双方约定在小坝子乡沙化严重地带种植两种植物 1 万亩，将生态保护和经济发展协同进行，此项目让地方收获生态保护和经济发展，也让企业得到发展和获得了效益。小坝子乡大力发展"引进来，走出去"战略，积极引进县内重点农业产业化龙头企业（如天然公司、丰鑫实业公司等），依托大企业的资本实力发展多元化富民产业，如奶牛养殖、实用菌、设施蔬菜等。并于企业达成一致，采用多种经营模式，让农民参与到产业发展的行列中来，将优质的产品面向全国推送，不仅能让企业得到发展，也实现当地农户的增收，使当地的生态和经济协调发展。通过综合施治，小坝子乡农民返贫情况得到了扭转，生态环境实现了极大改善，林草覆盖率超过了 70%，大风扬沙天气由原来的每年 80 多天减少到现在的 40 天。

### 2.2.3.6 苏州市生态补偿实践

2010 年，苏州市政府为调动金市村保护太湖水源地的积极性，政府决定每村给予 100 万元的生态补偿标准来鼓励金市村农民保护太湖水源地。该村根据本村实际情况，在获得村民的同意后，将高新区连片的水稻产地转为林果业种产地，同时苏州市财政局拿出 120 万元的补偿金对林农进行补偿，金市村累计获得 240 万元的生态补偿资金。在林果业转型过程中，金市村村民将 1000 亩水稻田作为合作社创业的产地，成立了土地股份合作社。该合作社积极引进科学化管理团队的理念，不再走单一的、产值低的路线，而是将生态旅游、观光、立体化、多元化、特色化、科学化加入到林果业的发展中，不仅改善了生态环境，还促进了产业结构调整。立体化果业种植结构使得该合作社保证了产值持续性增加；多元化的种植结构，如金市村拿出其中 459 亩用于种植水蜜桃、黄桃和翠冠梨，使合作社取得了较好的经济效益；股份制、分红制的科学化管理思路，保证农户在获得多次经济利益的同时，让农民看到了生态保护带来的福音，极大地激励了农民对生态保护的行为。合作社的果业种植工作需要大量的劳动力，不仅解决了金市村剩余劳动力，又合理利用了农民的种植经验，提高了农民收入水平。合作社成熟之后，预计能为当地农民增收 20 个百分点，形成了长效的扶贫机制，为金市村农民持续增收、摆脱贫困奠定了基础。

# 2.3　国内外生态补偿实践对解决贫困问题的经验借鉴

由上可知，美国、欧盟、哥斯达黎加等国家和地区的生态服务付费有比较坚实的理论基础和法律依据；生态服务付费政策不断完善，充分利用了市场机制、多渠道的融资体系，将生态补偿的减贫效益得以发挥；相比之下，国内的生态补偿还处于实践阶段，生态补偿的范畴和总体框架还没有建立起来；补偿项目不足、资金来源单一；扶贫式生态补偿保障机制还不健全，扶贫解困的目标远未实现。对于新疆贫困地区生态补偿的研究和实践，以下几点值得借鉴：

### 2.3.1　确定生态补偿缓解贫困的副目标

生态补偿是一种环境经济政策，在项目实施过程中，不可避免地会对项目区域的发展以及项目参加者的收入情况产生影响，从国外的生态补偿案例来看，很少有项目采用单一贫困扶贫目标，尤其是许多政府付费或是政府主导的PES项目，很多都是双重目标，甚至是多重目标，而多目标造成了项目执行效率的下降。我国应关注生态补偿项目在设计伊始是否考虑了缓解贫困的副目标，将区域发展、缓解贫困和创造就业作为生态补偿主要的副目标。贫困的服务提供者参与生态补偿项目后，成为生态服务销售者，从参与项目中获利，其收入有所提高。只要服务提供者的参与是自愿的，而且支付标准超过机会成本及交易费用等，参与者会根据自身实际进行最优选择。因此，在项目的目标设计中，要明确环境目标，确定缓解贫困的副目标，避免过多的副目标涉及而成为影响生态补偿功能发挥的障碍。

### 2.3.2　拓展贫困地区生态补偿资金的筹集渠道

借鉴国内外成功经验，在争取中央对新疆边境贫困地区以及进一步完善中央政府对新疆边境贫困地区财政转移支付制度的基础上，立足区情构建新疆边境贫困地区生态补偿机制，改进转移支付办法，形成多元化、多层次、多渠道、全方位的生态补偿资金筹集渠道。单靠政府对生态补偿资金的投入是非常有限的，应当积极引入市场交易机制，形成以市场为主导，政府为基础的生态补偿资金来源，引入企业、社会组织、公益机构以及群众对生态建设的捐助。理顺和调整新疆维吾尔自治区贫困县域转移支付制度，针对贫困的 ES 提供者，加大转移支付力度，以降低贫困参与者的经济负担，重点向生态脆弱区、贫困县倾倒。同时，单靠中央和地方政府的投资来建立生态补偿机制是不够的，必须要积极拓展多元化、多层次、多渠道的融资方式，例如，发行国债（生态环保债券）、开征生态补偿税（或生态效益税）、发行生态福利彩票等。对外融资可以选择吸收国际组织项目资金、国外贷款、BOT 投资方式、引进国际信贷等方式。

### 2.3.3　构建"参与式的生态扶贫"模式

省级对口支援是发达省份通过提供物质、资金、技术、医疗等方面对贫困地区进行援助，从而解决当地贫困问题的一种方式。从 20 世纪后期，国家就积极开展"对口支援"工作，并在贫困地区取得了显著效果。但这种扶贫只能是"治标不治本"，大多贫困地区只是被动地接受帮助，缺乏主动参与的热情，无法从根本上解决贫困问题，浙江金磐异地开发模式就是一个很好的例子。因此，新疆边境贫困地区要达到环境保护和经济发展的双赢局面，必须积极构建"参与式的生态扶贫"，转变贫困地区被动的接受状态，强调发展生态产业，带动农民致富的补偿思路[1]。在贫困地区大力发展特色生态产业、生态旅游业，实施产业对接、产业转移，同时为农民提供技术培训等，通过提高农民自身致富能力，从根本上脱离贫困。但是，在"发展—带动"的补偿模式下，我们要注意产业布局，严厉禁止污染型的产业转移，不能以牺牲环境换取经济的发展。

### 2.3.4　明确划分产权和责任权

从贫困地区生态补偿实践来看，对于穷人来说土地使用权的保障比法定的所有权更为重要[2]。在私有产权占主导地位的国家，土地以及森林的产权都是清晰的，若对其所属的产权进行限制，就必须予以补偿。在澳大利亚"流域生态系统服务投资中心"和美国"温室气体登记处"就可以对生态服务产权注

① 徐丽媛，郑克强. 生态补偿式扶贫的机理分析与长效机制研究 [J]. 求实，2012（10）：43 - 46.

② 王立安，钟方雷. 生态补偿中有关筛选贫困参与者的研究进展 [J]. 财会研究，2010（10）：68 - 71.

册，并明晰权利义务，制定环境服务标准①。因此，政府应当实行相应政策，在实施生态补偿项目时多关注贫困的 ES 提供者的土地权属问题，使土地权属明晰化，在此基础上明确土地所有权问题、试用期问题、土地流转问题等，为新疆边境贫困地区生态补偿机制可持续实施提供保障。

### 2.3.5　生态补偿项目的时限安排

在设计生态补偿项目时，要科学、合理地安排生态补偿项目的时限，才能起到巩固生态补偿工程成果的作用。例如，我国退耕还林工程的时间一般为 5 ~ 8 年，在期满后，若相应政策扶持跟不上，农牧民会为了生计继续上山砍伐森林或放牧。这就会使生态建设成果化为乌有。因此，在考虑生态补偿时限问题的同时，也要在项目实施期间加大对农牧民生计的培训，提高技能水平，注重知识型、技术型人才的培养，使他们在生态补偿项目实施期满后可以得到充分就业，不再"靠天吃饭"。在生态补偿时限安排上，可以适当地延长对重点的生态环境保护区域的补偿时间，巩固生态建设成果。

### 2.3.6　建立生态标识认证体系

生态标记是以一种环境友好型方式生产出来的产品，消费者需要支付更高的价格来购买具有生态标签的产品，从另一个角度看，生态标记支付是消费者对生态环境建设的一直间接支付，可以作为生态补偿资金来源的一部分。在贫困区域生产带有生态标记的产品，不仅可以促进生态环境可持续发展，同时可以提高贫困地区居民收入。我国应当借鉴这种模式，建立生态标记认证体系，在贫困地区大力发展当地特色农产品，对产品优质、无污染、口碑较好的农产品授予生态标记，同时对具有生态标识的产品进行大力宣传，让消费者产生信赖，引导消费者愿意花费较高的价钱来购买生态标识的产品，从而促进贫困地区经济发展，形成扶贫的长效机制。

---

①　张陆彪，郑海霞．流域生态服务市场的研究进展与形成机制［J］．环境保护，2004（12）：38 – 43.

# 第3章 新疆边境贫困地区生态补偿的现状分析

## 3.1 新疆边境贫困地区总体概况

### 3.1.1 扶贫开发重点县标准确定

#### 3.1.1.1 国家级贫困县标准确定

国家为扶持贫困落后地区，设立国家级贫困县标准，其资格经过国务院扶贫开发领导小组办公室认定，一共进行了三次审批工作。国家级贫困县的确定主要依据农牧民人均纯收入进行划分。1985 年，国家规划了第一批 258 个国家贫困县。其中新疆 16 个县市被纳入，包括 6 个人均纯收入 300 元以下的牧区县以及 200 元以下的半牧区县，边境县市 7 个。1994 年，颁布实施《国家八七扶贫攻坚计划（1994~2000 年）》，对贫困县进行了一次调整。伊吾县被移除，增加了阿克陶、于田、巴里坤、岳普湖、和田市、疏勒、和田县、叶城、乌什 9 个县市。2002 年，国家对重点扶持的贫困县进行第二次调整，将木垒、尼勒克、福海、和田市移除，增加莎车县、伽师县、青河、吉木乃、察布查尔县、尼勒克 6 个县市，其中包括边境贫困县 3 个，如表 3-1 所示。

表 3 - 1 国家级贫困县及评定标准

| 年份 | 国家级贫困县标准 | 新疆国家级扶贫开发重点县 |
|------|------------------|--------------------------|
| 1985 | 以县为单位，农区县低于 150 元，牧区县低于 200 元，革命老区县低于 300 元 | 皮山县、墨玉县、策勒县、民丰县、洛浦县、疏附县、英吉沙县、塔什库尔干县、阿图什市、阿合奇县、乌恰县、柯坪县、托里县、木垒县、尼勒克县、福海县、伊吾县（16） |
| 1994 | 按照 1992 年农民人均纯收入超过 700 元的县一律退出，低于 400 元的县全部纳入 | 皮山县、墨玉县、策勒县、民丰县、洛浦县、疏附县、英吉沙县、塔什库尔干县、阿图什市、阿合奇县、乌恰县、柯坪县、托里县、木垒县、尼勒克县、福海县、阿克陶县、于田县、巴里坤县、岳普湖县、和田市、疏勒县、和田县、叶城县、乌什县（25） |
| 2002 | 依据人均低收入以 1300 元为标准，老区、少数民族边疆地区为 1500 元；人均 GDP 以 2700 元为标准；人均财政收入以 120 元为标准 | 皮山县、墨玉县、策勒县、民丰县、洛浦县、疏勒县、英吉沙县、塔什库尔干县、阿图什市、阿合奇县、乌恰县、柯坪县、托里县、阿克陶县、于田县、巴里坤县、岳普湖县、疏附县、和田县、叶城县、乌什县、莎车县、伽师县、青河县、吉木乃县、察布查尔县、尼勒克县（27） |
| 2012 | 将农民人均纯收入 2300 元（2010 年不变价）作为国家新的扶贫标准 | 墨玉县、皮山县、洛浦县、于田县、民丰县、策勒县、和田县、疏附县、疏勒县、英吉沙县、莎车县、叶城县、岳普湖县、伽师县、塔什库尔干县、阿图什市、乌恰县、阿克陶县、阿合奇县、乌什县、柯坪县、青河县、吉木乃县、巴里坤县、察布查尔县、尼勒克县、托里县（27） |

资料来源：根据文献整理。

从数量上来讲，国家加大了对新疆贫困地区的重视，国家级贫困县的数量呈现递增趋势。2012 年，新疆国家级贫困县 27 个，其中南疆地区 20 个，北疆地区 6 个，大多处于生态脆弱的偏远地区。在两次调整中被移除的县市多处于生态环境容易恢复的北疆地区，如福海地区通过国家扶贫项目大力发展特色旅游业，形成了长效扶贫机制；木垒则通过对贫困农户提供免费生产资料和技术培训，大力推进农牧业发展，使农牧民在 2002 年脱贫后并无返贫困现象出现。然而在生态脆弱的南疆地区，扶贫项目并没有发挥显著效果，且新增的国家级贫困县也均处于南疆地区。

3.1.1.2　自治区级贫困标准确定

自治区参照国家级贫困县标准，综合考虑当地贫困人口数量、生活条件及省级财政收支情况等因素，将未纳入国家级贫困县的其他贫困县市纳为自治区扶贫开发重点县。其标准相较于国家有所放宽，如表3-2所示。

表3-2　自治区级贫困县及评定标准

| 年份 | 自治区级贫困县评定标准 | 自治区级扶贫开发重点县 |
| --- | --- | --- |
| 1985 | 依据农业县以年人均纯收入 200 元为标准；牧区、半牧区年人均收入 250 元为标准。将未纳入国家重点扶持的贫困县列为自治区重点扶持贫困县 | 疏勒县、叶城县、伽师县、于田县、吉木乃县、青河县（6） |
| 1994 | 依据 1992 年人均纯收入 400 元以上，700 元以下为扶贫标准，将未纳入国家重点扶持的贫困县列为自治区重点扶持贫困县 | 和布克赛尔县、吉木乃县、青河县、布尔津县、伽师县（5） |
| "十一五"期间 | 扶贫标准为 1196 元，将未纳入国家重点扶持的贫困县列为自治区重点扶持贫困县 | 伊吾县、和布克赛尔县、裕民县（3） |
| "十二五"期间 | 以 2010 年全区农民人均纯收入为依据，确定 2011～2015 年地方扶贫标准为 2300 元，将未纳入国家重点扶持的贫困县列为自治区重点扶持贫困县 | 伊吾县、和布克赛尔县、裕民县、和田市、喀什市、麦盖提县、泽普县、巴楚县（8） |

资料来源：根据文献整理。

　　自治区扶贫开发重点县主要集中于南疆三地州的生态脆弱区，其数量随着国家级贫困县的上升呈现倒 U 形趋势，由于区域经济发展较慢，1985 年的 6 个自治区级扶贫开发重点县均在 2002 年被纳入国家级贫困重点县。"十二五"期间，新疆在新的扶贫标准下，将 5 个非扶贫重点县也纳入扶贫开发以工代赈政策给予扶持，新疆自治区扶贫开发重点县由原来的 3 个县市增加到 8 个县市。

　　在新疆开展扶贫项目的过程中，脱离贫困与返贫困并存。例如伊吾县在 1994 年被国家级贫困县移除，但在"十一五"期间又被重新纳入自治区级扶贫开发县，其主要原因是伊吾县处于新疆边境地区，远离经济辐射区，其生态脆弱性无法维持扶贫效益的延续性，从而出现返贫困的状况。相较于布尔津县在大力发展生态旅游业后，其贫困状态有所缓解，自 2002 年以后，再未被列为扶贫开发重点县。

　　综上所述，国家和自治区在制定扶贫标准时，大多是根据农牧民人均纯收入进行划分。这种单一的经济贫困标准在制定扶贫标准时有一定缺陷，它并未考虑到当地生产条件、地理位置、社会及生态状况等问题对贫困造成的影响。

### 3.1.2 新疆边境贫困县的分布状况

2010 年 3 月，第一次全国对口支援新疆工作会议在北京召开，19 省援疆工作逐步启动，新疆扶贫进入以专项扶贫、行业扶贫、社会扶贫、援疆扶贫为内容的"四位一体"扶贫格局。为了做好新阶段扶贫开发工作，中央将边疆地区作为扶贫开发的重点，并确定了新疆边境扶贫开发工作重点县。新疆共有 32 个边境县（市），其中 17 个边境扶贫重点县（市），15 个边境非扶贫重点县，具体见表 3－3。

表 3－3　边境地区扶贫开发重点县（市）分布情况

| 所属地区 | 边境县（市）（32 个） | 边境扶贫重点县（市）（17 个） |
|---|---|---|
| 和田地区 | 皮山县、和田县 | 和田县、皮山县 |
| 喀什地区 | 塔什库尔干塔吉克自治县、叶城县 | 塔什库尔干塔吉克自治县、叶城县 |
| 克孜勒苏柯尔克孜自治州 | 阿克陶县、乌恰县、阿合奇县、阿图什市 | 阿克陶县、乌恰县、阿合奇县、阿图什市 |
| 阿克苏 | 乌什县、温宿县 | 乌什县 |
| 哈密地区 | 巴里坤哈萨克自治县、伊吾县、哈密市 | 巴里坤哈萨克自治县、伊吾县 |
| 伊犁哈萨克自治州 | 察布查尔锡伯自治县、霍城县、昭苏县 | 察布查尔锡伯自治县 |
| 阿勒泰地区 | 吉木乃县、阿勒泰市、青河县、布尔津县、富蕴县、哈巴河县、福海县 | 吉木乃县、青河县 |
| 塔城地区 | 托里县、裕民县、和布克赛尔蒙古自治县、额敏县、塔城市 | 托里县、裕民县、和布克赛尔蒙古自治县 |
| 博尔塔拉蒙古自治州 | 博乐县、温泉县 | |
| 昌吉地区 | 木垒县、奇台县 | |

资料来源：根据文献整理。

新疆边境县（市）中有边境扶贫重点县（市）17 个，分布在 8 个地州，其中民族自治州 2 个，民族自治县 4 个；有 181 个乡镇，1505 个行政村，其中贫困村 1053 个；252 个边境贫困村，其中边境一线贫困村为 210 个，边境二线贫困村为 42 个；行政区划土地面积为 38 万平方公里，占边境县（市）65 万平方公里土地面积的 58%。主要分布在北疆、东疆高寒山区和塔里木盆地西南，跨天山、阿勒泰山、昆仑山脉，总体沿边境线呈弧状分布。从东北到西南分别与蒙古国、俄罗斯、哈萨克斯坦、塔吉克斯坦、阿富汗、巴基斯坦、印度接壤。边境线长度 3584 公里，占全区边境线总长度的 64%，如图3－1所示。17个边境贫困县主要集中在少数民族聚居的南疆四地州（即阿克苏地区、喀什地区、和田地区、克孜勒苏州）及贫困集中连片、生产条件艰苦、自然条件恶劣、交通不便的塔克拉玛干沙漠干旱荒漠贫困区和北疆阿尔泰山、天山为重点的高寒农牧贫困区两大片。地域偏远封闭，远离主要交通干道和经济发展中心地带，交通、通信等基础设施薄弱，使这些边境贫困县基本处于与世隔绝的封闭状态。

**图 3－1　新疆边境贫困县分布状况（星号为 17 个边境贫困县）**

从地理位置看，南疆边境扶贫重点县为 9 个，占总数的 53%；北疆边境扶贫重点县为 8 个（自治区级 2 个），占总数的 47%；从边境贫困县农村贫困人口的分布情况来看，南疆边境贫困县贫困人口大约占自治区贫困人口总数的 95%；北疆边境贫困县地区为 5%，仅南疆三地州特困人口就占全区的 85.15%。

从经济发展来看，2012 年，17 个边境贫困县所辖 172 个乡镇中，128 个为扶贫开发重点乡镇，占乡镇总数的 74.5%，占全疆 276 个扶贫开发重点乡镇的 46.38%；贫困村总数为 1053 个，占行政村总数的 70%，占全疆 3869 个扶贫开发重点村的 27.2%；总人口为 226 万，其中乡村人口为 174 万，低收入贫困人口 73 万（享受低保人口 25 万），占边境县（市）乡村人口总数的 86%，占全区低收入贫困人口总数的 29%；边境一线贫困面高达 61%，特别是南疆 9 个沿边贫困县，贫困人口总数占到 17 个边境贫困县贫困人口总数的 74.3%，贫困问题更加突出。截至 2012 年末，17 个边境贫困县边境一线仍有贫困人口 16.16 万人，占贫困人口总数的 21.13%，其中，守边贫困人口占贫困人口总数的 13.66%，边民贫困问题突出。贫困人口中，少数民族人口又占到 96%，是贫困人口的主体。另外，人口超载问题严重①。

从民族构成来看，在 17 个边境扶贫重点县中，少数民族人口占总人口的 91%，南疆边境扶贫重点县为 96%，北疆边境扶贫重点县为 63%，其中南疆三地州的少数民族均达到全区的 95% 以上，且贫困人口多以农民为主，南疆从事农业的少数民族比重更是高达 97% 以上。

新疆边境县（市）中有 15 个边境非扶贫重点县（市），主要分布在哈密、伊犁哈萨克自治州、阿勒泰、塔城、博尔塔拉蒙古自治州、昌吉及阿克苏 7 个地州，南疆地区有 1 个，北疆地区有 14 个，其中南疆地区的温宿县也处于北疆边缘地区，均处于生态环境较为优越的地域，年降水量在 150～200 毫米以上，是南疆三地州的 2～3 倍。15 个边境非扶贫重点县（市）大多为当地主要的经济、文化发展中心，自然资源及旅游资源丰富，如博乐市拥有境内国家一类开放口岸——阿拉山口口岸；阿勒泰市是新疆重点有色金属开发带；塔城市、哈密市等也是当地重要的文化、教育中心。边境非扶贫重点县（市）主要以工业为主，大力发展特色旅游业，通过旅游业带动当地居民收入，减少贫困发生概率，如布尔津县内的喀纳斯湖自然景观保护区、霍城县的赛里木湖、果子沟；哈巴河县的白桦林、白沙湖、鸣沙山等都为当地经济发展做出巨大贡献。

### 3.1.3 新疆边境贫困县的经济社会发展现状

目前新疆的 17 个边境扶贫开发重点县已按照"一线守边、二线固边、三线服务"的标准被划分为三线区域，以整村推进为平台，开展民生、产业、畅通、服务、保障五大扶贫工程。2015 年，新疆将 15 个边境非重点县（市）纳入全疆边境政策体系，形成对全区 32 个边境县（市）的全覆盖。一是针对边

① 李蓉蓉. 新疆边境贫困县扶贫现状、存在问题及对策［J］. 北方经贸，2015（4）：29－32.

境一线的不同贫困情况，编制"十三五"边境县（市）扶贫规划，17个边境贫困县（市）和其他15个县（市）实施和组织共同而有差别的边境扶贫政策，相辅相成，融合一体，整体推进，形成专项扶贫、行业扶贫、社会扶贫、援疆扶贫"四位一体"的扶贫大格局。二是重新定义三线划分，对边境贫困村进行摸底核查，印发《关于确定自治区边境扶贫重点支持贫困村名单的通知》，确定了10个地州32个边境县（市）289个边境一线贫困村。边境扶贫专项资金按8∶2掌握，即80%左右投向一线贫困村，以整村推进为平台，围绕"九通"、"九有"、"九能"一村一村开发；20%左右投向一线一般村，以入户项目为主，一户一户帮扶，实现脱贫致富。三是编印《2014年新疆贫困地区农村经济简明手册》，详细分析2014年新疆扶贫重点县（市）、南疆四地州、32个边境县（市）农村经济收益分配情况、农民人均收入对比情况、收入分组情况等。据统计，2015年，新疆安排边境扶贫资金为2.45亿元，项目总数为297个，计划扶持贫困户27661户、减贫10663户。

### 3.1.3.1 新疆边境地区的贫困县经济发展状况

2014年，新疆安排17个边境贫困县边境扶贫资金为1.7亿元，实施边境扶贫项目6大类，共111个，直接受益户4.93万户，累计16.7万人。带动其他投入148.1亿元，边境扶贫资金放大系数达到87.1。17个边境贫困县有4.93万户16.7万人越过扶贫标准线，分别完成计划的119%和114%，贫困发生率从18.9%下降至6.2%。农牧民人均纯收入达到6937元，比上年增加1037元，增长17.6%。国内生产总值达到460.8亿元，同比增长26%。当年地方财政收入45.6亿元，人均地方财政收入达到1523元。边境贫困县虽然生产生活条件得到较大改善，边民社会服务水平不断提高，但与发达地区相比仍存在诸多问题。

（1）经济规模小，产业结构层次低。17个边境贫困县经济规模小、发展水平低，农民人均纯收入较低，2013年，17个边境贫困县市实现GDP达到434.13亿元，占全疆GDP总量的5.19%；人均GDP为28343元。边境贫困县的经济总量普遍偏低，经济发展的差异也较为明显，仅有巴里坤县、伊吾县、托里县、和布克赛尔县4个县人均GDP超过全疆平均水平；农民人均纯收入较低，仅有伊吾县、巴里坤哈萨克自治县、察布查尔锡伯自治县、裕民县、和布克赛尔蒙古自治县5个县超过全疆平均水平，说明当地扶贫项目的开展具有一定成效。在全疆84个县市中，新疆边境贫困县的农民人均纯收入排名居后，大多处于第50～第84位，后10位中新疆边境贫困县就占7个，说明新疆边境地区扶贫压力大，大力开展扶贫项目刻不容缓，详见表 3-4。

　　17 个边境贫困县大多以农牧业为主，产业结构单一，产业层次低，多数贫困县缺乏有效的支柱产业带动，发展水平总体较低；二三产业发展严重滞后，除部分资源富集县市外，多数县市工业仍处于初级阶段。2013 年，17 个县产业结构为 30：36.4：33.6，产业整体层次偏低，结构性矛盾是制约新疆边境贫困县经济发展速度与质量的主要因素。从各县实际情况分析，资源富裕县的经济增长过度依赖于第二产业的发展和扩张。工业结构不合理，主要以煤炭、石油、天然气采掘业为主，资源性工业比重偏高，产业发展处于粗放型发展模式，严重破坏当地生态环境。其余县仍主要以农牧业为主，二三产业发展滞后，基本处于"靠天吃饭"的状态。

表 3-4　新疆边境贫困县主要经济发展指标与新疆值对比

| 序号 | 地区 | 国内生产总值（万元） | 农民人均纯收入（元） | 农民人均纯收入全疆排名 | 人均国内生产总值（元） | 相当于新疆（％） |
|---|---|---|---|---|---|---|
| 1 | 和田县 | 220923 | 4979 | 73 | 7730 | 20.79 |
| 2 | 皮山县 | 170024 | 4525 | 75 | 6347 | 17.07 |
| 3 | 塔什库尔干塔吉克自治县 | 78490 | 4201 | 80 | 19790 | 53.22 |
| 4 | 叶城县 | 600698 | 6809 | 59 | 12574 | 33.82 |
| 5 | 阿克陶县 | 205669 | 3521 | 83 | 9926 | 26.69 |
| 6 | 乌恰县 | 156513 | 4356 | 77 | 15933 | 42.85 |
| 7 | 阿合奇县 | 68625 | 3750 | 82 | 26384 | 70.96 |
| 8 | 阿图什市 | 343956 | 4350 | 78 | 13292 | 35.74 |
| 9 | 乌什县 | 237163 | 6296 | 63 | 10813 | 29.08 |
| 10 | 巴里坤哈萨克自治县 | 391898 | 8698 | 47 | 37472 | 100.78 |
| 11 | 伊吾县 | 312131 | 12740 | 16 | 136290 | 366.56 |
| 12 | 察布查尔锡伯自治县 | 398880 | 9992 | 40 | 20414 | 54.90 |
| 13 | 吉木乃县 | 73401 | 5414 | 69 | 19265 | 51.81 |
| 14 | 青河县 | 123947 | 6227 | 64 | 18583 | 49.98 |
| 15 | 托里县 | 417810 | 7337 | 56 | 41347 | 111.20 |
| 16 | 裕民县 | 139372 | 10424 | 34 | 23379 | 62.88 |

续表

| 序号 | 地区 | 国内生产总值（万元） | 农民人均纯收入（元） | 农民人均纯收入全疆排名 | 人均国内生产总值（元） | 相当于新疆（%） |
|---|---|---|---|---|---|---|
| 17 | 和布克赛尔蒙古自治县 | 401848 | 12916 | 13 | 62302 | 167.56 |
| | 新疆 | 83602400 | 8296 | | 37181 | |

资料来源：《新疆统计年鉴》及各地区统计年鉴2014。

（2）财政自给能力差，资金使用效率不高。由于边境贫困地区受自身特殊地理、人文环境的影响，大部分县的基层政府在履行职务时往往力不从心，使得新疆边境贫困县经济发展非常滞后，财政收入实力薄弱。新疆边境贫困县的财政收入的增长速度远低于财政支出增长速度，大多数县处于严重财政收支不平衡状态，区域间差异较大。在这样的财政状况下，从贫困县到贫困村，每一层都需要依靠上级政府的补助"过日子"、"办事业"，"等、靠、要"现象明显。虽然在国家的大力扶持下贫困县的财政收入呈现递增趋势，但是总量依然较小，自我发展能力较弱。从财政自给能力来看，贫困县财政自给能力较差，财政自给率不足20%的县市占边境贫困县中市的76%，其中皮山县、阿合奇县、乌什县、吉木乃县、裕民县的财政自给率不足10%，远远低于新疆36.8%的平均水平，大部分县级财政收不抵支，年年赤字，公用经费严重短缺，工资性支出过大，边境贫困县财政收支矛盾比较尖锐，说明中央财政应当加大对新疆边境贫困县转移支付力度，调整贫困县财政收支结构。

在财政支出的使用方面，新疆边境贫困县明显缺乏效率，大多无法达到新疆的平均水平，新疆的平均水平是每1元财政支出对应2.7元的GDP。其中皮山县、塔什库尔干塔吉克自治县、阿合奇县、吉木乃、青河县5个县GDP与财政支出比不足1元，具体见表3-5。说明新疆边境贫困县只强调增加政府投入，却不关心支出绩效，从而出现环境保护经费虽然逐年提高，但生态环境制约依然严峻等问题。同时新疆边境贫困县市大多都在交通条件恶劣的地方，基本处于封闭状态，发展经济难度较大，城乡之间距离较远，使得政府提供公共产品时成本高于其他地区。必然会加大县乡政府运行和社会事业发展的成本。另外，由于边境贫困地区处于维护祖国统一、打击民族分裂的前沿，县乡政府更是处于第一线。受传统文化、经济发展、社会治安等问题的影响，边境贫困地区比其他地区要花费更多的财力和物力才能满足本地区的基本发展需要，对边境贫困县乡财政造成了的极大压力。

表3-5 新疆边境贫困县财政收入状况

| 序号 | 地区 | 财政收入 | 财政支出 | 财政自给率（%） | GDP与财政支出 |
|------|------|----------|----------|-----------------|----------------|
| 1 | 和田县 | 11810 | 23297 | 50.69 | 9.490 |
| 2 | 皮山县 | 12203 | 198311 | 6.15 | 0.860 |
| 3 | 塔什库尔干塔吉克自治县 | 13039 | 103431 | 12.61 | 0.760 |
| 4 | 叶城县 | 39029 | 350512 | 11.13 | 1.710 |
| 5 | 阿克陶县 | 21093 | 198219 | 10.64 | 1.038 |
| 6 | 乌恰县 | 23081 | 124822 | 18.49 | 1.250 |
| 7 | 阿合奇县 | 7201 | 95292 | 7.56 | 0.720 |
| 8 | 阿图什市 | 28805 | 198472 | 14.51 | 1.730 |
| 9 | 乌什县 | 10783 | 148530 | 7.26 | 1.590 |
| 10 | 巴里坤哈萨克自治县 | 36180 | 183841 | 19.68 | 2.130 |
| 11 | 伊吾县 | 35748 | 29 | 40.15 | 3.510 |
| 12 | 察布查尔锡伯自治县 | 32500 | 163618 | 19.86 | 2.440 |
| 13 | 吉木乃县 | 5665 | 87132 | 6.50 | 0.840 |
| 14 | 青河县 | 18292 | 128396 | 14.25 | 0.970 |
| 15 | 托里县 | 31517 | 135935 | 23.19 | 3.070 |
| 16 | 裕民县 | 6588 | 99185 | 6.64 | 1.410 |
| 17 | 和布克赛尔蒙古自治县 | 83137 | 133895 | 62.09 | 3.000 |
| | 新疆 | 11284875 | 30671241 | 36.79 | 2.730 |

资料来源：《新疆统计年鉴》2014。

（3）农牧民人均纯收入呈"三增一减"趋势。2014年，17个边境县（市）农牧民人均纯收入达到9099元，比上年增加1035元，增长12.8%，增速比全区快3.1个百分点。17个边境重点县（市）农牧民人均收入构成呈"三增一减"趋势，即工资性收入、转移性收入、财产性收入增幅较大；家庭经营性收入略有下降。南疆四地州农牧民财产性收入平均为288元，占农牧民人均纯收入的3.9%。工资性收入为935元，占农牧民人均纯收入的12.8%；17个扶贫重点县（市）中有4个县（市）农牧民人均纯收入增速快于全区增长速度，农牧民人均纯收入增速最快的乌恰县为24.2%。农牧民人均纯收入增速最慢的柯坪县为2.2%。农牧民人均纯收入增速为20%～25%的有6个县

（市）（阿图什市、阿克陶县、阿合奇县、乌恰县、叶城县、塔什库尔干县）；农牧民人均纯收入增速 10% 以下的有 3 个县（伊吾县、和布克赛尔县、乌什县）；其余 4 个县（市）农牧民人均纯收入增速均在 10%～20%。

（4）自治区扶贫小额信贷规模逐步加大。2011 年以来，自治区逐年加大到户扶贫贷款规模，累计为扶贫对象发放到户扶贫贴息贷款 357643 万元，累计覆盖全疆 5365 个行政村，共使 86.77 万户贫困户从中受益。2014 年，自治区下达到户扶贫贴息贷款规模指导性计划规模 10 亿元，其中，安排 17 个扶贫开发重点县（市）到户扶贫贷款指导性规模 8 亿元，占全疆总规模的 80%，较 2013 年提高了 9 个百分点；安排南疆三地州片区县 7 亿元，占总规模的 70%，较 2013 年提高了 30 个百分点；安排非重点县（市）2 亿元，占总规模的 20%。安排到户扶贫贷款贴息资金 5000 万元，其中从中央财政专项扶贫资金安排 2400 万元，自治区财政配套资金安排 2600 万元，按照 5% 的利率据实贴息。当年获得扶贫小额扶贫贷款的建档立卡贫困人口为 32.36 万人。

### 3.1.3.2 新疆边境地区的贫困县社会发展状况

2010 年以来，新疆在 17 个边境扶贫重点县（市）全面实施边境扶贫试点。以整村推进为平台，扶贫项目涉及基础设施建设、公益事业、生产生活条件改善等各方面。2011～2013 年，新疆 17 个边境扶贫重点县（市）共安排落实财政扶贫专项资金 31.3 亿元（含边境扶贫试点专项资金 5.1 亿元），投入大、投向十分明确，共实施边境扶贫试点项目 307 个，重点用于边境一线民居建设、产业发展、基础设施建设、社会事业等方面，资金重点投向边境一线村级。2011～2013 年，17 个边境扶贫重点县（市）村级总投资规模达 95.3 亿元（含带动整合资金），自治区确定的 252 个边境贫困村村级总投资规模达 35 亿元（含带动整合资金），极大地改善了边境县（市）生产生活条件。直接受益户 63697 户，户均投入 1.33 万元，有效改善了边境贫困县的生产生活条件，当地戍边、维稳、经济、社会事业得到了全面发展。与新疆社会整体发展水平相比，边境贫困地区仍存在着许多不足。

（1）基础设施建设薄弱，生产生活条件差。新疆边境贫困地区地处偏远、交通不便，水、电、路、通信等基础设施建设薄弱，历史投入不足，与全疆其他贫困县相比还有较大差距。2012 年，边境一线未通四级公路行政村比重仍有 22.8%，未通邮政行政村比重仍有 15.6%，未通广播行政村比重仍有 8.5%，未通有线电视行政村比重仍有 48.7%，不安全饮用水率仍有 37%，居室外道路未硬化率仍有 58%，未使用卫生厕所的农户比重仍有 87.9%，农牧民生产生活条件较差。一是交通建设滞后。大多数农牧区行政村离县城、乡政府所在地较远，公路通达深度不够、路网布局欠合理，部分行政村未通农村公路，已开通的公路建设水平低、路况差，公路硬化率小、等级低，特别是边境一线行政村，很多交通仍以简易牧道为主，群众出行极为不便。17 个边境贫困县一线贫困村尚有 106 个未通四级公路。二是电力基础设施薄弱。受交通不便、部分行政村海拔较高影响，电力建设还不能满足边境贫困县广大农牧民用电需求，未通电、电力设施老化现象突出。三是农村饮水安全问题仍未根本解决。边境一线贫困村还有 99 个未通自来水，农牧民饮水安全问题亟待重视。四是农田水利建设还需加强。水利基础设施数量少、标准低、配套差，主要表现在水库蓄水能力低，不能满足农业灌溉用水需求，渠系防渗配套差，防洪设施薄弱。

（2）基本公共服务差距大，社会事业发展滞后。社会事业与公共服务投入不足，教育、文化、卫生、体育等各项社会事业发展相对滞后。首先，教育事业发展滞后。17 个边境贫困县教育机构、教师编制数量不足。截至 2012 年，17 个边境贫困县无一所普通高等学校，仅有中等职业学校 11 所，未实现全覆盖。总体表现为教育投入不足，教学设施落后，师资力量不足，教学质量较低。其次，医疗卫生条件差。新疆边境贫困县医疗卫生机构、卫生专业技术人员、病床数严重不足。2012 年，17 个边境贫困县千人拥有病床数 3.2 张，低于全疆 4.61 张的平均水平；千人拥有卫生专业技术人员 2.9 人，远低于全疆 6.12 人的平均水平，特别是乡镇医疗机构中具有执业资格医师数量奇缺。农牧区卫生服务体系不健全，农村卫生医疗设施简陋，农牧民吃药看病难等问题依然存在，部分边远山区农牧民参加农牧区新型合作医疗比例较低。

（3）劳动力素质偏低，劳动力就业不足。劳动力素质低和人才匮乏是长期以来影响边境贫困地区发展的关键因素。17 个边境贫困县是传统农牧业区，农业人口达到 74.45%，劳动力受教育程度、整体素质普遍偏低，劳动力就业不足，持续增收困难。特别是城镇化率偏低，仅为 35.5%，低于全疆平均水平 8.5 个百分点，由于缺少核心城市带动，小城镇又发育缓慢，二三产业发展滞后，边境贫困县就业空间有限，农村劳动力转移困难。加之职业教育发展滞后，技能培训场所、设备有限，农牧民普遍缺乏基本的谋生技能，就业产业层次低，大量的劳动力仍滞留在传统的农业领域。据统计，2012 年，17 个边境贫困县乡村从业人员数共 37.45 万人，仅占乡村总人口的 25.67%，其中，外出务工人员共 32.88 万人，占乡村从业人员数的 87.8%。边境一线全年劳动力累计从业时间超过 180 天的乡村从业人员仅占边境一线乡村人口的 25%，且多数外出就业，本地缺乏吸纳和带动就业的能力。而外出务工的大多数仍从事着低收入的工作，农牧民工资性收入增长受到抑制。特别是南疆边境贫困县贫困农牧民95%以上为少数民族，占有的生产资料较少、没有必要的工作技能，国家通用语言能力较差，缺乏正确的就业观念，乡土情结严重，不愿转移就业，而本地又缺乏带动劳动力就业的劳动密集型企业，劳动力转移就业困难更大，就业严重不足，对社会的和谐稳定形成隐患。

（4）社会不稳定因素突出，扶贫环境错综复杂。由于新疆边境贫困地区为少数民族集聚地，长期以来，境外敌对势力以民主、人权为借口，以新疆边境民族地区为重要目标，以民族宗教问题为最大由头，肆意制造民族矛盾，企图挑起民族事端，对新疆边境少数民族地区社会稳定构成了严重威胁。近年来，受国际恐怖分裂活动猖獗的影响，新疆暴恐事件不断，尤其是南疆一类边境贫困县，极端暴力恐怖事件呈现多发势头。接连不断的暴力恐怖事件给新疆各族人民群众生命财产造成极大损失，给边境贫困县的社会稳定造成严重破坏，严重影响当地经济社会发展，使扶贫工作更加困难。

# 3.2 新疆边境贫困地区的生态环境现状

生态环境是人类生存和发展的基本条件，是经济和社会发展的基础①。新疆边境贫困地区主要分布在塔克拉玛干沙漠干旱荒漠贫困区和以北疆阿尔泰山、天山为重点的高寒农牧贫困区两大片。新疆边境地区的生态系统具有资源短缺、荒漠植被、高山冰川积雪、冷湿草甸及风沙危害等总体特征，所处的地理位置决定了新疆边境地区生态环境的脆弱性及不稳定性，一旦遭受严重破坏就难以恢复。

## 3.2.1 自然环境

### 3.2.1.1 气候条件

新疆边境贫困地区主要分布在北疆、东疆高寒山区和塔里木盆地西南缘，

---

① 刘增瑞，张文杰. 试论金昌林业发展的战略构思与对策 [J]. 甘肃林业科技, 1998 (2)：38 - 41.

远离海洋，属于暖温带大陆性荒漠气候，干燥少雨。边境贫困地区年降水量为87毫米，远低于全疆年平均降水量 176.8 毫米。由于边境贫困地区地形多为荒漠、戈壁，绿洲成 C 字形散布于荒漠边沿，沙漠的比热容较小，进而使得这里的气温昼夜温差变化大，同时这里位于天山南坡，气候多温和少雨雪。边境贫困地区大部分地区日照时间较长，年日照时间达到两千小时，年平均气温为13.5℃，也使得这里的农作物光照充足，有利于特色林果业的发展。

### 3.2.1.2　土地资源

土地资源作为必不可少的生产要素，它具有特殊的效用价值。新疆边境贫困地区沿边境线呈弧状分布，绿洲面积有限，仅占总面积的 3.76%。新疆边境贫困地区土地面积占了全疆总面积的 2/5，但多为沙漠、戈壁和山脉。其中，2013 年南疆地区的耕地面积仅为 1.69 万平方公里，人均耕地面积为 2.35 亩。新疆边境贫困地区能够供人类生产生活的利用面积十分有限，土地资源的稀缺性对这里农业的发展产生了很大的影响，边远落后的边境地区土地利用率低、生态环境恶劣及开发难度高，均不利于这里大规模的农业技术生产。广阔的荒漠威胁着绿洲，干旱、盐碱现象频发，生态环境脆弱的这里多风沙天气，因此治沙治水、改善生态环境十分重要。

### 3.2.1.3　水资源

新疆边境贫困地区气候少雨干旱，早在汉唐时期，新疆边境贫困地区就开始了挖渠堵坝、引水灌田，发展屯田事业。但受到历史条件的限制，过去的水利建设设施简陋、技术落后、进展缓慢。随着经济的发展、用水量的剧增，河流的断流、水资源紧缺现象不断发生，水资源问题的重要性日益突出。新疆边境贫困地区水资源匮乏，大多源于高山融水，季节分配不均，水量主要集中在夏季，春季缺水十分突出，影响农业生产。受到水资源缺乏的限制，大面积的荒漠、戈壁无法进行开发利用。其中，南疆地下水储量丰富，总计 629.69 亿立方米，是地表水的 1.3 倍，主要是由于地表水的渗漏所形成的。目前，对于地下水的利用及开发程度较低，它的开发也将是解决南疆水资源季节分布不均的有效途径。

### 3.2.1.4　矿产资源

新疆边境贫困地区是矿产资源富集的地区，矿产资源种类繁多，达 100 余种。虽然新疆边境贫困地区矿产资源极为丰富，但矿产资源的分布较为分散，开采难度较大。煤、石油、天然气作为新疆边境贫困地区的优势能源资源，主要分布在塔里木盆地、阿克苏地区，其中塔里木盆地是中国最大的含油气沉积盆地，也是我国"西气东输"的起点。

### 3.2.2 生态环境

新疆边境贫困地区在空间上的布局呈现出"北重南轻"的局面。主要处于戈壁沙漠边缘，气候条件较差，全年无霜期不足100天，积雪长达6个月，自然灾害发生频繁。另外，由于新疆边境贫困地区特殊的地理环境和自然环境，水资源缺乏、土质贫瘠、地势险峻、气温较低，使得高效的经济作物产量较低，经济发展缓慢。

#### 3.2.2.1 水资源短缺，土地退化形势严峻

水资源缺乏是新疆边境贫困地区经济发展主要的制约因素，也是主要的生态环境问题之一。新疆边境贫困地区干旱少雨，水资源分布不均，在干旱与人口增长的双重压力下，南疆塔里木河下游日渐干涸，主要原因就是对水资源的不合理开发，导致湖泊水位的下降与断流。另外，边境贫困县区域季节性缺水严重，春季降水量小，春旱严重；夏季降水量较多，洪水灾害严重，这对农产品产量造成很大影响。由于边境地区人口增长较快，进而也加大了对自然资源的开发力度，使得河流断流，湖泊萎缩、干涸，土地荒漠化，沙尘暴天气增多等问题越加严重。新疆边境地区每年排入农田的盐碱水估计可达40亿吨，严重破坏了水源涵养功能，使河水、湖泊的盐碱度增加，水质盐化。水资源的严重缺乏也使得新疆边境地区大面积的荒漠、戈壁无法进行开发利用，仅有的绿洲也遭到威胁。

新疆边境地区是新疆荒漠化面积最大、分布最广、危害最严重的地区，荒漠化土地占全疆土地总面积的47.7%[①]，新疆83个县市中有49个县市内均有沙漠分布，其中大部分为新疆边境贫困地区。据估算，新疆边境地区沙漠化土地面积仍以每年约400公里的速度扩展，因风沙造成的经济损失可达$25 \times 10^8$元以上。当前新疆边境贫困地区水土流失、土地沙漠化、盐渍化等问题日益凸显，已经严重危害了当地农林牧业生产、破坏了交通运输渠道，也制约了人工绿洲健康发展。

#### 3.2.2.2 自然灾害频繁发生

新疆边境贫困地区是一个自然灾害的多发区。在脆弱的生态环境下，自然

---

① 沈浩，朱海涌．浅析新疆生态环境现状、问题及对策［J］．干旱环境监测，2008（3）：161 - 164.

灾害频繁发生。每年因各种自然灾害造成直接经济损失高达 20 亿~25 亿元以上，水、森林、草原、土地等资源损失高达 100 亿元以上[①]。1964~2014 年，新疆边境贫困地区共发生较大干旱灾情 100 余次，受灾面积较大，其中受害农田 300 万公顷、草场 1700 万公顷。洪水灾害发生 140 余次，冲毁耕地 20 万公顷、农田及草料基地 400 万公顷[②]。1982~2014 年，新疆边境贫困地区草场鼠害、虫害面积从 0.08 亿公顷发展到 2014 年的 0.13 亿公顷。2012~2014 年，新疆边境贫困地区自然灾害频发，共造成 191 万人受灾，直接经济损失达 130 亿元人民币，灾害造成的损失呈逐年加剧态势。

### 3.2.2.3　森林破坏严重，草场退化加速

近年来，新疆边境受到自然和人口快速增长的双重压力，草场普遍超载，地区内的森林也遭到掠夺性破坏，森林覆盖率仅为 2.94%。超载放牧和水资源的不合理开发利用使得优良牧草减少，草地退化严重。2012 年，新疆边境贫困地区草场超载率达到 87%[③]，较高的草原超载率必然导致草场严重退化。根据估算，新疆边境贫困地区天然草地每年以 29 万公顷的速度退化，草地退化和沙化面积可达 0.08 亿公顷，占草地总面积的 37.2%[④]。森林覆盖率锐减严重恶化了边境贫困地区的生存环境，草场退化使得产草量逐年下降，草原载畜能力下降，这必然会影响贫困地区的经济发展，加剧贫困状况。

### 3.2.3　环境污染现状

#### 3.2.3.1　工业环境污染严重

脆弱的生态环境是边远落后地区经济发展的重要约束条件。经济的落后形成了片面追求经济利益——以牺牲环境、向环境索取资源来换取短期内的增长。粗放型的发展方式制约了新疆边境贫困地区环境保护事业的改善，加剧了生态破坏与贫困的恶性循环。环境质量的下降不仅影响经济的可持续发展，而且对居民生活健康产生严重威胁。

以南疆地区为例，环境污染物排放量逐年增大，增速放缓。自 2001 年起，从整体来看，"工业三废"的排放总量随着工业生产总值的增长而不断上升。2001~2013 年，"工业三废"排放量的增长速度起伏变化很大，但大体上是随

①③　宁银苹. 新疆生态环境与经济协调发展研究［D］. 西北民族大学，2009.

②　张璋. 新疆工业化对生态环境影响问题研究［J］. 当代生态农业，2010（Z1）：133－135.

④　刘方平. 新疆城市化发展中的生态环境问题研究［J］. 科技信息，2011（32）：506.

着社会经济的发展及人们对环境的关注增速开始放缓。由统计数据计算可知，这 13 年间，南疆的经济在以年均 19.8% 的增速跨越式发展。伴随着经济发展、高速工业化的推进，工业污染向环境的排放量加剧，环境压力势必增加。

#### 3.2.3.2 农村耕地污染加重，加大环境污染负担

农村耕地污染具有高度分散、分布范围较广等特点。新疆边境贫困地区在发展畜禽养殖业过程中，将用过的饲料、动物粪便、垃圾等随处处置，使得农村耕地造成严重污染。另外，由于新疆边境贫困地区粗放型的农业发展模式，农民大量投入含有无机氮、磷为主的化肥、农药及地膜，其利用率相对较低，许多未被利用的化学物质直接进入地表、地下水或者被土壤吸收，这不仅会造成农用耕地污染，也会导致水体富营养化和空气污染等问题。同时，由于新疆边境贫困地区对农村环境治理的忽视、相应部门的环境管理能力不足及农牧民保护环境的意识不到位，大量生活垃圾直接被村民倒入河流或者随意填埋、焚烧等。乱扔、乱倒、乱泼现象日益凸显，这在一定程度上加大了边境贫困地区农村耕地的污染。

#### 3.2.3.3 跨越式发展可能带来的环境问题

西部大开发的实施推动了新疆边境贫困地区的产业发展，虽然边境贫困地区的第三产业呈现缓慢发展趋势，但是第二产业仍然占据较大比重，具体见图 3－2。新疆边境贫困地区工业的发展需要资源和能源的支持，但是目前边境贫困地区仍然以煤炭和石油等资源性资源为主，在发展工业的过程中会带来严重的环境污染问题。石油、煤炭、天然气等资源的开发和利用使工业废水、废气、

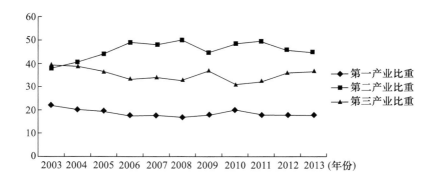

**图 3－2　2003～2013 年新疆边境贫困地区产业结构变化**

资料来源：《新疆统计年鉴》2014。

废固等污染物排放量逐年增加，使得新疆边境贫困地区草原、土地、大气等环境问题日益凸显，进一步加剧了贫困地区的生态污染。另外，由于边境贫困地区农民受教育程度较低、环境保护意识较弱，环保宣传力度及环保设施的欠缺，使得新疆边境贫困地区农牧民很难适应跨越式经济发展对环境保护带来的新要求，贫困地区环境污染程度可能会逐步加重。

# 3.3　新疆边境贫困地区生态补偿机制的实施情况

### 3.3.1　新疆生态补偿发展历程

我国生态补偿总体框架已初步形成，相关生态补偿政策的相继出台，进一步促进了新疆贫困地区开展生态公益林的补偿、退耕还林与退牧还草补偿、自然保护区补偿、矿产资源的补偿等生态补偿工程。例如，1989 年，新疆被环保部门及财政部门列为征收生态环境补偿费的试点地区。2004 年，昌吉州在新疆范围内首次征收了损害荒漠生态补偿费，对保护北部荒漠生态区植被起到推波助澜的作用。2005 年，为了加强对塔克拉玛干和古尔班通古特两大沙漠周边林带等重要区域的保护工作，新疆设立了地方森林生态效益补偿基金。2010 年，新疆三个国家重点生态功能区（阿尔泰地区水源涵养重要区、阿尔金草原荒漠防风固沙重要区、塔里木河流域防风固沙重要区）获得中央财政生态补偿转移支付资金。2011 年自治区环保厅申报的《关于将沙雅县列为国家石油开采生态补偿试点县的请示》的获批，对贫困地区生态补偿法律法规的制定起到了推波助澜的作用。2012 年以来积极开展煤炭资源开发生态补偿试点工作，同时对南疆、北疆、东疆实施不同的区域环境保护战略，并提高区域生态安全水平：南疆重点加强受损生态系统恢复和荒漠化防治，北疆重点加强环境综合治理和工业污染防治，东疆重点加强矿产资源开发的生态环境监管。

新疆边境贫困地区生态补偿分为中央政府主导的边境贫困地区的生态补偿、地方政府主导的贫困地区生态补偿及与国际合作的生态扶贫项目进行的生态补偿三类。其中基于政府层面的生态补偿包括财政政策、中央政府直接投资两大类，财政政策主要是对重点生态功能区的财政转移支付，中央政府直接投资主要是中央政府直接投资下的基础设施和生态建设工程：一是西部大开发中的基础设施建设和生态治理与生态建设；二是扶贫、新农村建设中基础设施建设；三是中央政府直接投资的生态建设工程，包括退牧还草、退耕还林、天保工程、森林生态效益补偿等。随着市场经济逐步发展，各级政府在解决边境贫困地区生态环境问题上，要积极建立市场经济条件下的生态补偿机制，逐步建立以市场为主导，政府为基础的生态补偿主体。基于市场层面的生态补偿包括清洁发展机制（CDM）、生态产品认证以及区域生态合作等。

### 3.3.2 生态补偿机制的宏观环境状况

#### 3.3.2.1 *新疆生态环境保护法律法规逐渐完善*

2000年，新疆边境贫困地区积极响应国家实施西部大开发的战略部署，根据国家制定生态环境保护的一系列政策措施，大力开展天然林保护、宜林荒山荒地造林种草、陡坡耕地退耕还林（草）及防风治沙工程等生态环境建设工程①。新疆在国家相关法律法规的基础上，也制定了自然保护区补偿、矿产资源的补偿、草原生态补偿等相应的地方法律法规，为构建生态补偿机制奠定了制度基础，具体见表3-6。

表3-6 新疆生态补偿的相关政策法规

| 相关法律法规 | 发表时间（年） | 主要内容 |
| --- | --- | --- |
| 《新疆维吾尔自治区自然保护区管理条例》 | 1997 | 规定开发建设单位应当对自然保护区内受到其开发建设活动资源和环境进行限期治理和补偿；并明确规定了对受到建设活动影响的自然保护区环境应当予以治理和补偿的办法 |
| 《新疆维吾尔自治区矿产资源补偿费使用管理实施细则》 | 1998 | 规定自治区征收的矿产资源补偿费全额征收上缴入库，自治区分成的部分由自治区相关部门统筹安排，平衡使用，其中地质勘查专项费占40%、矿产资源保护专项费占20%、矿产资源管理补充经费占40% |
| 《新疆维吾尔自治区完善退耕还林政策补助资金管理办法实施细则》 | 2002 | 明确了退耕还林粮食供应范围、标准、品种、年限。规定对退耕农户只能供应粮食食物，不得以任何形式将补助粮食折成现金或代金券发放，保证粮食兑付到户，对应征的退耕地，于退耕之年起，免征农业税 |

---

① 方珊媛，王勤．进一步建立健全新疆生态补偿机制［J］．新疆社科论坛，2014（1）：41-46.

续表

| 相应法律法规 | 发表时间（年） | 主要内容 |
|---|---|---|
| 《完善退耕还林政策补助资金管理办法》 | 2007 | 明确退耕还林补助资金标准及补助年限，明晰部门职责，完善补助资金拨付程序及监督检查办法 |
| 《新疆维吾尔自治区国民经济和社会发展第十二个五年规划纲要》 | 2011 | 科学、合理、有序地开发资源，按照谁开发谁保护，谁受益谁补偿的原则，加快建立生态补偿机制；新疆明确建立资源企业可持续发展准备金制度；新疆煤炭资源地方经济发展费 |
| 《新疆维吾尔自治区实施〈中华人民共和国草原法〉办法》 | 2011 | 明确规定了草原生态补偿的内容，即对原来使用草原的单位、集体经济组织和承包经营者进行补偿，以及对草原承包经营者生产、生活的妥善安置，明确补偿费用范围包括生产经营性补偿和生活安置性补偿，规定了草原植被恢复费缴纳义务和草原植被恢复费的财政预算管理 |
| 《新疆自治区十一届人大五次会议政府工作报告》 | 2012 | 报告指出新疆将开展煤炭资源开发生态补偿试点工作 |
| 《新疆维吾尔自治区重点生态功能区转移支付暂行办法》修订 | 2013 | 扩大了补助范围。按照财政部的要求，增加了引导性补助、对生态环境保护较好的县市给予奖励性补助等内容 |

### 3.3.2.2　开展了一系列具有生态补偿意义的生态建设工程

随着我国生态环境补偿政策的相继出台，新疆根据实际情况因地制宜地开展了许多生态补偿的探索性工作，例如，天然林保护工作、荒漠植被生态系统恢复工作、塔里木盆地和准噶尔盆地生态稳定及综合治理工作，以及"三北"防护林建设、退耕还林和退牧还草等一系列重点生态工程建设，在生态保护和补偿方面切实起到了积极作用，在一定程度上缓解了新疆经济快速发展对生态环境的压力。自 2005 年起，新疆针对生态环境保护设立了地方森林生态效益补偿基金 6000 万元，2000 万亩地方公益林被纳入补助范围。2009 年，新疆森林生态效益补偿基金总额达 49328 万元，其中，中央财政森林生态效益补偿基金 43328 万元、地方财政森林生态效益补偿基金 6000 万元，资金重点用于天山和阿尔泰山林区天然林保护工程，该工程覆盖了新疆 10 个地州、26 个县市的 29 个山区林场和 2 个自然保护区①。该工程的实施，使新疆山区天然林面积、畜牧面积有所增加，覆盖率也得到了增长，"十一五"期间森林覆盖率由最初

---

① 方珊媛，王勤．进一步建立健全新疆生态补偿机制［J］．新疆社科论坛，2014（1）：41–46.

的 2.94% 提高到 4.5%。

### 3.3.2.3 以项目为载体的生态补偿促进环境与经济的协调发展

新疆贫困地区生态补偿方式主要以生态补偿项目为载体,同时生态补偿项目也是促进生态补偿制度达到预期目标的关键。就退耕还林工程而言,新疆边境地区荒漠化面积占新疆区域总面积的 47.7%,生态环境极为脆弱,各地应结合荒漠区比较落后的生产力水平,栽种适宜的经济树种,实行林草、林药间作模式,实施退耕还林工程,把农民增收、产业结构调整与退耕还林工程相结合,达到经济发展与生态改善双赢。成功的案例有喀什地区的枣草间作模式,于田、墨玉、皮山等县还实现了人工种植红柳接种大芸,此外,阿克苏地区成功建成一条由核桃树防风固沙林带,其长达 47 公里。特别是和田县充分利用新疆特有的独特光热资源优势,并结合退耕还林工程,在当地大力发展红枣产业。该工程不仅改善了和田县的生态环境,同时实现了红枣种植为当地农民增收的目的;木垒哈萨克自治县在农业节水灌溉方面,推行"总量控制,定额管理的方式,以水定地,配水到户,公众参与,用水量可以交易,水票可以互相运转,城乡一体化"的运行机制,该机制的实施使木垒哈萨克自治县水资源得到优化配置,提高当地农民的水权意识,从而自发调整作物种植结构,实现既节水又增收的双赢结果。

### 3.3.3 具体生态补偿的实施情况

#### 3.3.3.1 生态移民实施情况

(1)生态移民实施的普遍性。新疆生态移民工作开展得比较早,涉及的范围也很广。自 1986 年新疆的牧民定居正式开始,在 1997 年新疆自治区畜牧工作会议后,新疆开展了有计划、有组织、有规模的扶贫移民搬迁工作,其中包括 8 个地州 30 个贫困县市[①],随着移民工作的深入推进,各个贫困地区因地制宜建立了移民工作机制,为新疆部分贫困地区致富创造了有利的条件。2013年,新疆继续推进 2012 年国家下达的第二批 2.71 万户游牧民定居建设任务[②]。截至年底,完成投资 29.7 亿元,其中中央预算内投资 7.87 亿元、自治区补助 2.6 亿元、地县配套 10.49 亿元、其他投资 8.74 亿元。完成定居房 215.2 万平方米,圈舍建筑 179.4 万平方米,贮草棚 23.3 万平方米。2013 年,自治区畜

---

① 卡那·吐尔逊. 新疆生态移民工程政策分析 [D]. 北京林业大学,2011.
② 巴特尔. 努力推进草原畜牧业转型升级 [J]. 中国畜牧业,2014 (9):26-29.

牧厅配合自治区发改委、住房和城乡建设厅完成国家安排新疆游牧民定居计划任务 3.01 万户的评审工作。国家每户补助 3 万元，自治区每户补助 1 万元。计划于 2014 年开始实施。

新疆边境贫困地区的生态移民工作主要在生态环境恶劣的南疆四地州和北疆的牧区进行开展，根据各地区差异，这使新疆边境贫困地区的生态移民在形式、途径等方面具有地方特色和民族特色，生态移民的侧重点也不相同。如以山地、平原、沙漠等地形地貌为特征的阿勒泰地区、塔城地区是牧民定居、半定居为主要形式的生态移民实施区域；在南疆地区沿塔里木河沿线地区进行的生态移民是以生态保护为侧重点；喀什市、和田县、克州及乌什县等地是塔克拉玛干沙漠干旱荒漠贫困地区，也是维吾尔族、柯尔克孜族、塔吉克族等少数民族聚居的地方，因此生态移民的侧重点是利用生态移民的反贫机制。

（2）生态移民安置形式。从新疆边境贫困地区生态移民的安置方式主要为集中安置和"插花式"安置。集中安置是指将整个村迁入到新的安置区。由于少数民族受到传统风俗习惯的影响，民族观念较强，普遍喜欢同亲戚近距离定居，所以这种模式在民族地区比较受欢迎，比如塔什库尔干塔吉克自治县处于南疆地区，少数民族覆盖率达到 95%，地处高寒山区，生态环境恶劣、交通及信息闭塞，雪灾、洪水等自然灾害发生频繁、教育卫生事业落后，两万多牧民一直处于较贫困状态。2000 年，自治区政府加大对塔什库尔干的扶贫力度，将203 户农牧民集体安置到气候、环境、土地条件较好的塔吉克阿瓦提镇，农牧民收入大幅度提升。为了保护当地生态环境，在政府的引导下阿勒泰地区科克苏湿地自然保护区的 600 户牧民正在分批搬出保护区，进而减少了湿地的载畜量，保护了核心区的生态原始风貌。

"插花式"安置是指利用农区闲置的房屋和土地，鼓励边远山区的贫困牧民走出大山，在农区定居，承包土地。2009 年，巴里坤县的花园乡已"插花"安置了 56 户牧民定居农区。据统计，巴里坤县大河镇、奎苏镇、花园乡、石人子乡农区已"插花"安置边远山区贫困牧民 604 户 2743 人；大河镇政府为牧民在农区定居购房每户发放补贴 5000~10000 元，已有 284 户牧民从 100 多公里以外的冬牧场搬迁到旧户东村定居[1]；通过"插花式"安置的生态移民，可以通过在农区内种植经济作物增加收入，还可以在继续保留的草场放牧牛羊；不仅使闲置的土地和房屋得到了充分利用，又为边远山区贫困牧民摆脱生

---

① 卡那·吐尔逊. 新疆生态移民工程政策分析［D］. 北京林业大学，2011.

产生活条件的恶劣、生产资料短缺的困难，加快边远山区贫困农牧民脱贫致富步伐。

### 3.3.3.2　新疆生态公益林补偿情况

（1）生态公益林生态补偿制度建设。新疆生态公益林主要有天山、阿尔泰山的部分天然林、河谷林，准噶尔盆地和塔里木盆地的荒漠林，具有水源涵养、防风固沙、水土保持、保护生物多样性等多种生态功能，是维护新疆国土生态安全的重要绿色屏障。在中央启动财政森林生态效益补偿基金补助的同时，自治区也设立了每年6000万元森林生态效益补偿基金，用于公益林管护基础设施建设。先后制定和出台了《新疆维吾尔自治区国家级公益林管护办法》、《新疆维吾尔自治区中央财政森林生态效益补偿基金管理使用实施细则》、《国家级公益林管护合同》等管理规定和办法，新疆生态公益林补偿制度初步建立。

（2）生态公益林补偿标准实施。新疆生态公益林国家补偿标准为每年每亩5元，用于公益林的营造、抚育、保护和管理。新疆根据实际情况，确定专职管护人员费用支出标准为林地每亩4.75元，疏林地每亩3.5元，灌木林地每亩3元。各县市根据区域特点，按人均管护面积不低于3000亩的标准，实行定员和定额管理，确定具体管护人员、管护面积及补助标准。年度补植和林木抚育实施项目统筹安排任务与资金①。

（3）生态公益林管护绩效。经过多年来的补偿管理，新疆区划国家级公益林补偿面积逐步扩大，由2001年的1500万亩扩大到2012年的11419.21万亩，2001~2007年增长迅速，近3年来，增长较为平缓。2001~2013年，公益林补偿面积扩大超过7倍，并呈上升趋势，说明国家近年来对新疆公益林及区域生态环境加大了保护力度，如图3-3所示。塔里木河流域、伊犁河流域、和田地区、准噶尔盆地周边及艾比湖周边生态区位非常重要的公益林得到严格保护，森林资源集中连片、面积大的塔里木河两岸县市，伊犁河谷的县市及艾比湖周边县市区域内公益林得到重点保护。公益林管护站、管护交通车辆、管护人员等建设取得一定成效，管护工作开展顺利，滥采、滥挖、滥捕、乱砍、滥伐等行为得到遏制，新增人工造林和封山（沙）育林229.3万亩，公益林区林草资源数量和质量得到提升。

---

① 孔令英，段少敏．新疆生态公益林补偿困境及对策研究［J］．新疆农垦经济，2013（11）：33-36.

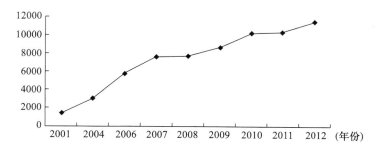

图 3 - 3　2001 ~ 2012 年新疆国家级公益林面积

资料来源:《新疆统计年鉴》2002 ~ 2013。

3.3.3.3　新疆煤炭资源开发生态补偿现状

（1）生态补偿的主要内容。2011 年 10 月，新疆维吾尔自治区第八次党代会，党委书记张春贤在会上明确表示要加快建立矿产资源开发生态补偿机制。2012 年 7 月，在新疆生态环境保护工作座谈会上，张春贤书记再次指出"加强资源开发的科学规划和依法保护，有效控制资源开采的节奏、进度、规模，不断提高资源开发利用水平"，"高起点、高水平、高效益推进资源开发可持续"，并对促进矿业开发与资源环境协调发展提出了具体要求①。

同时，新疆各地政府积极出台了一系列政策，对如何做好新疆煤炭资源开发制定了管理办法，提出了具体的政策措施，针对煤炭资源开发生态补偿的相关内容比较多，具体见表 3 - 7。煤炭资源开发的生态补偿主要有煤炭资源税、煤炭资源补偿费、矿山地质环境治理恢复保证金、地方经济发展费等几个方面，其中标准和用途有所差异。从用途来看，煤炭资源税主要作为税收，纳入政府财政预算支出；煤炭资源补偿费主要用于矿产资源的勘查、开发利用和保护；矿山地质环境治理恢复保证金主要用于矿山地质环境治理恢复；地方经济发展费主要用于地区重大民生工程、新型工业化项目、矿区生态恢复和环境治理及矿产资源地质勘查支出。从具体补偿标准来看，煤炭资源税的应纳税额为课税数量与单位税额的乘积，其中焦煤税额标准为 8 元/吨，其他煤炭为 3 元/吨；煤炭资源补偿费标准为矿产品销售收入与补偿费费率和开采回采率系数的乘积，其中 40% 的煤炭资源补偿费要上缴中央，其余 60% 归新疆所有；矿山地质环境治理恢复保证金标准分为煤矿和金属矿山与其他矿产两种，其中矿山的

① 董文福，梁少锋，赵志刚，王志朴．新疆煤炭资源开发生态补偿的对策建议 [J]．环境保护，2013（24）：62 - 64.

保证金缴存金额为采矿许可证矿区面积与缴存标准（累进制）、影响系数及采矿许可证有效期（年限）的乘积，金属矿山和其他矿山的保证金缴存金额是在煤矿保证金缴存金额的基础上增加 10 万元；地方经济发展费的补偿标准为动力煤 15 元/吨；焦煤及配焦用煤为 20 元/吨；开采煤炭资源用于疆内煤电、煤化工等转化项目的，地方经济发展费按照上述收费标准的 40% 收取；凡在新规定出台前已申请或以协议出让方式取得煤炭资源采矿权的企业，在上述收费标准的基础上，再加收 5 元/吨。

表 3−7　煤炭资源开发生态补偿相关政策法规

| 相关生态补偿内容 | 相关法律法规 | 具体标准 | 用途 |
|---|---|---|---|
| 煤炭资源税 | 1993 年《中华人民共和国资源税暂行条例》；2009 年《关于调整新疆维吾尔自治区煤炭资源税额标准的通知》；2011 年《国务院关于修改〈中华人民共和国资源税暂行条例〉的决定》 | 应纳税额 = 课税数量 × 单位税额。焦煤 8 元/吨，其他煤炭 3 元/吨 | 作为税收，纳入政府财政预算支出 |
| 煤炭资源补偿费 | 1994 年《矿产资源补偿费征收管理规定》；1994 年《新疆维吾尔自治区矿产资源补偿费征收使用管理办法》；1997 年《国务院关于修改〈矿产资源补偿费征收管理规划〉的决定》 | 矿产资源补偿费金额 = 矿产品销售收入 × 补偿费费率 × 开采回采率系数。新疆煤炭资源补偿费 40% 上缴中央，其余 60% 归新疆所有 | 矿产资源的勘查、开发利用和保护 |
| 矿山地质环境治理恢复保证金 | 2008 年《新疆维吾尔自治区矿山地质环境治理恢复保证金管理办法》 | 煤矿：保证金缴存金额 = 采矿许可证矿区面积 × 缴存标准（累进制）× 影响系数 × 采矿许可证有效期（年限）金属矿和其他矿山：保证金缴存金额 = 100000 + 采矿许可证矿区面积 × 缴存标准（累进制）× 影响系数 × 采矿许可证有效期（年限） | 用于矿山地质环境治理恢复 |

续表

| 相关生态补偿内容 | 相关法律法规 | 具体标准 | 用途 |
|---|---|---|---|
| 地方经济发展费 | 2011 年《关于征收煤炭资源地方经济发展费的通知》；2011 年《新疆维吾尔自治区煤炭资源有偿配置与勘查开发转化管理规定（暂行）》 | 动力煤 15 元/吨；焦煤及配焦用煤 20 元/吨；开采煤炭资源用于疆内煤电、煤化工等转化项目的，地方经济发展费按照上述收费标准的 40% 收取；凡在新规定出台前已申请或以协议出让方式取得煤炭资源采矿权的企业，在上述收费标准的基础上，加收 5 元/吨 | 重大民生工程；新型工业化项目；矿区生态恢复和环境治理；矿产资源地质勘查支出 |

资料来源：董文福《新疆煤炭资源开发生态补偿的对策建议》。

（2）煤炭资源税和资源补偿费。目前，我国煤炭资源税实行从以前的从量定额征收方式转变为现在的课税数量与单位税额的乘积征收方式。自 2009 年 3 月 1 日起，新疆将长期以来执行 0.3 ~ 0.5 元/吨的税额标准，调整为 3 元/吨，其中焦煤调整为 8 元/吨，相较于其他省区标准较低。我国煤炭资源补偿费的费率为 1%，资源补偿费中央与自治区 4∶6 分成，主要用于地质勘探（40%）、矿产资源管理（40%）、矿产资源保护（20%）。

从煤炭资源税费的征收标准和使用方向来看，并没有严格遵循"谁破坏、谁治理"的生态修复治理原则，主要偏重资源自身的经济价值的补偿，并调节资源级差收入，并没有对煤炭开采所造成的资源经济价值的损失进行补偿，导致最终承担环境破坏成本的仍然是政府和社会。目前，新疆资源税和资源补偿费的征收标准过低，不仅没有实现资源耗竭性补偿，更没有对资源开采利用过程中环境污染和破坏所造成的生态损失进行补偿，从而不利于煤炭资源的可持续利用，以及生态环境保护与修复。

（3）矿山地质环境治理恢复保证金。新疆维吾尔自治区保证金制度自 2008 年 10 月正式实施，其保证金金额由国土资源行政主管部门和财政部门共同确定，主要用于矿山地质环境治理与恢复，要求凡在自治区行政区域内从事采矿活动的采矿权人需将该保证金缴存至代理银行，经相关部门验收合格后，方可支取已缴存的部分或全额保证金及滋生利息。

目前，新疆大多数煤矿的服务年限为 50 年左右，而采矿许可证的有效期一般为 20～30 年，在矿区开采未结束或闭坑情况下，无法看到保证金的使用效果，也无法检验保证金的收缴标准是否能够满足环境恢复治理所需；此外，一次缴纳保证金金额较多，制约了采矿企业的资金流动性，同时也制约了采矿企业恢复治理矿区环境的积极性，使矿山地质环境恢复治理实施方案无法有序、有效地开展。

新疆近年来加大关注保护矿山生态环境，加强了治理恢复和进行地质灾害的防治。截至 2012 年，累计恢复治理矿山数 1563 个，2012 年 486 个；累计恢复治理面积 7675 公顷，2012 年恢复治理 1215 公顷；累计投入资金 80291 万元，其中中央财政 16155 万元，地方财政 9507 万元，企业自身投入 54737 万元[①]。

### 3.3.3.4 退耕还林工程建设的实施情况

新疆的退耕还林工程已在 75 个县市实施，占全疆 85 个县市的 88%，退耕面积达 $1.667 \times 105$ 公顷，2000 年首批试点的 7 个县市的造林保存率在 81% 以上，有 3 个县的造林保存率达到 98% 以上。2001 年，国家又将和田、策勒、于田 3 县增列为国家退耕还林试点工程示范县，计划 10 个县市的造林面积为 $1.4 \times 104$ 公顷，其中退耕还林面积为 $1.0 \times 104$ 公顷，荒山荒地造林面积为 $4.0 \times 103$ 公顷[②]。新疆退耕还林工程与"三北"工程、公益林管护工程同步建设，使全区生态建设取得了显著成效。全区森林覆盖率由退耕还林启动之初的 1.92% 提高到现在的 4.24%，增加的森林覆盖率仅退耕还林工程就达 0.4% 左右。沙化土地扩展的势头得到有效遏制，沙漠化速度显著放慢，退耕前沙化扩展速度为每年 384 平方公里，2005 年降为每年 104 平方公里，现下降为 84 平方公里。退耕还林工程区气候明显改善，降水增多，自然灾害减少。截至 2013 年底，全区共完成退耕还林工程建设任务 1358.7 万亩，其中退耕还林 325.8 万亩（含退耕地还草 4.58 万亩）、荒山荒地造林 793.4 万亩、封育 239.5 万亩。截至 2013 年底，新疆退耕还林工程国家累计投资 68.8 亿元。工程建设涉及全区 93 个县市区，150 万人享受到国家退耕还林政策。退耕还林工作中采取的主要措施有以下几方面：

第一，科学地对退耕还林工程进行了规划。新疆维吾尔自治区林业厅首先

---

① 王明珠. 新疆矿产资源开发生态补偿机制研究 [D]. 中国地质大学（北京），2014.

② 朱自安，雷军. 新疆退耕还林工程关键问题与对策 [J]. 干旱区地理，2003 (4)：385－390.

对退耕还林做出整体规划，并根据各地区的自然状况和地理环境，因地制宜地选择退耕还林模式，其中包括：风沙带前沿林草结合模式、林草复合模式、次生盐渍化土地林草混合间种模式、坡耕地生态林造林模式以及生态林、经济林兼用树种混合模式等。并对试点各地区实际状况下达了退耕还林目标，为以后各个地区退耕工作的开展和年度评价提供了依据。

第二，严格把关工程质量，落实补贴政策。新疆维吾尔自治区在开展退耕还林工程建设的过程中，不断创新管理机制，积极开展工作，对工程质量严格把关，加强对三级检查验收及全程质量监控等环节。因地制宜地建立一套行之有效的退耕还林工程管理办法，对提升当地林业管理水平起到推波助澜的作用，在落实补偿资金方面，退耕还林作为新疆生态建设开展最早、投资最大的工程，2010 年底，国家已累计向新疆退耕还林工程投入了 52 亿元，占新疆整个林业投资的 48%①。预计到补贴全部结束的 16 年间，中央政府将对新疆退耕还林累计投资达到 91 亿元。截至 2011 年，各地方政府对积极退耕农民直接兑现政策补助 37.8 亿元，人均获得国家直接补助 2514 元，有效地缓解了当地贫困。国家对新疆退耕还林的补助陆续到期，还经济林补助从 2004 年开始到期、还生态林补助从 2007 年开始到期。国家对退耕还生态林、退耕还经济林、退耕还草的补助期间分别为 8 年、5 年和 2 年，补助标准分为粮食和现金补助，总计 160 元②。

第三，积极开展退耕还林验收工作。从 2008 年开始，新疆各地区为了全面落实国家新一期退耕还林政策，相关部门积极组织大量专业技术人员对原补助政策到期的退耕林地进行全面检查验收，确保退耕农户兑现完善政策的补助资金。2013 年，新疆完成对原补助政策到期的 2005 年退耕还林生态林验收工作，验收面积 22187 公顷，涉及全区 13 个地州市，55 个县市区的 345 个乡镇场。完成 2012 年巩固退耕还林成果专项规划建设任务，其中薪炭林 4425 公顷、特色林果 7730 公顷、特色养殖棚圈面积 19.47 万平方米、林下种植 9329 公顷、补植补造 10748 公顷。完成 2012 年涉及全区 48 个县市的自治区配套荒山荒地造林、封育任务 2.73 万公顷，其中荒山荒地造林 0.83 万公顷、封山育林 1.9 万公顷。2013 年中央完善退耕还林补助资金 25022.5 万元、巩固退耕还林成果专项资金林业部分 9415.5 万元、退耕还林配套荒山荒地造林补助 4090 万元。

---

① 俞言琳. 新疆取得退耕还林工程阶段性成果 [J]. 新疆林业，2011（5）：16.
② 刘静. 新疆退耕还林工程绩效评价及对策建议 [J]. 新疆社会科学，2013（5）：34–38.

第四，加强对退耕还林成果的巩固工作。为进一步巩固退耕还林成果，解决退耕农户当前生活困难，2007 年 8 月 9 日，国务院下发了《关于完善退耕还林政策的通知》，决定对达到合格标准的退耕农户的政策补偿再延长一个补助周期，根据生态林补助 8 年、经济林补助 5 年的期限，每年每亩地补助 90 元。与此同时，国家为了解决影响退耕农户长远生计的突出问题，开展了巩固退耕还林成果专项规划建设项目。2008 年，新疆巩固成果总投资按照《新疆维吾尔自治区巩固退耕还林成果专项规划》进行发放，总计 28.28 亿元。并明确各部门对巩固退耕还林主要成果的工作方向，主要包括：加大基本口粮田建设力度、加强农村能源建设、支持后续产业发展及退耕农户技能培训等几个方面，确保退耕农户长远生计得到有效解决，从根本上解决退耕农户吃饭、烧柴、增收等当前长远生活问题。从表 3－8 中的国家补助收入和退耕地的粮食收入对比可以看到，从 2006 年开始退耕地粮食收入损失已经超过了补助收入，主要原因是大部分的退耕还林、退耕还草的补偿期限陆续到期，补偿资金短缺。随后几年，国家加强了对新疆退耕还林工程做了巩固成果资金支持，以防止农户因收入的减少而造成退耕地的复耕反弹。

表 3－8　新疆退耕还林工程的面积规划及其收入对比

| 年份 | 退耕还林规划面积（万亩） | 种苗补助（元） | 补助收入（元） | 原退耕地粮食收（元） |
|---|---|---|---|---|
| 2000 | 9.2 | 610 | 1515.694 | 1010 |
| 2001 | 24.2 | 1050 | 3490.393 | 2660 |
| 2002 | 134.2 | 1300 | 18578.860 | 14760 |
| 2003 | 254.2 | 12000 | 30916.110 | 17400 |
| 2004 | 274.2 | 5500 | 41656.680 | 32160 |
| 2005 | 310.8 | 11250 | 47292.670 | 37796 |
| 2006 | 325.8 | 5500 | 50778.080 | 40106 |
| 2007 | 325.8 | 5500 | 48945.950 | 50173.2 |
| 2008 | 325.8 | 8100 | 45875.080 | 50173.2 |
| 2009 | 325.8 | 7400 | 43699.340 | 50173.2 |
| 2010 | 325.8 | 6000 | 28394.230 | 50173.2 |

资料来源：刘静《新疆退耕还林工程绩效评价及对策建议》。

第五，探索林业产业发展新途径。在退耕还林工程的带动下，以特色林果业为主的后续产业快速发展，农村产业结构不断优化，解决了退耕农户在林果未获得收益前的生计问题。例如，在退耕还林政策的支持下，若羌县大力发展红枣产业，截至 2013 年红枣种植面积达到 20 余万亩，占全县耕地总量的 80% 左右，挂果面积达到 15 万亩，年产红枣已达 7.2 万吨，产值 26.4 亿元，农民来自红枣收入 2.4 万元/人，占总收入的 70%[①]。青河县从内地引进林果沙棘，现已发展到 10 万亩，沙棘的规模化种植吸引了以沙棘为原料的多家加工企业入驻，带动了青河县工业的发展。目前，青河县年加工鲜果 1000 吨、沙棘叶 500 吨，并形成了 3000 吨鲜果的保鲜储藏能力，初步形成了"企业 + 农户 + 基地"的新型运作模式，探索出了林业产业发展的新途径。

### 3.3.3.5　草原生态补偿实施概况

从 2003 年开始，国家开始重视草原生态，将草原的地位从生产优先调整为生态优先，同时加大了对草原生态的建设力度，先后实施了"天然草原保护建设工程"、"退牧还草工程"等一系列生态工程。同年，新疆塔城地区 5 个县市重点实施了天然草原退牧还草工程，对天然草原进行禁、休牧制度，同时也加大牧民定居力度，建设高标准人工饲草料地，实施生态置换。经过数 10 年的建设，该区截至 2012 年底累计投入草原生态补偿资金 51437.44 万元，保护改善草原面积 3546.5 万亩，其中禁牧 917 万亩，休牧 1570 万亩，划区轮牧 111.5 万亩，退化草场补播 948 万亩，天然草原上放牧的牲畜数量已经减少了 10%[②]。这一系列保护草原生态环境政策和措施的实施，使该区草原生态整体恶化的趋势得到遏制，局部生态也开始好转。

2011 年，新疆维吾尔自治区全面启动实施了草原生态保护补助奖励机制政策，于当年全区完成草原禁牧面积 1618 万亩，草畜平衡区划 6545 万亩，牧草良种补贴面积 64 万亩，牧民牲畜资料补贴 14985 户。牲畜核减转移工作，塔城地区草畜平衡核定载畜量为 1182.28 万只绵羊单位，实际放牧牲畜 1592.75 万只绵羊单位，超载 410.47 万只绵羊单位，其中禁牧区需核减 148.85 万只（头），草畜平衡区 137.03 万头（只）。

（1）草原生态补偿政策。1985 年国家颁布并实施了《中华人民共和国草原法》（以下简称《草原法》），为草原生态环境的保护和草原的开发利用提供了法律依据。2003 年，国家在原有的《草原法》基础上又做了修改，并于

---

①　李琳. 退耕还林工程惠及百万民生［N］. 新疆日报（汉），2014 - 5 - 9.

②　段少敏. 基于农户视角的塔城草原生态补偿效益研究［D］. 石河子大学，2015.

2003 年 3 月 1 日实施新的《草原法》。新《草原法》强调了草原的生态功能，突出体现了对草原的保护和促进生态、经济、社会协调发展的思想。新《草原法》明确规定了国家对禁牧、休牧、舍饲圈养、已垦草原退耕还草等给予资金、粮食和草种等方面的补贴。该法律的实施为全国各地政府制定相关的草原生态补偿政策提供了依据和参考，这也必将促进草原生态环境的可持续发展。新疆维吾尔自治区根据自身的发展条件及草原生态环境的客观需要，1984 年制定了《新疆维吾尔自治区草原管理暂行条例》，为草原生态环境的开发利用和解决草原权属问题提供了相关的依据。该条例比国家颁布《草原法》还早一年，这充分显示了新疆维吾尔自治区对草原生态环境利用和保护的重视。1989 年，自治区制定并实施了《草原法》细则，同时废止了 1985 年的《新疆维吾尔自治区草原管理暂行条例》。这标志着新疆维吾尔自治区将草原生态环境的开发、利用、保护纳入了法律轨道，也标志着新疆塔城地区将要落实《草原法》细则的相关规定和政策，对该地区草原生态环境将产生重要影响。2010 年 10 月，国务院做出决定，将加大对草原禁牧补助、草畜平衡奖励、牧草良种补助和牧户生产性补助等财政资金的投入，预计每年将达到 134 亿元，并在全国范围内的 8 个主要草原牧区实施草原生态保护补助奖励机制。新疆自治区落实《关于草原生态保护奖励机制政策落实指导意见》，并结合各地区的实际情况，建立草原生态保护补助奖励机制，制定具体方案。

（2）草原生态补偿标准。从 2003 年以来，新疆制定了草原类型补助标准，划定了草原补助面积，从禁牧补助、草畜平衡奖励、牧草良种补贴、综合生产资料补贴四个方面进行草原生态保护建设，并进一步改善草原生态环境。现在新疆边境贫困地区执行的草原生态保护补助奖励标准是 2011 年制定的新标准。一是禁牧补助面积为 1618 万亩，其中，荒漠类草场 1178 万亩，5.5 元/亩；重要水源涵养地和草地类自然保护区 10 万亩，50 元/亩；2007～2010 年退牧还草区 430 万亩，5.5 元/亩。二是草畜平衡奖励面积为 6545 万亩，1.5 元/亩。三是牧草良种补贴 64 万亩，10 元/亩。四是综合生产资料补贴 25738 户，500 元/户。四项补助奖励金额合计为 21088.4 万元。这些资金均来自国家及自治区的草原生态保护补偿项目，通过自治区下拨给新疆边境贫困地区。2011 年，自治区应下拨塔城地区补奖资金 19910.75 万元，已经下拨 17485.75 万元，完成下拨资金的 87.82%，年终还下拨各县（市）绩效考核奖励资金 290 万元。2012 年，自治区应下拨该区奖补资金 20550.75 万元，已经下拨 17900.75 万元。

（3）草原生态补偿方式。为了做好奖补资金的发放工作，草原奖补有关部门采取日常监管、季度巡查、年终验收发放相结合的方式进行监督和管理，并与牧民签订责任书，奖补资金通过"一卡通"的形式发放，并实行"明细卡"对照制度，确保资金发放准确、清楚、及时到位，这些措施保证了将奖励补助资金更好地用于塔城地区的草原生态保护与建设上。

## 3.4　新疆边境贫困地区面临的两难选择

### 3.4.1　新疆边境贫困地区的特征

#### 3.4.1.1　生态贫困与经济贫困并存

新疆边境贫困地区恶劣的生态环境尤其是贫瘠而多盐碱的土地再加之风沙和常年干旱的持续影响，使得脆弱的生态环境在过度的经济开发活动之下，生态环境的不断恶化进而威胁到当地居民尤其是贫困农民的基本生存环境与可持续生计，最终导致了当地人们面临生态与经济双重贫困的贫困状态。

#### 3.4.1.2　精神贫困与权力贫困并存

新疆边境贫困地区由于教育卫生等各方面落后，农牧民思想观念陈旧，生活方式落后，文化程度较低，使得当地贫困与愚昧混合在一起，相当一部分人处在文化贫困状态之中。观念的贫困抑制了贫困人口对权利的表达，一些扶贫项目开发往往容易偏离地方实际，出现"烂尾"现象，一个重要原因即在于贫困人口在项目中始终处于被动接受状态，他们的自主权利和意愿并未发挥。对于扶贫资金的滥用与挪用，本应是最大受益者的贫困民众，却往往缺乏监督权和申诉权。正是贫困人口的精神贫困推动了权利贫困的蔓延，精神的麻木抑制了对富裕文明生活的追求。

#### 3.4.1.3　区域贫困与个体贫困并存

新疆边境贫困县贫困人口的分布呈现相对集中与"插花"分散的态势，虽然在各种扶贫项目的帮扶下，新疆边境贫困地区的绝对贫困问题得到解决，农牧民大多可以维持基本的生活要求，温饱问题基本得到解决。但与其他地区相比，贫困状态还是比较严峻，区域性贫困问题日益凸显，要解决相对贫困，政府要投入的资金、人力要比解决个体贫困的高很多，个体贫困与区域贫困互为因果，民穷村穷县域也穷。例如，全疆 253 万贫困人口中 225 万人，大多都处于南疆三地州，重点扶贫35个县（市）中24个重点县市在这三地州①，区域贫困与个体贫困并存的特点尤为突出。

### 3.4.1.4　脱离贫困与重返贫困并存

新疆边境地区贫困人口主要分布在自然条件严酷的地方，尤其是处于以农业发展为主的地区，种植业和畜牧业受自然环境影响较为严峻，农民在面临自然风险和市场风险的双重压力下，即使通过国家各项扶贫措施的帮助脱离贫困，也会呈现不稳定状态，如果来年相应扶持跟不上、自然灾害频发，就会使已经越过基本温饱线的农民重返贫困。新疆边境贫困地区几乎年年都有相当数量已经解决温饱问题，但在遭遇了天灾病患，又重陷入贫困，暖而复寒，重返贫困的例子。据调查，新疆边境贫困地区每年返贫人口占贫困人口总数的20%左右，返贫困原因很多，除了自然灾害频繁、基础薄弱等原因之外，还有贫困家庭中发生意外、患有疾病等。

## 3.4.2　新疆边境贫困地区生态环境保护和经济发展的两难选择

新疆边境贫困地区经济发展与生态保护之间存在着十分尖锐的矛盾与冲突，使国家及地方政府在面对如何处理边境贫困地区生态环境保护与经济发展的问题时，常常面临两难选择：一是不采取或少采取应对生态环境破坏的政策措施，这样有助于现在经济的发展，缓解当前的地区贫困问题，但未来将付出很大代价，返贫现象仍会出现；二是采取生态环境保护的相关政策措施，有助于未来的可持续发展，但是现在要付出很大代价，会引起贫困加剧的现象。

### 3.4.2.1　粗放型经济发展模式导致生态环境的破坏

造成边境贫困地区生态环境恶化主要是由于粗放式的生产方式，其中以煤炭开发最为明显。由于投入较多但是产出相对较少，使得资源的消耗量增多，对生态环境形成了很大压力。同时，由于缺乏管理、生产技术不先进，使得生态环境破坏更加严重。这种粗放式的生产模式在边境贫困地区各个产业中均可看到。

例如，改革开放以来，新疆边境贫困地区农业快速发展，1978～2012年第一产业基本建设投资增加了近27倍，年平均增长率为13.73%，农业生产总值的发展速度超出正常水平，但是其粗放式经营特征十分显著，例如，通过水、化肥、农药的高水平投入来获得农产品的高产值。2012年化肥总施用量为

---

① 祖拉西·托列根. 新疆贫困县域经济发展评价研究［D］. 新疆财经大学, 2013.

90.74 万吨，与 1979 年的 10.70 万吨相比增长了 7 倍之多。2012 年的平均每亩耕地化肥的施用量为 18.26 公斤，与 1979 年的 6.2 公斤相比增长了将近 2 倍。此外，农业用水量巨大，加剧了土壤盐碱化程度，也造成农业灌溉水资源紧缺，地下水位升高。粗放的农业生产带来过度开垦、过牧超载，导致土地资源、植被资源的严重破坏。

#### 3.4.2.2　脆弱的生态环境对经济发展的承载能力较差

新疆边境贫困地区的自然环境较为恶劣，常年干旱少雨，年均降水量分配不均，靠近沙漠地区的甚至不足 50 毫米，由于蒸发量较大，土壤盐碱化比较严重；边境地区多浮尘和沙尘暴，部分地区作物生长期霜冻灾害严重，且自然灾害频发，洪水、冰雹等恶劣天气严重影响了贫困地区农作物的产量，制约了经济发展速度。总之，新疆边境贫困地区生态环境较为恶劣，遭到破坏后难以恢复，呈现不稳定性及脆弱性等特征，诸多特性决定了新疆边境贫困地区生态环境对经济发展的承载能力较差。

#### 3.4.2.3　自然资源短缺制约了未来经济增长

自然资源和经济增长之间关系密切。首先，经济的增长离不开自然资源这一后盾，自然资源对经济增长起到了支撑作用，如果经济没有自然资源作为后盾，那么将不会持续健康发展。矿产资源占新疆贫困地区能源的 90% 左右，占工业原料的 80% 以上，占农业生产资料的 70% 以上，同时，我们人类所需的 85% 的粮食是由耕地提供的。其次，经济增长的方式、结构和速度会受到自然资源的影响，当自然资源缺乏而无法充分提供时，经济增长就会受到限制。例如，人类对草原的过度砍垦、对森林的过度砍砍、对耕地的过度使用，造成草原退化、土地沙化和水土流失，从而形成生物多样性减少、生态平衡破坏的现状，以至于可再生资源再生受限，可利用资源逐渐减少，人类生存所需的物质资源受到威胁，最终对未来的经济发展形成不利影响。除此之外，有害气体例如二氧化碳和二氧化硫的大量排放会形成温室效应和酸雨，这使得优化能源结构和煤的消费出现了新的需求。

### 3.4.3　新疆边境贫困地区生态环境保护和消除贫困的两难选择

现阶段新疆边境贫困地区仍然处于贫困与生态环境退化的恶性循环中。开发扶贫工作在一定程度上会造成环境的破坏，然而在生态建设和保护的时候又会减缓农牧民脱贫的步伐。由于贫困和环境问题往往交织在一起，所以政府在解决生态环境保护和消除贫困问题上面临两难选择：一方面，贫困地区的扶贫通常依赖于本地资源开发，在获得经济快速发展的同时，却由于落后的技术、粗放的发展模式与掠夺型的资源开发方式引发了严重的生态后果，加剧生态破坏；另一方面，若加大贫困地区生态环境保护，原本粗放型的经济发展将被制约，地区经济会受到影响，贫困人群的当前利益会受到损害，引起贫困加剧的现象。

### 3.4.3.1　生态环境退化制约了农牧民发展

生态环境是人类赖以生存的自然环境条件与效用，具有调节、支持、生产和信息功能，这些服务功能通过直接或间接的价值形式来为人类提供福利[①]。新疆边境贫困地区位于我国内陆腹地，大多气候干旱，年降水量仅 20 ~ 100 毫米，南疆地区沙漠覆盖率更是达到90%，防护林网面积小于10%；自然条件恶劣，自然灾害频发，水土流失、沙漠化严重；干旱、冰雹等自然灾害频发。而且降水不均，水资源严重不足导致土壤有机物质含量低，土质贫瘠，严重影响了当地农业发展。同时，恶劣的生态环境也加剧了当地经济的落后和农牧民的生存压力，从而导致了近年来出现过度开垦与放牧、乱砍滥伐等破坏生态环境现象与大规模的弃耕现象并存的局面，限制了区域经济发展，造成农牧民生活水平和收入水平低下，最终危及农牧民的生存和发展，形成典型的生态性贫困。因此，生态环境的退化已成为影响农牧民贫困的重要因素。

### 3.4.3.2　农牧民贫困加剧了生态环境的退化

受自然资源条件的限制，消除贫困与生态保护之间存在着十分尖锐的矛盾与冲突。为了发展经济，摆脱贫困面貌，在一定程度上必然会造成生态资源的过度消耗，但是，当农牧民对生态环境的开发利用超过了地区资源承载力的范围时，就会造成植被破坏、资源浪费，水土流失、土地沙化和荒漠化。如果采用这种以环境为代价的经济发展模式进行脱贫将会造成生态环境的日益恶化，也必然会引发生态性贫困。在新疆边境贫困地区，尽管国家实施了一系列的生态保护工程，如"实施退耕还林、退牧还草、荒漠化治理等重点生态修复工程"，但这些项目和政策对生态环境恢复与治理缺乏针对性，并不能从根本上解决农牧民生态环境改善和农牧民脱贫致富等问题。农牧民为了生计仍然对脆弱的生态系统过度地开发利用，导致生态系统失去自我恢复的弹性，并向不可逆转的方向发展。加之产业结构单一、生产方式粗放、教育和科技水平低、环

---

① 刘宥延，巩建锋，段淇斌. 甘肃少数民族地区生态环境与农牧民贫困的关系及反贫困对策 [J]. 草业科学，2014（8）：1580 – 1586.

保理念缺乏和自我发展的能力很差，迫使农牧民不计生态退化所带来的危害，一味地索取，进一步加剧了生态环境的退化。

### 3.4.3.3　贫困和生态环境退化的相互影响

生态脆弱区大都与贫困问题高度相关，二者相互制约而又互为因果，如果二者的关系没有得到正确认识和足够重视，则极容易陷入"生态贫困—经济贫困—生态恶化—加剧贫困"的恶性循环，如图 3 - 4 所示。恶劣的生态环境直接导致或加剧了地区贫困。生态恶化、环境破坏使得贫困地区生活环境恶化，空气、水体等污染给该区域的生产和生活造成巨大影响。贫困人口由于缺乏物质资本，抗风险能力差，因病致贫、返贫的现象逐渐增加。同时，干旱、洪涝、霜冻、沙尘暴、泥石流等自然灾害在集中连片贫困地区很容易发生，自然灾害的增加使得贫困地区人口因灾致贫、因灾返贫的可能性增大，导致脱贫与致贫处于很不稳定的交替之中。另外，生态脆弱区的人口带有明显的异质性，贫困地区人口由于收入较低、观念陈旧，生产方式较为落后，同时也无经济能力采取环保科学的耕种方式，因而粗放的环境利用方式导致水土流失严重、森林面积减少。同时，由于农药、化肥使用量的不断增加，土壤肥力下降，污染严重，土壤、森林等失去了原有的气候调节能力，又导致灾害频发，极端气候事件发生。原本处于生态脆弱区的生态系统的稳定性本来就差，对环境变化的反应较为敏感，一旦受到上述原因等的破坏，就需要很长时间进行修复，甚至无法修复，由此导致生态恶化与贫困问题的恶性循环。

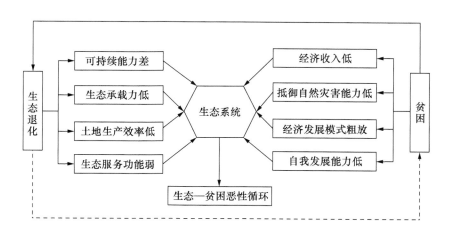

图 3 - 4　贫困和生态环境退化相互作用关系

### 3.4.4 新疆边境贫困地区经济发展和消除贫困的两难选择

新疆边境贫困地区处于少数民族聚集地，文化素质低下，精神贫困与权力贫困并存。国家逐年加大对新疆边境贫困地区扶贫力度，试图通过单纯的经济发展来解决地区贫困状况，但并未取得理想的效果。虽然部分县市从绝对贫困转变为相对贫困，但区域和个体贫困并没有从根本上解决，返贫困的现象屡屡出现。换而言之，新疆边境地区的贫困不仅是经济的贫困，更是人的贫困。故政府在实施扶贫项目时就会面临着两难选择：其一，通过教育科学文化传播促进贫困地区生产力发展，有助于未来的可持续发展，但投入大，耗费时间长，短期内成效不明显，无法有效地缓解当前贫困状态；其二，通过单纯经济发展来解决贫困地区状况，见效快，有助于缓解当前贫困状态，但无法长效，反贫困现象仍会出现。

#### 3.4.4.1 人口素质低阻碍了经济可持续发展

新疆边境贫困地区由于基础设施不健全，农牧民受教育水平低，生活方式落后，使贫困与愚昧混合在一起，相当一部分人处在文化贫困状态之中。反贫困事业受到"不愿脱贫困帽"和"争带贫困帽"等依赖思想影响，无法健康有效发展。同时，也反映出现阶段贫困不再是单纯的经济问题。目前采取的"输血式"投资和财政补贴无法从根本上解决贫困问题，要想根治贫困主要还是靠提高人口素质。持续的经济发展在人口与经济发展、人口与资源利用、人口与环境保护的矛盾中突出与恶化。这些问题的主要核心还是人口膨胀，而人口膨胀和人口素质之间又存在着不可分割的关系。新疆边境贫困地区少数民族居多、汉语水平较低、人口平均文化水平普遍偏低，因而具有较高的人口生育率，从而更容易形成"人口素质低—人口增加快—资源过度开发—环境日趋恶化—经济发展受阻—贫困加剧"的恶性循环[1]，使区域经济无法可持续发展，农牧民无法从根本上摆脱贫困。

#### 3.4.4.2 经济发展对人口素质要求提高

新疆边境贫困地区多年来落后的经济局面，使得科学技术、文化教育发展水平落后，农牧民素质较低。近年来，随着国家对新疆边境地区的逐渐重视，经济的快速发展对人口的身体素质、科学文化素质和道德素质都有了新要求。

---

① 庄晋财. 论西南地区人口素质的提高与贫困的缓解［J］. 广西大学学报（哲学社会科学版），1998（1）：48－55.

在经济增长的过程中，高新技术产业及农业机械化水平逐渐提升，人们的生产经验、科学知识、劳动技能都要跟上技术进步的步伐，劳动力具有的生产力成为主要要素，才能带动经济发展而不是阻碍经济发展。这就要求人们在生产劳动的过程中，积极学习、不断积累科学知识和生产经验，推动自身发展，提升劳动技能，从而推动生产力的发展，获取经济产出增长，提高收入水平，从根本上脱离贫困。农牧民人口素质是否能适应经济发展的速度，对区域经济发展的进程起着至关重要的作用。

3.4.4.3　经济发展的增加值减少了对劳动力的需求

新疆边境贫困地区在经济发展模式转变的过程中，自动化、信息化及机械化作业水平逐渐提高，工农业产业增加值也大幅度提升，其中工业增加值较为明显。在边境贫困地区不断深化改革的过程中，资金密集型和技术密集型产业的比重不断上升。在一定范围内，由于经济增长对劳动力需求减少，使得部分边民由于受教育程度低，无法适应技术进步的变化，导致无法充分就业，且使贫困加剧。同时在工业生产技术进步过程中，部分人工被机器设备所代替，人工劳动强度减少，使劳动需求减少，就业率下降，造成贫困人口失业，危及着边境贫困人口的正常生产和生活。另外，技术进步也使得企业管理水平提高，传统的生产管理被现代的科学管理所替代，企业裁员现象频繁，对边民就业造成强烈冲击。导致边境贫困地区剩余劳动力增加，家庭收入来源渠道减少，增加贫困家庭负担，影响边境贫困地区社会安定。

综上所述，新疆边境贫困地区面临着严峻的两难选择，在这个背景下，开展扶贫式生态补偿迫在眉睫，通过"造血式"的生态补偿方式，不但可以促进当地经济发展，缓解贫困，还可以改善生态环境状况，进而形成缓解贫困的长效机制，帮助边境贫困地区有效脱贫。

# 3.5　新疆边境贫困地区生态补偿机制的缺陷

## 3.5.1　补偿主体单一，缺乏生态补偿多元投资机制

生态补偿机制是一种激励保护建设生态环境、遏制破坏生态环境的经济手段，在获得生态效益的同时也获得了社会效益，从而使得相关者的经济利益达

到平衡。在生态补偿机制中，政府、市场和社会都应发挥作用①。新疆边境贫困地区的补偿资金来源于纵向财政资金，且主要来自中央财政资金，自治区每年6000万元的财政投入仅占总资金的8.3%，国家、自治区和市三级联合的纵向政府财政支付体系还没有形成。生态补偿还是以政府为主导，多采用财政转移支付和财政补贴的方式，尤其是中央政府的转移支付所占份额较高，而来自受益地的补偿份额却不多。同时，缺少受益单位、企业、民间团体、个人等的资助，缺乏跨省份、跨区域、流域上下游之间的横向转移补偿机制。因此，新疆边境贫困地区的补偿资金来源渠道单一，以政府为主导，社会、市场等共同参与的多元化筹资机制不完善。新疆边境地区是典型的生态脆弱区，维护成本较高，仅靠财政力量，无法承担既保护生态环境又推动社会经济发展的双重任务。过分地强调政府的补偿主体，过于封闭和单一，不利于形成开放型的生态补偿主体体系，市场化手段难以运行，不利于激发生态受益者保护生态的积极性。

### 3.5.2 补偿标准过低，欠缺激励机制

生态补偿标准是生态补偿的核心，直接关系到补偿绩效和成败。目前，生态补偿"一刀切"的政策设计，导致政策实施脱离实际。在退耕还林补偿中，我国只分为南、北两个补偿标准，划分标准过于单一。除此之外，补偿标准过低，根本无法满足生态建设所需资金。例如，新疆边境贫困地区地势险峻、造林条件差、干旱缺水等原因，每亩造林成本最少为600元，但国家的造林种苗补助费仅为100元，补偿的成本远远高于补偿的金额，导致农牧民积极性降低，阻碍当地林业的可持续发展。退耕还林效果不佳。在草原生态补偿中，新疆边境贫困地区退牧还草禁牧区补助标准5.5元/亩，补助期限仅为3年。这个水平低于内蒙古自治区东部退化草原每亩每年补助饲料粮5.5千克标准，补助期限为5年。对于一些生活困难的农牧民来说，这些补助根本不能满足生活需要，但又要执行禁牧的政策规定，而牧民的生产、生活成本的增加，从而影响到牧民收入的增加。自2001年以来，新疆边境贫困地区生态公益林补偿标准为国家财政拨付的5元/亩，一直沿用至今。干旱区荒漠森林生存环境脆弱，需进行引洪灌溉、人工播种、补植、围栏封育、病虫害防治管护措施，维护成

---

① 孔令英，段少敏. 新疆生态公益林补偿困境及对策研究 [J]. 新疆农垦经济，2013 (11)：33 - 36.

本远远高于我国其他地区。《新疆维吾尔自治区国家级公益林管护办法》中规定，一个管护员管护面积不低于 3000 亩，1 年 1.5 万元的补偿资金还不够管护员的劳务费。公益林管护人员工资低、生活和工作条件艰苦制约了其管护积极性。

新疆边境贫困地区主要分布在沙漠周边和国境线上，少数民族居多，文化水平较低、远离居民区，工作、生活环境极为恶劣，生态项目的基础设施建设成本极高。过低的补偿标准难以调动农牧民生态建设的积极性，激励机制欠缺是当前新疆生态补偿项目管理的最大困境。基层生态项目管理部门因其巨大的投入缺口，而缺乏管理积极性。由于补助标准大致相同，未体现出奖惩原则，很多在生态保护上取得显著效益的农牧民却无法得到足够的补偿或没有补偿，这必将导致社会的不公正和不稳定，影响边境贫困地区生态环境可持续发展和生态效益的提高。

### 3.5.3　补偿方式单一，缺乏针对性

生态补偿方式是生态补偿机制的重要环节，集中体现了补偿责任主体与客体之间的权利义务关系，以及解决"如何补"的问题。补偿实践灵活多变，只有因地制宜地选择多元化的补偿方式，才能提高农牧民保护生态的积极性。

目前，新疆边境贫困地区的生态补偿方式大多都是实物补偿和资金补偿。这种直接的"输血型"补偿虽然拥有极大的灵活性，但是缺点也是比较明显的。首先，边境生态环境建设需要的费用很高，相较于中央财政的投入过少，不仅给政府带来较大的财政压力，也无法解决生态工程的持续发展，很难使贫困的农牧民通过生态建设项目改善生活、提高收入。一味地"输血"无法解决边境地区的贫困现状。在市场经济条件下，应当开展更具针对性的生态补偿方式，因地制宜地选择智力补偿、政策补偿、实物补偿、技术补偿等丰富多样的补偿方式。例如，在塔城地区的齐巴尔吉迭社区，社区里的定居户正在逐年增多，社区的服务和环境相较于其他定居地也相对完善，此时，农牧民需要的是养殖牲畜方面的支持，他们需要良种以及技术指导来扩大养殖、增加收益。社区在逐步形成的规模化养殖业带给他们不小的收益，如何快速健康地发展至关重要。但在裕民地区则不同，裕民地区的农牧民散户比较多，牧业村是他们的一个聚集地，但由于牧业村面积较大，住户比较分散，不易管理，规模化养殖和管理都比较困难，往往是各顾各的，无法聚集。在草原生态补偿实施之后，产生了不少的困难户，经济发展缓慢，生计难以维持，在这样的情况下，农牧

户更多得到的是实物和现金的补贴。不同情况下需要不同的补贴形式，对于新疆边境贫困地区生态补偿来说，做好实地调研，新疆各级政府及相关部门亟待完善政策的应对性和实用性。

### 3.5.4　补偿组织不健全，缺少系统化管理机制

生态补偿组织体系不合理、不健全、不规范，是制约新疆边境贫困地区生态补偿充分发挥作用的一个主要原因。在现行的管理体制中，各部门分头建设，缺乏整体性和协调性，责任模糊，很容易造成各行其是、重复浪费以及有好处谁都管，没好处谁都不管的现象。有时一个生态建设项目由多个部门进行监督管理，部门责任明晰不到位，往往造成"多头"管理变成"空头"管理，致使生态补偿工作"等、靠、要"，生态补偿监管队伍不稳定，缺乏长效、系统、规范、制度化的生态补偿管理机制。随着生态补偿项目的增加，补偿资金的日益完善，因缺少系统化管理机制而造成的资金管理问题仍然比较突出。各地区补偿资金中间环节繁多，不仅降低了补偿效率，也增加了生态补偿的运行成本。

多年来，新疆边境贫困地区补偿组织不健全，严重阻碍了补偿政策的实施与补偿资金的发放，使得区域生态补偿缺乏整体性、协调性。例如，在生态公益林建设方面，根据国家公益林管护办法要求的标准，管护员工资应不低于当地的平均工资水平。目前，新疆生态公益林管护员的工资总体水平在 1200～2000 元，低于当地的平均工资水平，没有达到管护要求的工资水平。由于工资低待遇差，致使专职管理人员留不住，使公益林管护工作不能连续，严重影响公益林管护工作正常开展。由于缺乏专职部门和专职管理人员，公益林的监测体系建设、公益林资源评估体系建设、公益林生态补偿成效评估等工作不能较好地开展，没有与国际组织、国内民间组织、研究机构、企业、社区联系与交流的平台。

### 3.5.5　补偿效果评估不全面，缺少政策创新机制

生态补偿更多意义上是一项公共政策，因此需要不断创新，并加强政策评估。目前新疆边境地区生态补偿效果的评估仅限于工作部门的内部工作评估，评估标准单一，缺乏合理设计。由于缺乏第三方的监督，实施效果很难准确判断，更谈不上公众的评价。例如，新疆边境贫困地区生态公益林补偿政策实施已有 12 年，虽然每年有生态补偿基金绩效评价，但仅限于资金使用情况评价，

即项目成本评价，而对生态公益林资源改进、功能提升、生态公益林建设对气候变化影响、生物多样性影响、水土流失和地质灾害影响、森林旅游影响、林农生计影响、缓解地区贫困影响等涉及补偿收益、结果、影响、产出等内容没有过多评估，缺乏生态公益林生态补偿实际绩效的系统、深入和量化工作。这对于该项政策的完善和后续发展是极为不利的，容易陷入越补越缺的境地。

### 3.5.6　相关生态补偿法律制度不完善

近年来，新疆边境贫困地区积极开展生态保护工程，例如塔里木河流治理项目、保护荒漠植被工程、退耕还林（还草）工程等。在生态补偿机制逐渐完善的过程中，相关生态补偿的法律制度仍然存在以下不足：首先，专门性的立法还是空白的，存在着法律缺位的状况。现有的相关法律政策过于零散，其规定大多为原则性的指导，并没有考虑到新疆边境贫困地区的实际状况，缺乏针对性。例如，2011年《新疆维吾尔自治区环境保护条例》正式出台，确认了新疆生态补偿的法律地位。但是由于新疆缺少一部符合自身环境特点的生态补偿专门立法，使得实际操作无法进行。其次，生态补偿内容界定不明确，目前在新疆环境保护法律法规中还没有明确界定生态补偿主体及其相应的权利义务。补偿标准的设置也缺乏科学性，严重影响生态建设的持续发展。例如，在草原生态补偿中，国家给予退牧还草工程草原禁牧民每年5.5元/亩补助，补偿标准较低，无法满足牧民生存和温饱问题，使得牧民对保护草原生态环境缺乏积极性，阻碍了退牧还草工程的实施。最后，相关制度不配套，缺乏司法监督机制与法律救助机制。当前，新疆缺乏专门的组织管理体系，生态补偿资金的挪用、发放不到位等问题日益凸显，使得农牧民在实施生态补偿过程中权利遭到侵害后无处诉讼，自身利益受到伤害，从而降低农牧民建设生态环境的积极性，减缓生态工程的实施进程。

# 第4章 新疆边境贫困地区生态补偿机制的构建

新疆边境地区生态补偿机制建设关系到边境地区经济社会的可持续发展，甚至影响着全国生态安全、民族团结、社会安定，进而对国家经济社会的总体发展产生重要影响。目前，边境贫困地区的生态补偿机制不健全，为促进边境贫困地区生态建设的有效实施与贫困问题的有效解决，亟须建立一个科学合理且符合边境贫困地区实际的生态补偿机制框架。

## 4.1 新疆边境贫困地区生态补偿机制构建的指导思想与基本原则

### 4.1.1 新疆边境贫困地区生态补偿机制构建的指导思想

生态补偿机制要贯彻"政府指导、市场运作、目标明确、权责分清、统一规划、分步实施"的指导思想①。建立新疆边境贫困地区生态补偿机制必须深入贯彻落实科学发展观与可持续发展的理念，以构建边境贫困地区生态安全屏障为目标，全面认识生态脆弱区与新疆边境贫困地区、边境贫困地区所存在的生态与贫困之间的特殊耦合关系，正确把握生态环境保护与经济社会发展之间的关系问题。

结合新疆边境贫困地区生态环境脆弱、生态破坏严重和当地社会与农户贫

---

① 王德辉. 建立生态补偿机制的若干问题探讨［J］. 环境保护. 2006（10）：12–17.

困状态较为严重的实际，在构建并不断完善新疆边境贫困地区生态补偿机制的过程中，要将生态环境的有效治理与修复，生态安全屏障的有效建立摆放在第一位置，突出扶贫性与公平性两大主题，在有效实施生态补偿的同时，特别关注边境地区贫困农牧民等的贫困与发展问题，注意通过补偿主体的延伸（横向与纵向有效结合）、补偿标准的动态性与阶段性、补偿方式的多样化、资金筹集渠道的拓宽等诸多方式促进生态补偿的可持续进行，以从长远角度为有效解决边境贫困地区生态环境与贫困恶性关系导致的"贫困陷阱"等问题提供解决思路。

此外，"一刀切"的生态补偿政策已实施多年，确实很难平衡发展差距良莠不齐的各区域。鉴于新疆在全国政治、区域经济发展战略中的特殊性以及民族区域自治的特殊性，中央应对新疆实行差异化的利益补偿机制。同时，考虑到新疆区域内由于主体功能区划带来的各地方发展差异问题，还应在新疆内部实行差异化利益补偿机制，针对边境贫困地区的特殊实际给予更多支持。要建立中央与自治区两级差异化的利益补偿机制，以更好地体现客观、公平地平衡地区间的利益，最终实现新疆经济和社会的和谐发展①。

### 4.1.2　新疆边境贫困地区生态补偿机制构建的基本原则

#### 4.1.2.1　以人为本、科学合理

新疆边境贫困地区生态补偿机制的构建和运行要充分考虑当地农牧民生存与发展的需要，通过生态补偿提高他们保护生态环境的能力。新疆边境贫困地区能力贫困与权力贫困问题较为突出，在生态补偿政策实施中，注重人力资本水平的培养和开发，在政策设计中注意增加生态移民等的人力资本投资比例，通过项目实施增加相关农牧民的知识资本存量，以此促进其生计能力的有效提高。

#### 4.1.2.2　动态标准、分期补偿

新疆边境贫困地区与其他地区不同，自然条件恶劣，生态环境极为脆弱，且位于边境贫困地区，生态安全一定程度上与国家安全等紧密联系。因此，生态环境建设任务更加艰巨，所需资金更大，对生态补偿的持久性要求更高。要对不同的生态补偿项目进行整合和加以区分，按照生态建设基本成本、发展机

① 贾亚男．民族地区生态补偿机制的效应分析——以新疆为例［J］．内蒙古科技与经济，2011（1）：3－4＋6.

会成本、生态服务功能价值等分阶段进行补偿，将生态补偿项目的持久性与所需资金供给的连续性相结合。

### 4.1.2.3 突出重点、先易后难

将新疆边境贫困地区的生态补偿项目按所需生态实际，融合地理区位重要性、生态脆弱性、贫困性等进行规划和分区，根据这些区域在生态建设中的重要性、生态破坏的实际程度进行科学划分，确定相应等级，采取不同的补偿标准和办法，按级组织实施。同时，考虑到生态补偿政策的实施和管理成本，相关措施和标准必须易于操作，尽可能照顾全局，兼顾个别地区的特殊情况。

### 4.1.2.4 因地制宜、分类指导

新疆边境贫困地区地域广阔，生态环境类型多样，各地的经济发展和群众生活水平有较大差别，环保的目标、任务及其优先顺序也不尽相同，生态补偿的标准和方式也不会一样。要将边境贫困地区与边境地区的实际作有效识别，尤其要重点加强位于重要生态功能区的具有不同生态功能的补偿政策的制定。因此，制定生态补偿政策以及建立生态补偿机制要采取实事求是的态度，坚持因地制宜、分类指导的原则。

### 4.1.2.5 政府主导、社会参与

新疆边境贫困地区生态环境保护的受益者是区域乃至整个国家，因此，建立生态补偿机制需要政府部门发挥主导作用，提供政策、资金、项目和技术的支持。但政府提供生态系统服务存在的诸多缺陷会给生态补偿绩效带来一定的影响。生态补偿涉及新疆边境贫困地区生态环境保护者、受益者和资源开发利用者，因此，要坚持在政府主导的前提下，注意引入多元补偿主体，注重引入市场机制和社会参与，根据不同生态主体所提供生态服务的公共性程度等考虑实施不同的提供标准与补偿方式，并在各项政策的制定和实施过程中积极争取社会各界的广泛参与和支持。

### 4.1.2.6 兼顾扶贫、精准补偿

"五个一批"是"精准扶贫"有效实施的重要办法，其中"生态补偿脱贫一批"更成为2020年消除绝对贫困以及全面实现小康社会的重要途径。新疆边境贫困地区生态环境脆弱，自然资源匮乏，地理区位极为重要，当地农牧民为维护生态安全、边境安全等做出了巨大贡献。由此应加大农牧民在生态补偿方面政策性收入的倾斜，创新补偿项目有效实施机制，给贫困农牧户更多从补偿项目中获得可持续生计的机会，持续增加农牧民收入，以更好地促进精准扶贫。同时，要更加重视生态补偿扶贫目标的实现，逐渐将精准扶贫的精准识别

与贫困户瞄准思想引入边境贫困地区的生态补偿项目中，提高补偿的精准性与有效性。

### 4.1.3  新疆边境贫困地区生态补偿机制的设计思路

#### 4.1.3.1  边境贫困地区农牧民生态贫困的发生机理

新疆边境贫困地区位于生态脆弱地区与重点贫困地区，地方农牧民的贫困发生机制带有很大的生态贫困特征。其基本的机制性联系包括：

一方面，长期以来，新疆边境贫困地区的气候干旱少雨多风沙，土地资源稀少且贫瘠，典型的生态脆弱性逐步形成了恶劣的生态环境、低劣的自然资源与落后的基础设施等，这使得以农牧业为主要产业结构的地方生产具有产出少、效益低、成本高等特点。此外，由于当地为发展经济进行不合理的开发活动加剧了原本脆弱的生态环境的水资源时空分布不均衡、土壤盐碱不平衡与生态不平衡等，导致了的自然生态环境的明显退化，进而形成"生态贫困"问题。

另一方面，边境贫困地区长期形成的落后的思想观念与文化素质。一是新疆边境贫困地区多维吾尔、塔吉克等少数民族群众，思想观念中具有浓厚的宗教性，部分伊斯兰活动如"斋功"、"朝觐"等对农村生产活动造成了直接的影响，尤其是目前存在的不法宗教狂热极端分子的非法宗教活动，对当地的社会稳定与生产生活的正常开展造成了很大的不良影响；二是长期形成的小农生产方式的封闭性与对现代技术的排他性并存，当地农牧民的小农意识根深蒂固，惧怕风险、安于现状，缺乏进取精神，对具有较高生产效率的现代生产技术较为排斥的思想广泛存在；三是边境贫困地区历史上长期的多民族聚居形成了其多语种、多文字的特点，形成了汉语汉文、维语维文、柯尔克孜语柯尔克孜文与塔吉克语并存的现状，主体语言与汉语文字交流困难，对于先进文化的传播有很大的阻滞作用。另外，当地劳动者素质普遍偏低，大多在初中及以下文化水平，而高中及以上学历少之又少，从而形成了劳动者较难掌握现代科技知识，给农业现代化技术推广造成较大困难，劳动技能长期低下带来农业成本过高、效益过低的问题。此外，当地农牧民还存在着对政府扶持过度依赖等思想。

由于生态环境与落后的思想观念和较低的文化素质两种主要因素的各自促成与综合作用，造成了新疆边境贫困地区农牧民自我发展能力的匮乏。由于农业产出主要通过农产品市场实现其价值，具有收入低下等特点，因而较容易形成收入贫困的问题，较低收入导致了维持农牧民基本生计质量较低，造成了农牧民储蓄的稀缺与消费的不足，这样在收入一定的情况下，个人用于基础教育、技能教育以及卫生保健方面的支出就会低于正常水平，从而出现人力资本的投资不足，继而引发个体身体素质不高、健康水平较低，文化知识不足和生存技能缺乏，进一步导致了因能力缺失、劳动生产率下降带来的能力贫困问题。农牧民为维持产出不下降，会采取传统的增加人口方式，加之传统的生育观念和穆斯林的早婚观念等，使得社区居民的人口增长率较高。然而，普通的人口增加必然会导致人均人力资本投资更少，反而导致个体能力的进一步降低与收入的进一步下降。为维持产出的不下降和新增人口的基本生存，社区居民只能加大对自然资源的掠夺式经营，而最终结果只会导致生态环境更加脆弱。由此，系统内部的运行长期处于一种低级循环的状态，系统内部自然增殖，内耗增大，在无负熵流注入的情况下陷入恶性循环状态，由此形成"生态贫困"。

### 4.1.3.2 边境贫困地区生态补偿运行思路及缓解贫困机理

生态补偿机制作为一项特殊的区域环境经济政策，是缓解新疆边境贫困地区经济发展与生态环境矛盾的"调试器"。在"生态贫困"恶性循环中通过实施生态补偿政策以打破原来的恶性循环，促进经济发展与生态环境关系的协调与良性发展。确定生态补偿的主体与客体是生态补偿机制最为基础的环节。在生态补偿机制中，将新疆边境贫困地区的生态补偿主体初步界定为政府、市场、社会与个人三大层面。生态补偿客体主要界定为以下三大类：一是生态工程建设地区政府；二是参与生态建设的当地林农、牧民或相关管护人员；三是由于需要进行修复补偿的生态环境自身。在确定了生态补偿主客体之后，需要特定对象进行生态价值评估，主要包含基于区域发展不平衡性考虑的区域整体价值评估和特定生态补偿对象的价值评估，从宏观角度与中观角度对生态补偿对象的实际情况进行了解。生态补偿综合机制，分别通过生态补偿方法、生态补偿途径、生态补偿标准、生态补偿方式及补偿资金的筹集与管理五大方面进行政策的有效实施。其中，生态补偿方法为解决生态贫困相关问题提供重要的方法论作用。生态补偿的途径和方式是实施生态补偿的核心内容，解决"怎么补"的关键问题。其中生态补偿的途径主要有政府补偿和市场补偿两大类；生态补偿的方式主要分为资金补偿、实物补偿、政策补偿、智力补偿等；生态补偿的标准在一般性标准之外，结合新疆实际，总结提出机会成本补偿与动态分阶段补偿的标准。最后，通过补偿资金的筹集与管理对资金的运营及管理效率进行完善与提升，并最终对补偿客体进行实际补偿，通过生态补偿政策的整体运行改善或使生态环境得以改善，补偿客体（农牧民）的贫困状态得以缓解，生态行为得以持续，最终益于生态环境质量的改善，详见图4-1。

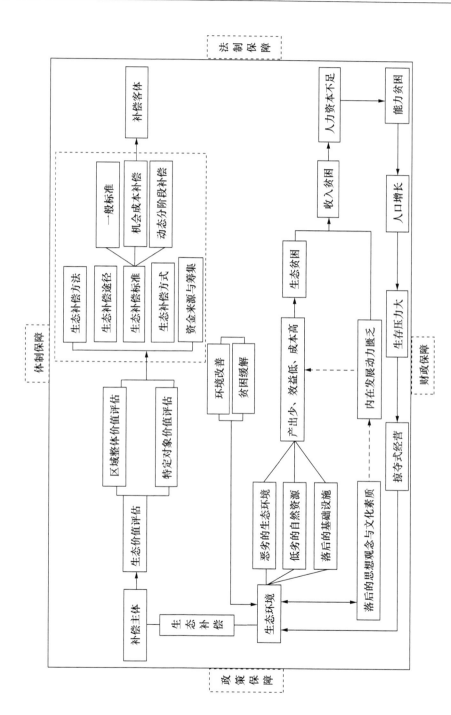

图4-1 新疆边境贫困地区生态补偿机制

# 4.2 新疆边境贫困地区生态系统服务价值评估

生态系统的服务价值评估是生态补偿标准制定的前提和基础，为生态补偿机制尤其是生态补偿标准的制定与实施提供了基本的理论依据和参考指导。生态服务是指人类直接或间接从生态系统功能中得到利益①，即对人类生存及生活质量有贡献的生态系统产品和生态系统功能，具体包括来自自然资本的物流、能流和信息流，并与制造业资本、人力资本结合在一起产生了人类的福利。本书的生态服务主要包括生态系统产品与生态系统服务功能，前者如粮食、水产品、木材，主要是生态系统对能量的固定和物质的转化，后者如土地利用方式等，主要是指生态系统与生态过程所形成及所维持的人类生存的自然环境条件与效用，在土地利用中表现为对土地的合理开发与利用，致使对土地利用形成干扰，影响了土地系统中生态服务价值②。总之，与提供生态系统产品相比，生态系统服务功能对人类更好地繁衍生息所产生的影响更为广泛，同时，也保证了生态系统服务的可持续性。

## 4.2.1 生态系统服务功能价值的测算方法分析

目前，生态系统服务功能价值评价方法主要有以下三种：第一种是货币价值评价法，其采用环境经济学、生态经济学及西方经济学相关理论，以货币的形式来量化生态系统服务功能的价值；第二种是能值评价，运用能值理论与方法，通过生态系统的能量流动量化来测算生态系统服务功能价值；第三种是生态足迹评价，以生态系统中物质流为基础，通过建立生态足迹模型和生态承载力模型，并进行对比分析，来对生态系统服务功能的实物价值进行测算。本书采用货币价值量的方法对于研究区生态系统服务进行测算，现将常用的货币价值量技术评价方法总结如下：

---

① T. R. , d' Arge R. , De Groot R. , et al . The value of the world's ecosystem services and natural capital [J] . Nature, 1997 (387)：253 - 260.

② 欧阳志云、王效科、苗鸿. 中国陆地生态系统服务与经济价值评估初步研究 [J] . 生态学报，1999, 19 (5)：607 - 613.

#### 4.2.1.1　市场价值法

市场价值法是指对有市场价格的生态系统产品和功能进行估价的一种方法，可以推算出生态系统产品和服务及其变化的经济价值，该方法是通过市场来体现生态系统服务的价值（刘天齐等，2003），其基本思路为：将生态系统提供的服务作为生产要素，生态环境的变化将导致地区经济生产率和生产成本发生变化，进一步会导致社会产出和产品市场价格发生变化，最终通过研究产出水平和产品价格的市场变化来估算出生态环境服务的价值。按照所产生的生态效益的方向划分，又分为正向的理论效果评价法和负向的环境损失评价法，前者是根据生态服务的数量和与之相似的影子价格进行生态服务功能价值的估计，后者是通过生态系统破坏造成的具体环境损失来衡量相应生态系统服务的价值。市场价值法易于被决策者和公众所接受，适合于没有费用支出，但有市场价格的生态服务功能的价值评估，被广泛应用于生态环境破坏对自然系统或人工系统影响的评估，是在生态系统服务价值评估中最为常用且易行的方法。

#### 4.2.1.2　机会成本法

机会成本是经济学中的概念，指在其他条件相同时，把一定的资源用于生产某种产品时所放弃的生产另一种产品的价值，或利用一定的资源获得某种收入时所放弃的另一种收入（刘天齐等，2003）。同一种生态环境资源可能同时存在多种不同的用途，由于资源的稀缺性，选择了一种用途，就会导致另一种用途的失去以及由此造成收益的减少或损失的增加，定义其他使用方案中获得的最大经济效益为该资源使用的机会成本。对于具有稀缺性的自然资源和生态资源而言，其价格不是由其平均机会成本决定的，而是由边际机会成本决定的，它在理论上反映了收获或使用一单位自然和生态资源时全社会付出的代价。在核算时也应将生态服务供给者本人及后代人由于不能使用该种资源而造成损失的代价考虑其中。机会成本法是生态补偿标准制定的重要参考，常见于国际上的生态补偿标准案例，例如，哥斯达黎加在征收水资源环境调节费时，以土地的机会成本作为对上游土地使用者的补偿标准（Chomitz，2004），美国政府一直采取的保护性退耕政策也是对耕地农民因为开展生态保护放弃耕作而造成的机会成本的补偿。然而，这种方法不一定适合于所有地区的生态情况，例如，也许某一林场适宜种植的树种为针叶林，则其机会成本为零，补偿标准也为零①，就不再需要补偿，如果按照这样的思路，则机会成本法的局限性也

---

① 陈钦，魏远竹. 公益林生态补偿标准、范围和方式探讨［J］. 科技导报，2007（10）：64－66.

就显而易见了。另外，如果换作其他树种，其机会成本的测算等也存在着成本较高等问题，因此，对于改种方法的使用也要综合考虑，根据实际需要选择和调整。

### 4.2.1.3 费用分析法

费用分析法是指当区域内的生态环境遭到破坏时，其生态系统服务功能降低，为了改善和恢复受到破坏的生态系统而采取的生态建设措施所要耗费的各种资金，通常把这种资金成本作为生态环境成本和制定生态补偿标准的参考依据，是一种替代成本，也是环境问题损失的最低估计值。费用分析法具体又分为防护费用法、恢复费用法和影子工程法三种类型。其中，防护费用法是指人们为了消除或减少生态环境恶化造成的消极影响而愿意承担的防护费用；恢复费用法是指人们采取措施将受到破坏了的生态环境恢复到原来状态或面貌所花费的成本和费用，是通过用恢复措施所需要的费用来估算生态环境的评价方法；影子工程法，即当环境的生态价值难以直接估算时，可借助于通过建造新的能够提供类似功能的影子工程的价值来替代研究的生态服务的经济价值，以此估算因为生态环境恶化造成的经济损失。例如，在评价森林的涵养水源功能时，通常会采用建造同等库容水库的造价来进行替代评估。

### 4.2.1.4 意愿调查法

意愿调查法也称支付意愿法（Willingness To Pay，WTP）是指受访者对使自己受益的没有市场交换和市场价格的公共商品的支付意向和愿望，反映人们对商品价值的认定情况，其与人们对环境损害进行补偿的接受意愿（Willingness To AccepT，WTA）相对应。西方经济学认为，价值是人们对事物的态度、观念、信仰和偏好，是人的主观思想对客观事物认识的结果，支付意愿是人们一切行为价值表达的自动指示器（郭中伟，1999），该方法以居民的支付意愿作为指标来衡量生态系统提供的服务，其实行的基本原则是个体对于环境服务或资源的支付意愿，其基本做法是先对需要评价的生态环境系统所提供的服务和成本设计调查问卷，然后对既定的调查对象进行问卷调查，直接问询调查对象对特定生态系统服务的支付意愿，最后综合所有消费者的 WTP 或者 NWTP（净支付意愿），计算得到生态环境成本或环境产品的经济价值，如李婷等采用居民支付意愿问卷法对南京市高淳桠溪镇生态慢城居民进行了支付意愿调查（李婷等，2015），接玉梅等对山东省黄河流域下游居民的生态补偿支付意愿进行了研究，在被调查对象中有 62.93% 的居民表示愿意支付，并最终得出了黄河流域下游山东省居民人均年度支付水平为 533.37 元（接玉梅等，

2014）。然而，该方法可能存在着由于单个消费者即使了解自己对于所接受的生态服务的偏好程度却由于对日后"履约"的担心，以及"搭便车"心理的作用，存在着低报、谎报等问题，而且尽管大部分人站在了支付者（或消费者）的角度，但该方法的主观性较强，对于生态补偿标准的反映和认知不够客观。

### 4.2.1.5　生态服务价值当量因子表评价法

国际上综合不同区域内的研究，然后总结出主要生态过程功能与生态系统效益的价值是目前用来评价生态效益的常用方法之一。Costanza 等通过全球静态部分平衡模型研究生态服务价值，进一步完善了生态系统服务功能价值估算的原理与方法。Costanza 等的研究的一大不足是数据估计存在较大偏差，这也引起了后来学者的关注。谢高地等（2003）针对上述不足，立足于全球生态系统服务功能评价模型，总结了气体调节、气候调节、水源涵养、土壤形成与保护、废物处理、生物多样性维持、食物生产、原材料生产、休闲娱乐在内的 9 项生态系统服务功能，通过问卷调查研究得到了"中国生态系统服务价值当量因子表"，制定出我国生态系统生态服务价值当量因子表，详见表 4 - 1、表 4 - 2。

表 4 - 1　中国陆地生态系统单位面积生态服务价值当量因子（2002）

| 服务功能 | 森林 | 草地 | 农田 | 湿地 | 水体 | 荒漠 |
|---|---|---|---|---|---|---|
| 气体调节 | 3.50 | 0.80 | 0.50 | 1.80 | 0 | 0 |
| 气候调节 | 2.70 | 0.90 | 0.89 | 17.10 | 0.46 | 0 |
| 水源涵养 | 3.20 | 0.80 | 0.60 | 15.50 | 20.38 | 0.03 |
| 土壤形成与保护 | 3.90 | 1.95 | 1.46 | 1.71 | 0.01 | 0.02 |
| 废物处理 | 1.31 | 1.31 | 1.64 | 18.18 | 18.18 | 0.01 |
| 生物多样性维持 | 3.26 | 1.09 | 0.71 | 2.50 | 2.49 | 0.34 |
| 食物生产 | 0.10 | 0.30 | 1 | 0.30 | 0.10 | 0.01 |
| 原材料生产 | 2.60 | 0.05 | 0.10 | 0.07 | 0.01 | 0 |
| 休闲娱乐 | 1.28 | 0.04 | 0.01 | 5.55 | 4.34 | 0.01 |

资料来源：谢高地等《青藏高原生态资产的价值评估》。

表4－2　中国生态系统单位面积生态服务价值当量因子（2007）

| 一级类型 | 二级类型 | 森林 | 草原 | 农田 | 湿地 | 河流湖泊 | 荒　漠 |
|---|---|---|---|---|---|---|---|
| 供给服务 | 食物生产 | 0.33 | 0.43 | 1.00 | 0.36 | 0.53 | 0.02 |
| | 原材料生产 | 2.98 | 0.36 | 0.39 | 0.24 | 0.35 | 0.04 |
| 调节服务 | 气体调节 | 4.32 | 1.50 | 0.72 | 2.41 | 0.51 | 0.06 |
| | 气候调节 | 4.07 | 1.56 | 0.97 | 13.55 | 2.06 | 0.13 |
| | 水文调节 | 4.09 | 1.52 | 0.77 | 13.44 | 18.77 | 0.07 |
| | 废物处理 | 1.72 | 1.32 | 1.39 | 14.40 | 14.85 | 0.26 |
| 支持服务 | 保持水土 | 4.02 | 2.24 | 1.47 | 1.99 | 0.41 | 0.17 |
| | 维护生物多样性 | 4.51 | 1.87 | 1.02 | 3.69 | 3.43 | 0.40 |
| 文化服务 | 提供美学景观 | 2.08 | 0.87 | 0.17 | 4.69 | 4.44 | 0.24 |
| | 合计 | 28.12 | 11.67 | 7.90 | 54.77 | 45.35 | 1.39 |

资料来源：谢高地等《一个基于专家知识的生态系统服务价值化方法》。

生态系统生态服务价值当量因子是指生态系统产生的生态服务的相对贡献大小的潜在能力，定义为全国平均产量的农田年自然粮食产量的经济价值。具体为定义1公顷全国平均产量的农田每年自然粮食产量的经济价值为1，其他生态系统生态服务价值当量因子是指生态系统产生该生态服务的相对于农田食物生产服务的贡献大小[1]，由此可将权重因子表转换成全国平均状态下当年生态系统服务单价，并通过综合比较分析，确定各生态服务价值当量因子的经济价值量等于当年全国平均粮食单产市场价值的1/7。最终修订后得到中国不同陆地生态系统单位面积生态服务价值表。

目前，对生态系统服务功能机制的评估正处在探索阶段，对同一种价值的评估方法有很多种方法，不同的评估方法得出的评估结果差异较大，具有不同的适用范围和特点，详见表4－3。同时受研究人员在知识背景、个体偏好等方面的主观性影响，用不同的方法反映出的研究结果差别很大，因此，针对不同的研究地区和研究对象，需要进行适当的筛选和修正，并采用相适应的研究方法。

---

① 段晓男，王效科，欧阳志云. 乌梁素海湿地生态系统服务功能及价值评估［J］. 资源科学，2005（2）：110－115.

表 4 - 3 生态系统服务价值评价常用方法比较

| 评价方法 | 优点 | 难点或不足 |
|---|---|---|
| 市场价值法 | 评价客观全面, 争议少 | 数据必须全面, 要求数据量大 |
| 机会成本法 | 客观全面, 可信度高, 可替代估算缺乏市场价值的生态服务 | 涉及条件多, 不易操作; 适用范围较窄, 只适用于具有稀缺性的生态类型 |
| 费用分析法 | 可对生态服务功能价值进行粗略估算 | 仅能应用于使用价值, 范围较窄, 集中于研究区当前需要, 缺乏可持续性 |
| 意愿调查法 | 充分考虑支付者即生态服务受益者的支付意愿和立场 | 评价较为主观, 缺乏客观性; 在实践中可操作性不强 |
| 生态服务价值当量因子表评价法 | 对于地区性生态系统生态服务价值的评价方便、较为全面, 且使各区域之间具有一定标准的可比性 | 核算方法可能不能根据当地的特殊实际, 缺乏客观性 |

资料来源: 根据相关文献整理。

### 4.2.2 南疆三地州的概况

本小节主要以天山以南的南疆三地州作为新疆边境贫困地区的典型研究区, 具体为和田地区、克孜勒苏柯尔克孜自治州 (以下简称克州)、喀什地区。该区位于世界第二大沙漠塔克拉玛干大沙漠腹地及周围山地, 面积共计 45.92 万平方公里, 占自治区总面积的 29.1%, 土地面积十分辽阔。三地州环绕在塔克拉玛干大沙漠南缘, 三面环山, 地形分为平原与高山高原。本区域拥有大面积的沙漠、戈壁和山地等非可利用土地, 其中和田地区达到 2348.7 万公顷, 占其总面积的 94.22%, 克州山地面积亦超过了总面积的 90%。最为有限的是耕地资源, 研究区耕地面积共计 75.59 万公顷, 约占全疆耕地总面积的 20%, 但却仅占研究区土地总面积的 1.65%, 与此同时, 截止到 2013 年, 三地州人口高达 695.89 万人, 人均耕地只有 1.63 亩, 以全疆 20% 的耕地承担着全疆近一半的农业人口, 给农牧业发展造成了巨大负担。

受地形结构和地理位置影响, 本区域形成了严酷的荒漠环境, 属于大陆性干旱荒漠气候, 气候昼夜温差大, 总体上, 常年干旱少雨, 季节分布不均 (夏季降水较多), 年均降水量仅有 30 ~ 40 毫米, 年均蒸发量却在 2000 毫米以上, 由此引起土壤盐碱化问题较为严重。该区沙尘暴和浮尘较为严重, 年均沙尘天气约 92 天。除了严酷的自然条件, 伴随着地震、大风、干旱、霜冻、暴雨、洪水等自然灾害频繁发生，农业受灾严重。

正因为研究区生态环境的严重脆弱性，生态修复和生态保护的职能显得更为重要和紧迫。研究区湿地面积占自治区湿地总面积的41.84%，林地面积占自治区林地总面积的14.75%，研究区内"三北"及长江流域等重点防护林工程占全区的43%以上，草地面积占自治区草地总面积的14.11%，南疆三地州的24个县市中就有21个县市是防沙治沙工程建设重点区域，在抑制流沙侵袭、遏制沙化土地扩展、保护绿洲生态环境方面发挥着不可替代的巨大作用。

本书采用谢高地（2007）的"中国生态系统服务价值当量因子表"来估计中国新疆边境贫困地区的生态系统服务功能。

### 4.2.3　南疆三地州生态系统服务功能价值系数测算

#### 4.2.3.1　单位面积农田食物生产服务功能价值

在研究区各粮食作物播种面积、粮食单产、各粮食作物的全国平均价格基础上，计算单位面积农田食物生产服务功能的经济价值：

$$E_a = 1/7 \sum_{i=1}^{n} \frac{m_i p_i q_i}{M} (i = 1, \cdots, n) \tag{4-1}$$

式中：$E_a$——研究区单位面积农田提供食物生产服务功能的经济价值（元/公顷）；

$i$——作物种类，新疆边境贫困地区的主要粮食作物为小麦、水稻、玉米；

$p_i$——第$i$种作物的平均价格（元/吨）；

$q_i$——第$i$种粮食作物单产；

$m_i$——第$i$种粮食作物面积；

$M$——$n$种粮食在研究区的总面积。

$1/7$——指在没有人力投入的自然生态系统提供的经济价值是现有单位面积农田提供的食物生产服务经济价值的$1/7$。

根据新疆粮食作物产量实际情况，本书中选取小麦、水稻、玉米为主要粮食作物，以新疆贫困县最为集中的南疆三地州（即和田地区、喀什地区和克孜勒苏柯尔克孜自治州）作为新疆贫困地区的主要代表，统计了研究区在2013年的各类土地面积、播种面积和单产数据，详见表4-4，以此作为新疆边境贫困地区生态服务经济价值计算的基本依据。

表4-4　南疆三地州及播种面积与产量

| 地　　区 | 水稻 | | 小麦 | | 玉米 | |
| --- | --- | --- | --- | --- | --- | --- |
| | 播种面积（公顷） | 产量（吨） | 播种面积（公顷） | 产量（吨） | 播种面积（公顷） | 产量（吨） |
| 和田地区 | 7780 | 56358 | 84490 | 496381 | 72080 | 516135 |
| 喀什地区 | 7040 | 61870 | 223730 | 1329406 | 180410 | 1352563 |
| 克孜勒苏柯尔克孜自治州 | 590 | 5101 | 27850 | 164470 | 20350 | 137720 |
| 总计 | 15410 | 123329 | 336070 | 1990257 | 272840 | 2006418 |

资料来源：《新疆统计年鉴》2014。

主要粮食作物价格数据为 2013 年全国粮食作物平均价格，通过查阅 2014 年《全国农产品成本收益资料汇编》，得到 2013 年全国小麦平均价格为 2.3562 元/千克（2356.2 元/吨），全国玉米平均价格为 2.1762 元/千克（2176.2 元/吨），由于新疆水稻品种均属早粳类型，因此，其价格采用全国粳稻平均价格 2.9366 元/千克（2936.6 元/吨）。

由以上数据和公式可以计算出研究区单位面积农田食物生产服务功能价值为 $E_a = 2155.03$ 元/公顷。

**4.2.3.2　土地单位面积生态服务价值**

根据"中国生态系统单位面积生态服务价值当量因子表"和上文得出的研究区农田单位面积食物生产服务的经济价值，可得到研究区主要土地类型单位面积生态服务功能的单价，公式如下：

$$E_{ij} = e_{ij}E_a \quad (i = 1, \cdots, 9; j = 1, \cdots, 6) \tag{4-2}$$

式中：$E_{ij}$——第 j 种土地第 i 种生态服务功能的单价；

$e_{ij}$——第 j 种土地第 i 种生态服务功能相对于农田提供生态服务单价的当量因子；

I——研究区土地生态服务功能类型。

本书中的土地生态系统服务功能类型主要为"中国生态系统单位面积生态服务价值当量因子表"中的九大类生态服务，包括气体调节、气候调节、水源涵养、土壤形成与保护、废物处理、生物多样性维持、食物生产、原材料生产、休闲娱乐功能；j 为土地类型，包括森林、草地、农田、湿地、水域和荒漠。

根据公式，计算出不同类型生态服务功能的单价，详见表4-5。

表4-5　南疆三地州不同生态系统单位面积的生态系统服务价值

| 一级类型 | 二级类型 | 森林 | 草原 | 农田 | 湿地 | 河流湖泊 | 荒漠 |
|---|---|---|---|---|---|---|---|
| 供给服务 | 食物生产 | 711.16 | 926.66 | 2155.03 | 775.81 | 1142.16 | 43.10 |
| | 原材料生产 | 6421.98 | 775.81 | 840.46 | 517.21 | 754.26 | 86.20 |
| 调节服务 | 气体调节 | 9309.71 | 3232.54 | 1551.62 | 5193.61 | 1099.06 | 129.30 |
| | 气候调节 | 8770.95 | 3361.84 | 2090.37 | 29200.59 | 4439.35 | 280.15 |
| | 水文调节 | 8814.05 | 3275.64 | 1659.37 | 28963.54 | 40449.83 | 150.85 |
| | 废物处理 | 3706.64 | 2844.63 | 2995.49 | 31032.37 | 32002.13 | 560.31 |
| 支持服务 | 保持水土 | 8663.20 | 4827.26 | 3167.89 | 4288.50 | 883.56 | 366.35 |
| | 维护生物多样性 | 9719.16 | 4029.90 | 2198.13 | 7952.04 | 7391.74 | 862.01 |
| 文化服务 | 提供美学景观 | 4482.45 | 1874.87 | 366.35 | 10107.07 | 9568.31 | 517.21 |
| | 合　计 | 60599.32 | 25149.15 | 17024.70 | 118030.74 | 97730.40 | 2995.49 |

资料来源：根据公式4-1、公式4-2和表4-4计算所得。

### 4.2.3.3　生态服务功能价值

根据研究区各类土地类型的面积和其单位面积生态服务功能的价值，可以计算出研究区生态服务功能的总经济价值，公式如下：

$$V = \sum_{i=1}^{9} \sum_{j=1}^{9} A_j E_{ij}(i = 1, \cdots, 9; j = 1, \cdots, 6) \tag{4-3}$$

式中：V——土地生态服务功能的总价值；

　　　A——第 j 类土地的面积；

　　　$E_{ij}$——第 j 类土地的第 i 类生态服务单价；

　　　i——土地生态服务功能类型；

　　　j——土地类型。

在土地类型中，未利用土地包括农用地和建筑用地以外的土地，具体包含沙漠、盐碱地、裸土裸岩荒地、后备土地和居民点等，本小节通过用研究区土地调查面积减去农用地和建筑用地面积的方法，来求得各地区未利用土地面积。居民点的生产服务功能价值较低，所占研究区面积很小，在实际计算中将其忽略，取值为零。出于对数据的可得性和有效性考虑，各地区不同生态系统土地面积数据均来自《新疆年鉴》、《新疆统计年鉴》以及《喀什年鉴》、《和田年鉴》等地区年鉴，将研究区各类土地的面积进行统计和汇总，如表4-6

所示。

表 4-6　南疆三地州不同生态系统的土地面积　　　单位：公顷

| 地　区 | 森林 | 草原 | 农田 | 湿地与水域 | 未利用土地 |
|---|---|---|---|---|---|
| 和田地区 | 365891 | 2629000 | 172616 | 392012 | 20067200 |
| 喀什地区 | 355300 | 1606100 | 530457 | 105683 | 10737300 |
| 克孜勒苏柯尔克孜自治州 | 276700 | 2981400 | 52860 | 32689 | 3983100 |
| 总　计 | 997891 | 7216500 | 755933 | 530384 | 34787600 |

资料来源：《新疆统计年鉴》2013、2014；《新疆年鉴》2014；《喀什年鉴》、《和田年鉴》2012。

根据上表中新疆边境贫困地区各生态系统土地面积的汇总值，结合上述公式可得出各类土地的生态服务功能价值，详见表 4-7。

表 4-7　南疆三地州不同生态系统各类生态服务功能价值　　　单位：元

| 生态服务 | 森林 | 草原 | 农田 | 湿地 | 未利用土地 |
|---|---|---|---|---|---|
| 食物生产 | 709660163.56 | 6687241890 | 1629058292.99 | 411477211.04 | 1499345560 |
| 原材料生产 | 6408436044.18 | 5598632865 | 635331449.18 | 274319908.64 | 2998691120 |
| 气体调节 | 9290075821.61 | 23327624910 | 1172920761.46 | 2754607646.24 | 4498036680 |
| 气候调节 | 8752452066.45 | 24260718360 | 1580179665.21 | 15487525726.56 | 9745746140 |
| 水文调节 | 8795461168.55 | 23638656060 | 1254372542.10 | 15361798199.36 | 5247709460 |
| 废物处理 | 3698822696.24 | 20528272395 | 2264389742.17 | 16459072530.08 | 19491840156 |
| 保持水土 | 8644929311.20 | 34835921790 | 2394712591.37 | 2274551784.00 | 12744437260 |
| 维护生物多样性 | 9698662291.56 | 29081773350 | 1661639005.29 | 4217634783.36 | 29987259076 |
| 提供美学景观 | 4472996512.95 | 13529999355 | 276936054.55 | 5360628214.88 | 17992494596 |
| 总　计 | 60471496076.30 | 181488840975 | 12869540104.43 | 62601616004.16 | 104205560048 |

资料来源：根据表 4-6 汇总值并结合公式 4-3 计算所得。

由上表得到，新疆边境贫困地区各类土地生态服务功能总价值 V = 421637053207.89 元，约为 4216.37 亿元。同时，可得到南疆三地州森林生态服务功能价值为 60471496076.30 元，约为 604.71 亿元，按照该地区国家级公益林面积 76.32 万公顷，占三地州森林总面积的 76.48%，可得南疆三地州国家级公益林生态服务功能价值估算值为 462.48 亿元。

通过表 4-7 可知，首先在测算的九大类生态系统服务价值中，维护生物多样性的价值最高，为7464696.85万元，占到了生态系统服务总价值的17.70%，其中未利用土地（沙漠、盐碱地、裸土裸岩荒地、后备土地和居民点等）与草原的维护生物多样性价值分别占比为40.17%、38.96%之多，森林占比为12.99%，未利用土地占比很大，这与南疆三地州未利用土地面积广大有很大关系。其次草原生物多样性价值的较大比例体现出了新疆草地资源生物多样性宝库的功能，分布在草原上的新疆特有的野生动植物资源是动植物培育与基因工程的重要基因来源。居于第2位、第3位的分别是废物处理（滞尘、吸收硫化物、氮氧化物等）与保持水土功能价值，分别为6244239.75万元、6089455.27万元，分别占总价值的14.81%、14.44%。之后的生态服务功能价值依次为气候调节功能5982662.20万元、水文调节功能5429799.74万元、提供美学景观功能4163305.47万元、气体调节功能4104326.58万元。最后占比最小的原材料生产和食物生产功能分别为1591541.13万元、1093678.31万元，各自只占总价值的3.77%、2.59%，这与多数的生态系统服务价值评估实际相符合，间接经济价值一般远远大于其直接经济价值却被人们所低估。

通过对比发现，在南疆三地州边境地区的生态系统中，维持生物多样性、保持水土和废物处理（滞尘、吸收硫化物、氮氧化物等）三大功能占到了总价值的46.96%，草地在该三项主要功能价值中所占比例尤其大，分别占比为38.96%、32.88%、57.21%，尤其在保持水土方面，其功能价值将近60%，森林占比为14.20%。值得注意的是，草原与森林在生态服务功能总价值中的占比之和为57.38%，将近60%，从生态价值角度反映出了草地和森林在新疆边境地区维持生物多样性、防风固沙、保持水土以及调节地区小气候、改善生态环境等方面的极端重要性。

在不同生态系统的价值比较方面，研究区草地面积占自治区草地总面积的14.11%，草地生态系统的直接经济价值尽管相对较高，如原材料生产和食物生产功能分别为559863.29万元、668724.19万元，但是其分别只占草地经济总价值的3.08%、3.68%，而其提供的服务功能价值却占90%之多，说明了研究区草地生态系统提供给人类服务最主要的是其潜在的生态服务功能，远远超出草地生态系统给人类提供的食物生产与原材料生产价值。然而，由于目前对草地强大的生态服务功能价值认识不足，以及当地经济落后、居民贫困的现实影响，草地超载放牧、人为占用草地和破坏草场的现象普遍存在，从而造成自然灾害的频发和人类生存环境的恶化。

由于新疆干旱少雨、风沙大，森林是新疆边境地区尤其是南疆阻挡风沙、保持水土重要的生态系统，也是农业和生存环境强有力的生态屏障。南疆三地州森林总价值为 6047149.61 万元，在 9 类生态系统服务中，食物生产与原材料生产占比仅为 11.77%；在 6 类生态系统中其保持水土和维护生物多样性价值分别占 14.20%、12.99%。可见其在以荒漠、戈壁为主的干旱区对于保持水土、防风固沙以及对于生物多样性保持的重要作用。

湿地作为"地球之肾"对于降解污染、净化水质和维持多种生物性的水环境安全具有不可替代的作用功能，研究区内湿地与水域的生态服务功能价值为 6260161.60 万元，占总价值的 14.85%，其气候调节和废物处理价值分别为 1548752.57 万元、1645907.25 万元，分别占 6 类生态系统该价值的 25.89%、26.36%，反映出其在干旱、半干旱地区调节气候和废物处理方面的特殊作用。农田生态系统的经济价值仅为 1286954.01 万元，占各生态系统经济总价值的 3.05%，在所有生态系统中处于最低水平，生态服务功能价值最高占比为食物生产功能价值，为 162905.82 万元，占农田生态系统服务功能价值的 12.66%，占 6 类生态系统该价值的 14.90%。这也反映出了农田作为当地居民主要的生活资料来源，为其提供基本生活保障起到显著作用，然而农田在生态服务方面的功能相比其他生态系统要小得多，在价值总量上，森林生态系统的总价值是农田的 4.70 倍，草原生态系统的总价值是农田的 14.10 倍，同时这与陈仲新等（2000）估算出的中国森林、草地和农田生态系统服务功能的价值结果相类似，其估算出的三类价值分别为 10.8∶24.8∶1，反映出了草地生态系统服务功能提供的价值高于森林生态系统，同时草原与森林的生态系统服务功能价值都远高于农田生态系统。因此，从生态功能价值角度讲，退耕还林、退耕还草的额外生态效益是巨大的，农田生态系统的着力点在于提高生产的产量，而不是盲目地扩大面积。

因此，在新疆边境地区要更加积极地开展植树造林工程、退耕还林工程、退牧还草工程，有规划地进行开垦、放牧、砍伐等。此外，要大力进行生态林、经济林等的林业建设，发挥生态服务功能，提升生态效益。由此实现强化生态系统的服务功能价值与提升经济效益的双重目标。

### 4.2.4　南疆三地州国家级公益林生态服务功能价值评价

只有进行较为适当的价值评价，才能为补偿的范围与标准等提供更为切实有效的参考。在 4.2.5 节中我们借助生态服务价值当量因子表评价法对南疆三地州这一地区性的系统生态服务功能价值进行了测算，为了对作为生态补偿重点区域的具体生态系统的生态服务功能价值有更清晰的理解，为特定对象的生态补偿标准提供理论依据。本小节以南疆三地州的国家级公益林为例，尝试对森林生态系统服务功能价值进行测算与评价。通常系统分析方法是研究森林环境资源效益评估的通用途径，林地综合效益被划分为经济效益、生态效益、社会效益①，从而形成具有三大方面的综合指标体系。其中，新疆生态公益林经济效益主要以提供木材，生态效益与功能主要为防治土地荒漠化、涵养水源、保持水土、固碳释氧、维持生物多样性等。

2001 年，国家开展森林分类经营试点工作，自治区成为全国 11 个森林生态效益补助试点省区之一，按照《国家公益林认定办法》区划国家级公益林 3172 万公顷。在前 3 年试点的基础上，2004 年，中央全面启动森林生态效益补偿制度，对国家级公益林生态效益进行补偿，新疆也同时全面开展了国家级公益林区划界定工作。自治区按照《重点公益林区划界定办法》（以下简称《办法》）区划国家级公益林 10208.2 公顷，且全部为天然林。此后自治区每年按照区划界定范围新增国家级公益林补偿面积，到 2009 年，自治区天然林保护工程区外的 8665.6 万公顷国家级公益林全部得到中央财政森林生态效益的补助，按照《办法》规划的 10208.1 万公顷国家级公益林区划分类经营工作全部完成。截止到 2012 年底，自治区国家级公益林达到 11419.2 万公顷。

2011 年，南疆三地州——和田县、喀什县、克孜勒苏柯尔克孜自治州（克州）三地基本完成国家级公益林分级工作。三地州总计区划国家级公益林面积 76.32 万公顷，占到了三地州林地总面积的 76.48%，具体为：和田地区区划国家级公益林面积 30.71 万公顷，占地区林地总面积的 83.95%；喀什地区区划国家级公益林面积 34.08 万公顷，占地区林地总面积的 95.92%；克孜勒苏柯尔克孜自治州（克州）区划国家级公益林面积 11.53 万公顷，占地区林地总面积的 47.67%。南疆三地州的国家级公益林在保持地区环境、维护国家生态安全方面发挥着举足轻重的作用。

南疆三地州是国家 14 个集中连片特困区之一，也是新疆唯一一个目前仍在全国集中连片特困地区之一的典型贫困地区。三地州中属于新疆重点生态功能区内的边境扶贫重点县国家级公益林面积为 289.6 万亩，详见表 4-8，约为 19.31 万公顷，占三地州国家级公益林总面积的 1/4。本小节选择南疆三地州国家级公益林作为生态效益补偿的典型代表，进行生态公益林服务功能价值

---

① 赵玲等. 新疆国家级公益林综合效益评估 [J]. 林业实用技术，2013 (4)：10-13.

测算。

表 4 - 8  南疆三地州边境扶贫重点县重点生态功能区国家级公益林分布

单位：万亩

| 地区 | | 生态功能区 | 一级 | 二级 | 三级 | 合计 |
|---|---|---|---|---|---|---|
| 克孜勒苏柯尔克孜自治州 | 阿合奇县 | 塔里木河荒漠化防治生态功能区 | 19.200 | 0 | 0 | 19.20 |
| | 阿克陶县 | | 8.750 | 36.65 | 0 | 45.40 |
| | 乌恰县 | | 16.400 | 15.81 | 0 | 32.21 |
| | 阿图什市 | 塔里木盆地西北部荒漠生态功能区 | 0.500 | 62.01 | 0 | 62.51 |
| 喀什地区 | 叶城县 | 塔里木河荒漠化防治生态功能区 | 5.221 | 25.79 | 0 | 31.01 |
| | 喀什县 | | 15.330 | 2.63 | 0 | 17.96 |
| 和田地区 | 皮山县 | 塔里木河荒漠化防治生态功能区 | 32.520 | 23.90 | 0 | 56.42 |
| | 和田县 | 中昆仑山高寒荒漠草原生态功能区 | 0.420 | 16.39 | 8.08 | 24.89 |
| 总计 | | | 98.341 | 183.18 | 8.08 | 289.60 |

资料来源：陈作成.《新疆重点生态功能区生态补偿机制研究》。

根据国家林业局发布的《森林生态系统服务功能评估规范（LY/T1721 - 2008）》，结合新疆重点公益林特点及现有可得数据资料，初步筛选出基础数据资料可得，容易量化测度而且适合于新疆边境贫困地区国家级公益林生态服务功能价值评价的指标体系，具体包括以下 8 个类别中的 14 个评估指标：生产有机物；游憩价值；涵养水源；净化水质；保护土壤（减少土地损失、肥力流失、泥沙淤积与滞留、防风固沙）；维持碳氧平衡（固定 $CO_2$、释放 $O_2$）；积累营养物质（林木营养积累）；净化环境污染（吸收 $SO_2$、滞尘）；保护生物多样性（提供生物栖息地、基因遗传信息价值），具体指标与相关评价方法如表 4 - 9 所示。

表 4 - 9  南疆三地州国家级公益林生态系统服务功能价值评价体系及方法

| 生态服务类型 | 功能指标 | 物质量评价方法 | 价值量评价方法 |
|---|---|---|---|
| 生产有机物 | 木材活立木 | 根据活立木蓄积量 | 市场价值法 |
| 游憩价值 | 森林旅游收入 | 根据森林旅游年收入 | 费用支出法 |

| 生态服务类型 | 功能指标 | 物质量评价方法 | 价值量评价方法 |
|---|---|---|---|
| 涵养水源 | 森林土壤持水 | 水量平衡法 | 影子工程法 |
| 净化水质 | 森林土壤持水 | 根据水源涵养量 | 替代工程法 |
| 保护土壤 | 减少土地损失 | 无林地土壤侵蚀量推算 | 替代工程法 |
| | 减少肥力损失 | 土壤保肥量及营养物质含量推算 | 影子价格法 |
| | 减少泥沙淤积和滞留 | 根据土壤保持量和泥沙淤积比例 | 影子工程法 |
| | 防风固沙 | 根据人工固沙造田成本 | 影子工程法 |
| 维持碳氧平衡 | 固定 $CO_2$ | 根据光合作用与呼吸作用方程式推算 | 市场价值法 |
| | 释放 $O_2$ | | 市场价值法 |
| 净化环境污染 | 吸收 $SO_2$ | 吸收能力法 | 影子工程法 |
| | 滞尘 | | |
| 保持生物多样性 | 提供生物栖息地 | 根据人均支付意愿 | 支付意愿法 |
| | 基因遗传信息价值 | 根据人均支付意愿 | 支付意愿法 |

资料来源：根据文献阅读整理总结。

#### 4.2.4.1 直接价值

（1）林木价值。森林生态系统的有机物生产主要体现在木材生产方面，因而一般森林的价值是以木材的生产为主。然而，由于森林一旦被划归公益林后一般都禁止砍伐，因此，一般不能形成木材产品市场，其有机物产品主要以活立木价值为主。

研究区林木价值采用活立木蓄积量计算，活立木价值按各树种的标准序列林价计算，计算公式如下：

$$V_{林木} = \sum S_{ij} P_{ij} \qquad (4-4)$$

式中：$V_{林木}$——活立木价值；

$S_{ij}$——各树种序列各龄组蓄积量；

$P_{ij}$——各树种序列各龄组的单位价格，木材价格依据 600 元/立方米计算。

2011 年，新疆国家级公益林面积为 680.54 万公顷，南疆三地州的国家级公益林面积为 76.32 万公顷，占到新疆公益林面积的 11.22%。因缺乏关于南疆三地州不同林分类型（有林地、疏林地、灌林地以及针叶林、阔叶林等的相关数据）以及活立木蓄积量，因此，按照比例推算南疆三地州国家级公益林经济效益——林木价值，赵玲等测算出新疆国家级公益林林木价值为 11727476

万元，按照 11.22% 的比例推算出南疆三地州国家级公益林林木价值约为1315822.81 万元。

（2）游憩价值。森林具有放松身体、愉悦精神的作用，满足人类的生活娱乐需要。森林能够提供清新的空气和宁静的环境，可以有效地缓解生活疲劳与压力。随着生活水平的不断提高，森林生态旅游日渐兴起，人们对森林旅游的认识日渐更新。

对于森林游憩产生的效益或直接价值，国内相关研究较多采用森林自然保护区和森林公园全年的旅游收入作为森林景观游憩与生态文化的价值（靳芳，2005；赵硕，2014；胡新，2014），此外还有旅行费用法、费用支出法、消费者剩余价值法等。由于研究地区的特殊性和数据的可得性原因，本书采用旅游收入的方法，运用《新疆统计年鉴》、"新疆维吾尔自治区森林公园森林旅游工作会议"相关数据，测算研究区公益林景观游憩价值与生态文化功能。

2014 年，新疆森林公园旅游仅直接收入就高达 2.3 亿元，门票收入达 8000余万元，共接待游客 775 万人次，比 2013 年增长 27.6%。本书认为，森林游憩价值，即由于自身森林景观带动森林旅游的价值应包含门票直接收入，还应包含游览、住宿、餐饮、相关商品销售、相关长途交通费用等。因此，测算中选用各地区旅游总收入作为基础参考数据。

2013 年，和田地区、喀什地区、克州入境旅游收入分别为 323 万美元、2021 万美元、1082 万美元，国内旅游收入分别为 45300 万元、200000 万元、21000 万元（2014 年《新疆统计年鉴》）。按照 2013 年 6 月 24 日美元对人民币汇率 1：6.14073，则和田地区、喀什地区、克州地区的旅游总收入分别为47283.46 万元、212410.415 万元、27644.27 万元。因而，南疆三地州年旅游收入总共为 287338.145 万元，按照新疆森林旅游收入占新疆旅游收入比例62% 计算[①]，则南疆三地州森林旅游收入估算应为 178149.65 万元，因此，三地州国家级公益林游憩价值应为 178149.65 万元。

4.2.4.2　间接利用价值

森林生态系统的环境功能越来越引起人们的重视，可以归为森林生态服务功能的间接利用价值成为生态服务功能价值的主体。森林生态系统的环境功能不仅表现在涵养水源、保持水土与水质等生态功能的特殊作用，而且表现在调

---

① 2014 年 6 月，新疆维吾尔自治区森林公园森林旅游工作会议。

节气候、清洁空气、防旱防涝、保护生物多样性、维持良好生活环境和生产环境等生态功能方面。需要注意的是，森林生态系统的环境功能难以定量、易于被忽视。因此，森林生态系统的环境功能的定量评价对于确切评价森林的生态服务功能显得更为重要。

（1）涵养水源价值。森林生态系统有"天然水库"之称，其能够大量截留、储存雨水，是将地表水转化为地下水的重要载体，因而具有涵养水源的功能。已有研究显示，在有林地段，除了林冠可以直接截留 10% ~ 23% 的降水外，其余 50% ~ 80% 的降水通过林间流淌而渗入地下[①]。在干旱缺水季节，森林还可提供储存的地下水予以补给，以保证农业生产和生活用水。

森林涵养水源价值的估计方法通常采用影子工程法，即假设一个与该研究区森林生态蓄水功能相当的蓄水工程，则涵养水源的价值可以用修建该工程的费用来代替测算。本书同样采用影子工程法，公式如下：

$$HP = W \times P_库 = (R - E) \times A \times P_库 = \Theta R \times A \times P_库 = A \times h \times P_库 \qquad (4-5)$$

式中：HP——涵养水源的价值（元/年）；

W——水源涵养量（立方米/年）；

R——平均降雨量（$10^{-3}$ 米/年）；

E——平均蒸散量（$10^{-3}$ 米/年）；

$\Theta$——径流系数；

A——研究区林分面积（$10^4$ 平方米）；

h——径流深（$10^{-3}$ 米）。

和田地区的径流深为 9.1 毫米，喀什和克州的径流深为 18.7 毫米（见《新疆地理手册》. 新疆人民出版社，1993 年）；$P_库$ 采用《森林生态系统服务功能评估规范（LY /T1721 – 2008)》[②]（以下简称《规范》）中水库建设单位库容造价 6.1107 元/吨。

由此计算出三地州国家级公益林涵养水源共计 11323.68 万立方米，其中，和田地区为 2794.61 万立方米，喀什地区为 6372.96 万立方米，克州地区为 2151.11 万立方米。三地州涵养水源总价值 69195.61 万元，其中，和田地区 17077.02 万元，喀什地区 38943.27 万元，克州地区为 13175.34 万元。

（2）净化水质价值。大气降水含有各种污染物质及汞、镉、铅等重金属元

---

① 张颖. 绿色核算的理论与方法 [M]. 北京：中国林业出版社，2004.

② 国家林业局森林生态系统服务功能评估规范 [M]. 北京：中国标准出版社，2008.

素，而森林的林冠层、地被物和土壤层则能过滤、截留此类污染物，使其种类与浓度降低，水质达到生活饮用水的标准①。

本书采用替代工程法，根据水的净化费用来估算公益林净化水质价值：

$$WP = W \times P_{净} \qquad (4-6)$$

式中：WP——净化水质的价值（元/年）；

W——水源涵养量（立方米/年）；

$P_{净}$——单位净化水的费用。

$P_{净}$采用《规范》中单位体积水的净化费用为 2.09/吨，即每立方米水的净化费用为 2.09 元。

由于上文中经计算涵养水源为 11323.68 万立方米，根据公式计算可得净化水质价值为 23666.49 万元。

（3）保护土壤价值。森林不仅可以减少土壤侵蚀，而且能保护和提高土壤肥力，因此，森林具有保护土壤价值的重要作用。主要从减少土地损失、减少土壤肥力损失及减少泥沙淤积与防风固沙四个主要方面进行评价。

第一，减少土地损失价值。理论上，计算森林系统的侵蚀度有三种方法：计算裸露地与有林地侵蚀度之差；只计算裸露地的土壤侵蚀度；计算潜在侵蚀度与实际侵蚀度之差。本书采用第一种方法，利用裸露地与有林地侵蚀度之差计算。

$$A_P = A \times C_{土}(X_2 - X_1)/\rho \qquad (4-7)$$

式中：$A_P$——林分减少土地损失的价值（元/年）；

A——研究区林分面积（公顷）；

$C_{土}$——挖取和运输单位体积土方所需费用，按 30 元/立方米；

$X_1$——林分土壤侵蚀模数；

$X_2$——无林地土壤侵蚀模数，单位：吨/公顷·年；

$\rho$——林地土壤容重，取 1.25 吨/立方米。

$\rho$ 的选取主要采用陈亚宁等测算的新疆天山中部头屯河区域有林地土壤侵蚀 3.47 吨/公顷，无林地土壤侵蚀 8.12 吨/公顷（陈亚宁，1995）。

根据公式计算可得，研究区公益林每年减少土地损失为 2839104 吨/年，按挖土方所需费用按 30 元立方米计算，则研究区公益林林分每年减少的土地

---

① 张岑，任志远，高孟绪，阎文浩. 甘肃省森林生态服务功能及价值评估［J］. 干旱区资源与环境，2007（8）：147–151.

损失费用价值为 8517.31 万元。

第二，减少肥力损失的价值。水土流失所引起的土壤搬运会带走土壤里的养分，进而减少土壤的肥力。林地表面一般有较厚的枯枝落叶层和腐殖质层，其一方面可以充当土壤养料，另一方面可减少水土流失，保存土壤养分。有林地较无林地年保肥量：

$$G_N = AN(X_2 - X_1)$$
$$G_P = AP(X_2 - X_1) \tag{4-8}$$
$$G_K = AK(X_2 - X_1)$$

式中：N、P、K 分别为新疆土壤含氮 69.34mg/kg、磷 2.78mg/kg、钾 47.64mg/kg；A 与 $X_1$、$X_2$ 含义同上式。

因此，研究区有林地较无林地每年可减少土壤流失量为 3548880 吨，故与无林地相比，新疆国家级公益林区有林地每年可减少的土壤养分损失分别为：速效氮 246.08 吨，速效磷 9.87 吨，速效钾 169.07 吨。

根据赵玲等（2013）的研究，磷酸二铵化肥含氮量、磷酸二铵化肥含磷量、氯化钾化肥含钾量分别为 18%、46%、46%。以上养分折合成化肥价值计算，则新疆国家级公益林保肥量磷酸二铵合计 1388.57 吨、氯化钾 367.54 吨。按磷酸二铵化肥价格 2600 元/吨，氯化钾化肥价格 2500 元/吨（赵玲等，2013），则新疆国家级公益林区有林地较无林地减少的养分流失计 452.91 万元。

第三，减少泥沙淤积和滞留的价值。一般来说，土壤侵蚀流失的泥沙常常淤积在水库、江河、湖泊，从而减少了地表有效水的蓄积。因此，我们可以利用蓄水成本的影子工程法来计算森林生态系统减少泥沙淤积和滞留的间接经济价值。按照我国主要流域的泥沙运动规律，约有 24% 淤积于水库、江河、湖泊，33% 滞留，37% 入海。因新疆地处内陆，除了 33% 的泥沙滞留外，余下的泥沙应全部淤积于水库、江河和湖泊。

$$E_D = 67\% \times P_{库} \times A_C / \rho \tag{4-9}$$

式中：$E_D$——减少泥沙淤积和滞留的价值（元/年）；

$P_{库}$——单位面积库容造价，同上，取 6.1107 元/吨；

$\rho$——林地土壤容重，取 1.25t 吨/立方米；

$A_C$——研究区减少的土壤侵蚀总量，已求得为 2839104 吨/年。

因此，研究区每年减少的淤积泥沙为 2839104 × 67% = 1902199.68 吨/年，最终得出减少的泥沙淤积价值为 1902199.68 ÷ 1.25 × 6.1107 = 929.90 万元。

第四，防风固沙价值。森林生态系统具有强大的防风固沙功能，主要表现为稳固土壤颗粒，防止其沙化，或经过生物作用将沙土改变成具有一定肥力的土壤[1]。在防风范围内，森林可将风速减低 20% ~ 50%，可减弱沙尘暴等灾害性天气威胁，从而减少风沙对农业、工业、交通等造成的巨大危害。对于新疆边境地区濒临荒漠与戈壁的公益林而言，生态环境极端恶劣，其防风固沙价值则更为重要和明显。据新疆林业规划设计院 2009 年与 2004 年对新疆土地荒漠化、沙漠化监测显示，新疆荒漠化面积 2009 年比 2004 年减少 42252.6 公顷，变化率为 0.04%，平均每年减少 8450.5 公顷。沙化面积由每年增加 10400 公顷，减为每年增加 8200 公顷，扩展速度持续减缓。

$$E_W = A \times F \tag{4-10}$$

式中：$E_W$——防风固沙价值；

A——研究区林地面积；

F——人工固沙造田成本。

防风固沙成本以人工固沙造田成本 450 元公顷为基础[2]，计算得到研究区国家级公益林防风固沙价值为 76.32 万公顷 × 450 = 34344 万元。

（4）持大气二氧化碳和氧气平衡的价值。根据光合作用方程式，每生产 1.00kg 植物干物质能固定 $CO_2$ 1.63 千克和释放 $O_2$ 1.2 千克。以此为基础，从新疆森林生态系统的净第一性生产力物质量可以测算出新疆森林生态系统固定 $CO_2$ 和释放 $O_2$ 的物质量。再分别使用造林成本法估算植被固定 $CO_2$ 和释放 $O_2$ 的价值。

$$E_F = \sum A_i \times R_j \times G \times P_i \tag{4-11}$$

式中：$E_F$——植被固碳释氧的价值（元/年）；

$A_i$——研究区林地面积（$10^4$ 平方米）；

$R_j$——新疆地区平均林分的净初级生产力（克/平方米·年）；

G——1 吨干物质吸收 $CO_2$ 或释放 $O_2$ 量的平均值。

新疆地区平均林分的净初级生产力，按照赵玲等测算的全疆林木年净生产力合计为 2.83 吨/公顷·年，森林生态系统固碳价值测算，采用的是瑞典碳税率和造林成本法。释氧价值利用工业制氧法与造林成本法计算，取两者结果的

① 杨继平. 试论森林生态系统在经济发展中的重要作用 [J]. 林业经济，1999（4）：1 - 5.

② Lang P. M. Analysis of general forest ecological benefits monetary spatial model [J]. Acta Ecologica Sinica，2003，23（7）：1356 - 1362.

均值。当前碳税法采用大多数人认可的瑞典碳税率（150 美元/吨，按照 2013 年 6 月 24 日美元对人民币汇率 1∶6.14073，造林成本法采用侯元兆文献中的中国固碳造林成本 273.3 元/吨计算，本书选取两种成本的平均值作为固碳成本。单位制氧成本使用造林成本 369.7 元/吨和工业制氧成本 400 元/吨，最终取两者的平均值。

根据公式，研究区林地固定二氧化碳含量为：

76.32 万公顷 ×2.83 ×1000 ×1.63 = 352056.528 万千克/年 = 352.056 万吨/年

又因为二氧化碳中碳的比重为 12/44，可得研究区林地固碳量为：

352.056 ×12 ÷44 = 96.02 万吨/年

使用瑞典碳税法，即 150 美元/吨，可得固碳价值为：

96.02 ×150 ×6.1407 = 88444.502 万元/年

采用造林成本法，可得固碳价值为：

96.02 ×273.3 = 26242.27 万元/年，取两者的平均值可得 57343.39 万元/年。

同上可得研究区林地释放氧气含量为：

76.32 万公顷 ×2.83 ×1000 ×1.2 = 259182.72 万千克 = 259.18 万吨/年

使用造林成本法，森林每提供一单位 $O_2$ 需要支付造林费用 369.7 元，可得释氧价值为 259.18 ×369.7 = 95819.85 万元/ 年；

使用工业制氧法（400 元/吨），可得研究区释放 $O_2$ 价值为 259.18 ×400 = 103672 万元/年。最终取二者均值为 99795.93 万元/年。

因此，最终可得研究区国家级公益林固碳释氧的总价值为：

58888.735 + 99795.93 = 158684.658 万元/年

（5）净化环境污染的价值。森林生态系统的净化环境功能主要表现为对于有毒气体，如 $SO_2$、$Cl_2$、氮氧化物、粉尘等的吸收以及灭菌、降低噪声等，其中 $SO_2$ 是危害人类的主要有毒气体，最为主要的是吸附 $SO_2$ 和粉尘、烟尘。本书对于净化环境污染价值主要运用市场价格替代法进行测算。

第一，吸收 $SO_2$ 价值。$SO_2$ 是数量最多，分布最广，危害较大的一种有害气体之一。一般来说，生长在 $SO_2$ 污染地区植物叶子中的含硫量比周围正常叶子中的含硫量高 5～10 倍。而森林可以大量吸收 $SO_2$ 等有害气体，由此可以保护人类的健康。因此，此处主要估算公益林净化 $SO_2$ 的功能，主要依据单位森林面积 $SO_2$ 吸收量、削减 $SO_2$ 所需投资成本估算。

$$E_S = \sum S_i \times F_1 \qquad (4-12)$$

式中：Es——森林吸收 $SO_2$ 的价值（元/年）；

$\sum S_i$——针叶林、阔叶林每年吸收 $SO_2$ 的总量（吨/年）；

$F_1$——我国治理二氧化硫的平均治理费用为 600 元/吨/年，其中包含投资额 500/吨/年和运行费用 100 吨/年。

据《中国生物多样性国情研究报告》[①]，针叶林吸收 $SO_2$ 的能力为 215.6kg/公顷/年，阔叶林的能力为 88.65kg/公顷/年。本书取二者的平均值作为研究区国家级公益林吸收 $SO_2$ 的价值。

根据公式最终可得研究区国家级公益林吸收 $SO_2$ 价值为：

76.32 万公顷 × (215.6 + 88.65) ÷ 2 ÷ 1000 × 600 = 6966.11 万元。

第二，滞尘功能价值。粉尘是评判大气质量的重要指标之一，也是大气污染的主要物质，对于人类呼吸系统等相关疾病和农作物正常生长有着较大的不良影响。研究表明，森林能够滞留、过滤并吸附有害粉尘和烟尘。滞尘功能价值评估主要采用替代花费法，以削减粉尘的成本估算研究区国家级公益林滞尘功能价值。

$$E_d = \sum D_i \times F_3 = \sum A_i \times H_i \times F_2 \qquad (4-13)$$

式中：$E_d$——是森林滞尘的价值（元/年）；

$D_i$——是森林滞尘量（吨/年）；

$A_i$——研究区林地面积（公顷）；

$H_i$——滞尘能力（吨/公顷/年）。

研究表明，针叶林的滞尘能力为 33.2 吨/公顷/年，阔叶林的滞尘能力为 10.11/公顷/年（郑红波等，2011）。本书取两者的平均值估算研究区国家级公益林滞尘价值。$F_3$ 是削减粉尘的平均治理成本，取 170 元/吨/年（关文彬等，2002）。根据公式可得研究区国家级公益林滞尘价值为：

76.32 万公顷 × (33.2 + 10.11)/2 × 170 = 280960.63 万元。

（6）森林生态系统保持生物多样性价值。生物多样性包括遗传（基因）多样性、物种多样性、生态系统多样性和景观生物多样性四个层次。一旦森林生态系统被破坏，就会导致生物多样性失去载体，物种和遗传的循环受到破坏，带来的经济损失和生态损失无法估量，是维护生态环境稳定和人类生存发展的基础。生物多样性集中体现为生物栖息地价值和遗传信息价值，学者通常

---

① 国家环境保护局. 中国生物多样性国情研究报告 [M]. 北京：中国环境科学出版社，1998.

用影子工程法、旅行费用法、机会成本法等进行评估。

表 4 - 10　南疆三地州国家级公益林生态系统服务功能价值

| 生态服务类型 | 功能指标 | 价值（万元） | 占比（％） |
|---|---|---|---|
| 生产有机物 | 木材活立木价值 | 1315822.81 | 56.34 |
| 游憩价值 | 森林旅游收入价值 | 178149.65 | 7.63 |
| 涵养水源 | 森林土壤持水价值 | 69195.61 | 2.96 |
| 净化水质 | 森林土壤持水价值 | 23666.49 | 1.01 |
| 保护土壤 | 减少土地损失价值 | 8517.31 | 0.36 |
| | 减少肥力损失价值 | 452.91 | 0.02 |
| | 减少泥沙淤积和滞留价值 | 929.90 | 0.04 |
| | 防风固沙价值 | 34344.00 | 1.47 |
| 维持碳氧平衡 | 固定 $CO_2$ 价值 | 57343.39 | 2.46 |
| | 释放 $O_2$ 价值 | 99795.93 | 4.27 |
| 净化环境污染 | 吸收 $SO_2$ 价值 | 6966.11 | 0.30 |
| | 滞尘价值 | 280960.63 | 12.03 |
| 保持生物多样性 | 提供生物栖息地价值 | 239954.18 | 10.28 |
| | 基因遗传信息价值 | 19215.08 | 0.82 |
| 合 计 | | 2335314 | 100.00 |

资料来源：根据上述计算汇总而成。

第一，生物栖息地价值：

$$E_A = A \times (400 + 112) \tag{4-14}$$

式中：$E_A$——生物栖息地价值；

A——研究区林地面积。

研究表明，森林乱砍滥伐将直接导致生物栖息地的丧失和生物多样性的破坏，价值损失大约为 400 美元/公顷，同时全球社会对保护我国森林资源的支付意愿为 112 美元/公顷。按照 2013 年 6 月 24 日美元对人民币汇率1∶6.14073，可得研究区国家级公益林的生物栖息地价值为 239954.18 万元。

第二，遗传信息价值：

$$E_B = A \times 41 \tag{4-15}$$

式中：$E_B$——遗传信息价值；

A——研究区林地面积。

采用 Costanza 等测算结果，即单位面积森林每年可提供基因源价值为 41 美元/公顷，按照 2013 年 6 月 24 日美元对人民币汇率 1∶6. 14073。可得研究区公益林遗传信息价值为 19215. 08 万元。

综合以上各生态系统服务价值，研究区国家级公益林生物多样性价值合计为 268237. 84 万元，详见表 4 – 10。

### 4.2.5　研究区公益林生态服务功能价值调整

#### 4.2.5.1　社会发展阶段系数

由于目前在公益林生态服务功能价值评估中大都用的是替代品价值的方法，很少有根据居民支付意愿与社会发展水平相适应的方法进行评估。因此，经评估所得的理论上的生态服务功能价值实际上是生态服务功能价值的最大值，显然估算值太大，因受国家经济社会发展水平制约的原因而无法得到足够补偿，由于当前我国的公益林生态补偿主要依靠国家财政支持，也就无异于增加了原本较重的财政负担。另外，理论上的价值还远远超过了人们的心理预期或经济承受能力，远高于普通居民的支付意愿，这样就不利于普通居民认可当前所享受的生态效益，从而使得公益林生态补偿缺乏较充分且合适的价值补偿依据与标准。

资源环境的价值是一个动态、发展的概念，其价值是通过人们的认同来体现的，实际上，随着社会经济发展水平的不断提高，人们对于生态价值的认知也会越发全面，对生态服务的需求也会越发增加，与此同时居民收入逐步增加，因此公益林的生态价值越加显现，从而经历一个从价值认同到价值实现的阶段，其补偿也就自然有一个从发生、发展到成熟的调整过程①，其基本原理与马斯洛的需求层次理论基本一致，即处在不同发展层次上，个体的需求强烈程度与侧重不同，并且随着层次的提升，需求逐渐增加与提高。在家庭发展的贫穷、温饱、小康、富裕、极富的五大阶段中，人们对于生态环境价值的认识不同，基本是随着发展阶段的提升由认识不充分向认识逐渐充分直到认识充分逐渐递增，以达到小康水平为转折点，人们对于环境优劣的重视程度会急剧提高，随着人们对生态环境舒适度服务需求的增加而促使支付意愿也在增加，最终直至达到极富阶段，支付意愿趋于饱和（高素萍，

---

① 高素萍，李美华，苏万措. 森林生态效益现实补偿费的计量——以川西九龙县为例 [J]. 林业科学，2006（4）：88 – 92.

2006）。由于人们这种对生态服务功能价值的认识过程类似于 S 形曲线，符合 S 形皮尔（R. Pearl）曲线的变化趋势，又被称为逻辑斯谛增长曲线（LogisTic）。因此可以借用皮尔曲线模型探讨人们对森林生态服务功能价值的支付意愿和能力。李金昌等（1997）首次提出了社会发展阶段系数的概念，通过 Pearl 生长模型近似地描述了人们对环境资源的重视程度与社会经济发展阶段的关系，之后很快被许多专家学者引用到生态服务功能价值评估与补偿标准的制定中（高素萍，2006；巩芳等，2011；胡新，2014）。Pearl 生长模型的数学表达式为：

$$I = L/(1 + ae^{-bT}) \tag{4-16}$$

式中：I——发展阶段系数，即社会对生态服务功能价值的支付意愿，$I \in (0, 1)$；

L——I 的最大值一般为理论上的生态服务功能价值最大值，亦即极富阶段支付意愿；

e——自然对数的底；

a、b——均为常数；

T——时间。

当 T 趋向于 $-\infty$ 时，I 趋向于零，表示当社会发展水平很低时，人们对生态服务功能价值的支付意愿水平几乎为零，即不愿支付甚至于不支付；当 T 趋向于 $+\infty$ 时，I 趋向于 L，表示当社会发展水平极高时，人们对生态服务功能价值的支付意愿水平达到饱和，此时的居民支付意愿或实际补偿价值与理论补偿价值相等。若对 I 取时间二阶导数，并令其等于 0，即可得曲线拐点为 T = ln (a/b)，这时，I = 0.5L，曲线关于拐点对称。若将 L、a、b 取 1，可得皮尔生长模型的简化形式：

$$I = 1/(1 + e^{-T}) \tag{4-17}$$

反映到图像上即为：横坐标表示社会经济发展水平和居民的生活水平，用反映居民家庭生活水平的恩格尔系数 T = 1/En 的倒数表示，根据相关标准将反映居民生活水平的恩格尔系数划分为贫困、温饱、小康、富裕和极富五个阶段，详见表 4-11。同时为了计算的可理解性，令 T = T + 3，如此，即可得函数关系 T = T - 3 = 1/En - 3。纵坐标 I 表示居民实际支付意愿，取值范围在 0 ~ 1，详见图 4-2。由 I 与 T 之间的函数关系即可得社会发展阶段与居民对生态服务支付意愿的关系：

$$I = 1/(1 + e^{-(1/En - 3)}) \tag{4-18}$$

生态效益价值补偿调整系数，其实质是代表某一社会发展阶段中人们在一定生活水平条件下的支付意愿与支付能力。由以上分析可知，只要根据地区的恩格尔系数，即可求得研究区的森林生态服务调整价值，从而为实际补偿标准制定提供合适的参考依据。

**表 4 – 11　发展阶段划分与支付意愿系数**

| 发展阶段 | 贫困 | 温饱 | 小康 | 富裕 | 极富 |
|---|---|---|---|---|---|
| 恩格尔系数 $E_n$（％） | >60 | 60～50 | 50～30 | 30～20 | <20 |
| $1/E_n$ | <1.67 | 1.67～2 | 2～3.33 | 3.33～5 | >5 |
| T | <－1.33 | －1.33～－1 | －1～0.3 | 0.3～2 | >2 |
| 支付意愿系数（％） | <0.21 | 0.21～0.27 | 0.27～0.58 | 0.58～0.88 | >0.88 |

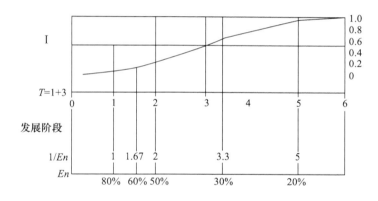

**图 4 – 2　支付意愿系数（I）与恩格尔系数（En）关系曲线**

### 4.2.5.2　研究区公益林生态服务功能价值调整

本书以边境贫困地区——南疆三地州国家级公益林为主要研究对象，由于国家政策及当地经济发展水平的制约，其生态效益补偿主要依靠国家财政与自治区政府，考虑到其特殊性质，故采用自治区的恩格尔系数以及相关数据进行居民支付意愿或发展阶段系数的测算，这样可以更好地反映研究区作为生态脆弱区、重点生态功能区和国家集中连片特困地区在发展机遇方面的损失，缩小其与周边地区的发展速度，采取的修正系数以新疆城乡居民比例为参考权重进行加权，以在生态补偿中尽量促进地区之间和城乡之间经济社会的均衡发展。

通过查阅《新疆统计年鉴》和《新疆调查年鉴》，并进行相关整理，得出了新疆2000～2013年的城乡居民恩格尔系数。以城乡各自人口所占比例为权重，进行加权平均，最终得出新疆的加权城乡恩格尔系数，通过将加权的恩格尔系数代入发展阶段与居民对生态服务支付意愿的关系公式，最终可得新疆的发展阶段系数，详见表4-12。

表4-12　新疆2000～2013年城乡居民恩格尔系数及相关数据

| 年份 | 城镇人口（万人） | 比重（%） | 农村人口（万人） | 比重（%） | 城镇居民恩格尔系数（%） | 农村居民恩格尔系数（%） | 加权城乡恩格尔系数（%） | 发展阶段系数 |
|---|---|---|---|---|---|---|---|---|
| 2000 | 624.18 | 33.75 | 1225.23 | 66.25 | 36.4 | 50.00 | 45.41 | 0.31 |
| 2001 | 633.21 | 33.75 | 1242.98 | 66.25 | 34.8 | 50.40 | 45.14 | 0.31 |
| 2002 | 644.72 | 33.84 | 1260.47 | 66.16 | 33.9 | 49.00 | 43.89 | 0.33 |
| 2003 | 665.11 | 34.39 | 1268.84 | 65.61 | 35.9 | 45.50 | 42.20 | 0.35 |
| 2004 | 690.11 | 35.15 | 1273 | 64.85 | 36.1 | 45.20 | 42.00 | 0.35 |
| 2005 | 746.85 | 37.15 | 1263.50 | 62.85 | 36.4 | 41.80 | 39.79 | 0.38 |
| 2006 | 777.77 | 37.94 | 1272.23 | 62.06 | 35.5 | 39.90 | 38.23 | 0.41 |
| 2007 | 820.27 | 39.15 | 1274.92 | 60.85 | 35.1 | 39.90 | 38.02 | 0.41 |
| 2008 | 844.65 | 39.64 | 1286.16 | 60.36 | 37.3 | 42.50 | 40.44 | 0.37 |
| 2009 | 860.21 | 39.85 | 1298.42 | 60.15 | 36.3 | 41.50 | 39.43 | 0.39 |
| 2010 | 933.58 | 42.79 | 1248.01 | 57.21 | 36.2 | 40.30 | 38.55 | 0.40 |
| 2011 | 961.67 | 43.54 | 1247.04 | 56.46 | 38.3 | 36.10 | 37.06 | 0.43 |
| 2012 | 981.98 | 43.98 | 1250.80 | 56.02 | 37.7 | 36.10 | 36.80 | 0.43 |
| 2013 | 1006.93 | 44.47 | 1257.37 | 55.53 | 35.0 | 33.86 | 34.37 | 0.48 |

资料来源：《新疆调查年鉴》2013、2014，《新疆统计年鉴》2014。

经发展系数调整后，研究区2013年国家级公益林各项生态服务功能价值具体为：生产有机物631594.95万元，游憩价值85511.83万元，涵养水源33213.89万元，净化水质11359.92万元，保护土壤21237.18万元，维持碳氧平衡75426.87万元，净化环境污染138204.84万元，保护生物多样性124401.25万元。南疆三地州国家级公益林生态服务功能价值总计约为112.10亿元。

# 4.3　新疆边境贫困地区扶贫生态补偿的主体与客体

### 4.3.1　新疆边境贫困地区扶贫生态补偿的主体

生态补偿主体是生态补偿机制中的一个关键方面，也就是要确定由谁来进行补偿对象的支付，明确界定补偿资金来源，这是生态补偿机制得以有效实行的根本保障。在理论层面上，生态工程建设提供的是公共产品，具有非竞争性和排他性等特点，依据公共产品理论，其支出应该由政府来承担，与此同时生态建设最终形成的生态效益属于生态资本，而依据生态资本理论，可以通过市场机制来筹集生态补偿资金。

在我国，由于当前的市场机制和所有制结构与西方国家有很大不同，绝大部分生态补偿工程的补偿机制与补偿主体基本都以政府（包括中央政府和各级地方政府）补偿为主。实际上，国家财政主要来源于纳税者，因此，实际的支付主体以国家为主。然而，由于支付数额的巨大，仅仅依靠国家财政专项资金的补偿对于生态补偿的可持续发展还远远不够，也忽视和弱化了其他补偿主体对于补偿项目资金补充的积极作用，尤其是生态补偿区自身的主体作用。

对新疆边境贫困地区的天然林保护工程、退耕还林、退牧还草、"三北"和长江流域等重点防护林体系建设及其他生态工程，应该按照处于重点生态功能区的生态公益林和草原所提供的各类生态补偿效益，按照"谁受益，谁补偿"的基本补偿原则，确定不同的受益主体，从而确定生态补偿的补偿与受偿主体，为补偿工作确定最基本的依据和资金来源。据此，将新疆边境贫困地区的生态补偿主体初步界定为政府、市场、社会与个人三大层面。

#### 4.3.1.1　政府补偿

（1）中央政府。中央政府是代表国家行使最高行政权力的机构，许多全国性的重大生态建设项目都是由中央政府从全国性生态保护层面出发设计并发起和推动实施的。因此，大部分生态工程所带来的生态效益受益者不仅是当地政府，更多的是生态效益供给区之外的其他受益地区，由于其作用机理和具体关系的复杂性与测量的高难度，许多无法确定。因此，以中央政府为补偿主体，集合所有公民的支付，也就成了最佳、最优效率的补偿方式，以退耕还林

（草）工程为例，其主要目的就是提供防风固沙、涵养水源、保持水土、固碳释氧等持续性的生态服务，其受益地区实际上是全国的大部分地区。按照受益程度的不同，会有直接受益与间接受益等区别，但是从根本上说，退耕还林（草）工程主要是为了满足国家国土生态安全的需要以及从国家层面设计与实施的生态建设。此外，该工程投资巨大，涉及省市多，相应的受益企业、人口等相当多，工程设计比较复杂。因此，退耕还林（草）工程的生态补偿主体理应是国家，而非其他主体[①]，只有这样才能发挥其宏观调控、总览全局的主导作用，使各方协调，工程顺利进展。然而，生态公益林的补偿主体的争议在学术界比较大，有较倾向于以市场为主体的补偿方式。也有学者提出，在当前阶段，中央政府通过完善公共财政体系向公益林经营者或所有者支付生态补偿资金（包括机会成本），仍然是公益林生态效益补偿资金的主要提供者，随着国有集体林权制度改革的不断深入，森林产权的明晰，受益集体和个人也将作为补偿主体的重要组成部分[②]。在新疆维吾尔自治区尤其是在新疆边境贫困地区的生态补偿项目中，中央政府仍是当前最主要的补偿主体。

（2）生态服务提供地区政府。在生态建设方面，地方政府担负着当地区域内国家和地方各项生态工程的建设、修复、维护以及补偿政策的具体实施等任务和活动。地方政府的目标一般都是多重的，一方面是希望通过生态建设改善环境，减少自然灾害；另一方面则是当地经济的发展、财政收入的提高。然而，对于边境地区，尤其是边境贫困地区，生态建设或许会使得当地的生态环境有一定的改善，但地方政府可能因为自身经济发展的滞后以及经济发展内在驱动的影响而更加注重追求地方短期利益的最大化，从而将资源配置给回报率较高的产业，因为生态建设的效果一般不会在短期内显现，而且生态保护区域，尤其是限制和禁止开发区域，其耕地流转速度大大降低，产业发展受到严格控制，发展权也受到很大损失。因此，这也就在一定程度上造成了地区政府与中央政府在生态环境建设及经济发展双重目标上的一种冲突和博弈。此外，由于处在边疆地区，自治区政府在财政方面尚有一定余力进行生态建设资金的划拨，而相比于自治区政府，更多地处于生态建设第一线的边境贫困地区政府（各地、县）则由于自身财政资金的有限而只能依靠中央政府和自治区政府的工程拨款、专项资金等形式进行生态建设。因此，自治区政府在多数情况下是

① 孔凡斌. 退耕还林（草）工程生态补偿机制研究 [J]. 林业科学，2007（1）：95–101.
② 王振. 生态公益林补偿机制研究 [D]. 中国林业科学研究院，2004.

边境贫困地区生态补偿的最主要的实施主体，也是受偿主体。

（3）受益地区政府。生态建设工程所发挥的生态效益一般都具有很强的外溢性，在新疆边境地区的重点生态公益林和草原，以及实施的退耕还林（草）、"三北"及长江防护林体系的新建林（草）建设，不仅改善了当地的生态环境，而且使得工程中下游及周边地区享受到了因防风固沙、固碳释氧等带来的生态效益，因而这些受益区政府和居民需要对因为承担相关国家生态环境建设任务而带来收入的减少和发展机会丧失等造成的损失予以适当补偿。以自治区的各大主体功能区为例，不同的主体功能区由于功能定位不同，其发展目标和所代表的利益也就各异，自治区内部划定的优化开发区与重点开发区因为有着发展经济的天然资源与区位优势，承担着重点发展经济的主要功能，而且一般经济发展相对较好，可是生态建设和相应成本的投入与牺牲相比于限制开发区和禁止开发区要少许多，但前者享受后者提供的生态服务而受益。因此，优化开发区和重点开发区应该向限制开发区与重点开发区进行一定的横向支付，以弥补其因提供生态服务而承担的诸多国家补偿未能弥补的部分。此外，重要工业区域的当地政府也应该作为受益地区的代表向提供生态服务的受补偿区支付因为发展工业带来的生态损害费用。

### 4.3.1.2　市场补偿

生态环境资源具有价值，通过引入市场交易机制作为生态市场的主体，生态产品的供给方与需求方可以运用多种经济手段，按照"受益者付费、受损者补偿"的原则，依据政府制定的各种生态环境指标进行交易。由西方发达国家和拉丁美洲的众多生态补偿案例可知，政府不是唯一的补偿主体，单纯依靠政府的生态补偿，尽管交易成本较低，但其运行的制度成本较高，而且存在着补偿行为效率不足，部分补偿违背公平性以及运行资金不足等问题。因此，市场的诸多优良作用，尤其对于政府补偿失灵与缺陷的补充作用无疑成为实现环境成本或效益内部化的有效手段（Anne，2003）。然而，按照我国国情，生态补偿的资金主要是通过政府转移支付、财政补贴等渠道筹集的，国家实际上承担着唯一补偿主体的责任，还远没有形成以市场为基础、以政府为主导的多方筹资机制，这种补偿机制远未体现生态补偿"谁受益，谁补偿"的基本原则，而且出现了许多地方政府以中央资金为主要来源，对其过度依赖但自身投资却很少的局面，补偿资金的利用效率和可持续性令人堪忧，建立市场补偿机制愈显迫切。

在我国，要逐步建立以市场为主导、以政府为基础的生态补偿主体，其机制和平台的建立要依靠政府的推动与辅助。以生态公益林补偿为例,没有清晰的林权产权制度,相关交易市场则无法建立,目前的公益林集体林权制度改革仍在进行,还需要政府不断深化,并尽快完善生态公益林产权制度。同时,还需要政府建立起生态环境产权制度和公益林生态服务功能价格评估机制,并严格规定交易双方的权利义务,为市场正常交易秩序的建立和维护提供基本准则和依据。只有这样,市场才可以依据对公益林生态效益科学而有权威性的价值评估进行定价,并在有法制保障的交易平台下进行交易。

对于新疆边境贫困地区而言,虽然出现了像"生态旅游"等通过利用游客付费来进行森林生态补偿资金筹集的新形式,但对于所需的大量生态补偿资金仍是杯水车薪。在北京、上海、天津、深圳、重庆等地都建立了专门的碳交易所和碳排放权交易平台,然而自治区的碳排放权交易机制仍不健全,自治区由于各种原因一直没有建立专门的碳交易所,尽管有初步的碳排放权交易平台,但是相比国外以及东部地区碳交易机制的成熟度而言,仍然存在着一定的差距。随着近年来新一轮西部大开发和对口援疆工作的不断深入,很多地方政府都上马了不少高能耗和高污染的项目,其碳排放量也明显加剧,尤其是随着丝绸之路经济带、核心区的加快建设,新疆自治区的碳排放量将会比之前更高,建立统一、专业的碳排放权交易市场已成为当务之急。

### 4.3.1.3 其他补偿主体

除了以上中央政府和相关地方政府作为生态补偿的主体外,还应将自治区内各州、县范围内耗能较高、污染较高的企业纳入生态补偿主体中,因为这些企业是导致大气污染、温室气体过度排放以及其他生态环境破坏的主要责任承担主体。当然,对于处于该类企业的生态补偿收费的标准等要多加验证与考虑,要与之前收取的环境税费相区别,避免出现同一征税对象的重复征收等问题。此外,由于区域产业之间密切相关,许多产业依赖于良好的生态环境或是从中受益,因而也应当给予受偿区一定的经济补偿,即产业补偿(潘玉君等,2003),产业补偿的征税对象包含生态建设或生态补偿地区的新兴产业以及其他地区直接或间接地从中受益的相关产业。例如,对于一些处于流域下游的大型企业而言,可以在流域上游地区建造原材料供应基地,而上游地区的生态环境与其原材料基地是息息相关的,因此,应该将下游该种情况相关企业也纳入生态服务补偿主体中。

此外,为了增加生态补偿的资金来源,还应当将来自国际组织、外国政府和国内社会团体与个人的专项捐助纳入生态补偿资金中,允许个人和团体加入重大生态工程建设项目的参与中，吸收社会上环保团体和环保人士的捐助，同时接受来自国际社会的捐助，并将所得的捐助资金列入专项生态补偿基金。

因此，在目前及今后较长一段时期内，我国的各类生态建设工程的补偿仍将是以中央政府为主导，以地方政府为辅助，以政府为主导，以市场为补充的局面。不过，随着生态环境产权制度的确立和不断完善以及林权制度改革等的不断深入，作为生态补偿重要主体之一的市场交易机制，将逐步发挥起重要的作用，尤其对于新疆边境贫困地区生态补偿资金的筹集和生态补偿可持续性的发展，必将产生很大的作用，从而形成政府、市场、社会三者相互协调的生态补偿主体。

### 4.3.2　新疆边境贫困地区扶贫生态补偿的客体

生态补偿客体，即生态补偿对象，是指具体对什么进行补偿，是生态补偿机制中与生态补偿主体相对应的重要组成部分。就其本质而言，又指接受补偿的受益主体，主要是对生态环境保护产生积极影响的行为的实施主体，包括作为行为的实施主体和不作为行为的实施主体，以及因为生态建设而遭受损失的主体①。由于生态环境建设与保护提供的是公共产品，其边际社会成本远小于边际社会收益，而边际私人成本却大于边际私人收益。目前还无法依靠市场机制对提供公共生态产品的主体进行有效的补偿，因此，需要通过生态补偿机制对提供生态服务与产品的主体提供适当补偿，以激励其积极性②。

新疆边境贫困地区因为"天然林保护工程"、"三北及长江流域等重点防护林工程"、"天然草原保护建设工程"、"退牧还草工程"等一系列重大生态工程被迫停止经济生产或限制生产的生产经营单位，包括当地政府与企业和农牧民，一方面其肩负着重要的生态建设任务；另一方面面临着高额建设、维护成本与发展机遇损失的相关问题。具体而言，新疆边境贫困地区的各类生态补偿客体主要包括以下三类：一是生态工程建设地区政府；二是参与生态建设的当地林农、牧民或相关管护人员；三是由于需要进行修复补偿的生态环境自身。以森林生态效益补偿为例，《自治区中央财政森林生态效益补偿基金管理使用实施细则》亦明确规定，"中央财政补偿基金适用对象为各级林业主管部门，以及对重点公益林进行管理、保护的单位、集体和个人"。

---

①　曹树青. 生态环境保护利益补偿机制法律研究 [J]. 河北法学，2004（8）：33.
②　闫伟. 区域生态补偿体系研究 [M]. 北京：经济科学出版社，2008.

生态工程实施区的地方政府：其一是生态补偿主体，其二是宏观层面的受偿主体，这是因为一者地方政府是中央政府生态工程的主要执行者，负责具体生态建设与环境修复政策的具体执行；二者其又承担着发展地方经济，促进社会发展，改善群众生活的重任，尤其对于边境地区森林与草地等生态环境资源较大范围被划为限制开发区和禁止开发区的地方政府而言，一方面受自身自然资源环境的制约，另一方面主体功能区划的政治强制性使得当地经济的发展受到了较大的限制，再加上生态工程建设的规模与成本的高压，对于地方政府而言，其财政收入必然会减少，一定程度上给原本处于贫困地区的地方经济社会发展造成很大影响，由此造成的生态建设与经济社会发展的双重目标很难同时达到。

实施区当地的乡镇集体、林农、牧民、公益林管护人员以及当地的居民等构成了生态补偿政策的微观实施主体，也是重要的受偿主体，其建设与管护行为对生态工程建设实施的效果有很大的影响作用，以森林生态效益补偿为例，《森林法》实施条例第 15 条规定，"防护林和特种用途林的经营者，有获得森林生态效益补偿的权利"。因此，明确界定微观补偿主体，并根据不同主体制定合适的标准显得尤为重要，尤其对于边境贫困地区而言。补偿支付的金额必须超过额外的好处（如牧场的收入）；反之，土地使用者或经营者将不会改变现有的土地利用方式①。将对于林农、牧民、管护人员等利益相关者的补偿标准制定得合理，并且采取产业补偿、生态移民安置等相关配套措施，既可以较好地缓解当地的贫困状态，改变当地居民尤其是相关人员的行为策略选择，避免陷入生态贫困循环陷阱，使其通过利益对比放弃破坏生态环境的行为与交易，积极配合政府参与到生态工程建设中，又能使生态建设与环境修复工作更好地持续与发展。此外，对于由原属于集体所有，后划归公益林的土地使用权利限制的损失以及因为退耕或轮牧、休牧、禁牧制度而造成成本上升所带来的损失等，要根据调查研究，除给予建设成本、维护成本补偿外，还要给予成本上升补偿与发展机会损失等的充足补偿，确保利益相关者不因生态建设而遭受较大经济损失，并进一步随着国家产业补偿政策等的实施实现真正脱贫。

此外，对于位于边境贫困地区且具有重大生态环境价值的国家级、自治区级重点生态功能区也是补偿的重要对象，例如，位于克州地区的塔里木河荒漠

---

① 王立安. 生态补偿对贫困农户影响的研究思路——以甘肃省陇南市退耕还林项目为例 [J]. 广东海洋大学学报，2011（2）：42 – 46.

化防治生态功能区、位于塔城地区的准噶尔西部荒漠草原生态功能区和位于和田地区的中昆仑山高寒荒漠草原生态功能区等，以及由于对自然资源的开发而造成损害的当地自然生态环境，也应包含在补偿对象之列。

# 4.4　新疆边境贫困地区扶贫生态补偿的方法与途径

### 4.4.1　新疆边境贫困地区扶贫生态补偿的方法

如何制定科学且具有较强操作性的生态补偿方法，是目前生态补偿机制设计与运行中的关键环节，也是最为困难的问题，对于有效实现边境贫困地区生态补偿目标，解决生态贫困相关问题具有极为重要的方法论作用。当前在边境贫困地区的生态补偿主要以"森林生态效益补偿"、"退耕还林补偿"、"天然林保护工程"、"天然草原保护建设工程"、"退牧还草工程"、"草原生态保护补助奖励机制"等生态补偿项目与举措。

然而，在边境贫困地区实施的诸多生态补偿项目大都以国家统一标准或自治区统一标准实施，很少根据边境贫困地区特殊实际给予相应的足额补偿。目前的各生态补偿项目普遍存在着以下主要问题：第一，补偿方法单一，补偿标准依旧很低，以国家级公益林生态效益补偿为例，权属为国家的公益林自2004年全面启动生态效益补偿以来的10年里一直保持为75元/公顷，如今其实际上仅仅维持在基本管护水平上，导致管护人员工资很低，管护工作不到位，缺乏积极性，对于国家公益林长期建设造成很大的问题。第二，补偿方法与标准"大一统"、"一刀切"，仅仅按照既定的单一标准和面积进行补偿，没有重点突出生态区位重要性、林分质量、生态管护难度、发展的机会成本损失等重要影响因素。第三，补偿方式单一，基本以资金补偿为主；资金渠道单一，主要来自中央财政转移支付或自治区财政，只是资金往往十分缺乏。

在国内外文献中关于不同种类的生态项目补偿方法与标准各异，对于同一补偿项目，也因视角与地域性的不同而差异较大。综合大量文献研究，适合于新疆边境贫困地区的生态补偿方法主要分为以下几大类：

#### 4.4.1.1　按提供生态环境服务的成本补偿

当前各生态补偿项目主要是以弥补基本的建设成本与管护成本为主，主要是指国家或地方政府向提供生态服务或因参与生态建设项目，保护生态环境等而投入的货币资金、实物与投工投劳等。成本补偿是目前被运用最多的补偿方法，但这只是生态补偿最基本的标准，随着国家和自治区经济水平的不断提升，不能长期维持在该水平线上。另外，在多数生态补偿实际中，并没有将机会成本这一受偿者因主动或被动参与生态建设，提供生态服务而失去的发展机会或遭受的经济损失包含其中（例如，商品林划归公益林后禁止采伐带来的经济损失或草地被禁牧、休牧等带来的损失等）。一方面是补偿标准的长期低水平静态稳定；另一方面是随经济发展的机会损失的逐渐增大，由此引发的林农、牧民等的不满情绪以及与地方政府的矛盾是时有发生的。目前，新疆的生态补偿项目主要仍以基本的建设成本与管护成本等基本成本补偿为主，在边境贫困地区的生态补偿中应将担负重点生态功能区或主要生态建设项目的贫困地区发展可替代性经济项目以及与新疆人均居民收入差距等相结合作为机会成本予以相应补偿。

4.4.1.2　按生态系统服务价值补偿

从效用价值论的角度看，生态系统服务价值主要包括生态产品的直接和间接利用的价值，具体如涵养水源、净化水质、保持水土、防风固沙等生态功能效用的价值，以及森林游憩、生物多样性等生态文化服务价值等。然而，目前在学术界关于生态系统服务价值的测算方法各异，相关标准不一，由此导致了同一地区同一生态系统服务价值的测算也有很大差异。另外，测算出的价值一般数额往往偏大，国家以及地方财政一般无力承担。有学者提出了通过测算价值调整系数等方法来调整价值总额，尽管存在主观性较强等问题，但对生态系统服务价值补偿的可操作性与经济适应性仍然具有很大的参考意义。新疆边境贫困地区的生态系统的生态服务对于国家的边境安全与生态安全有着极为重要的作用，应该在森林、草原等的生态补偿中予以有效体现。当然，其最终价值测量总额可能较大，也被很多学者认为是生态补偿的最大值[①]。但是可以采取按阶段逐步补偿以及多渠道拓宽补偿资金来源等形式加以解决。

4.4.1.3　按居民支付意愿补偿

居民支付意愿，从实质来讲就是指居民愿意拿出多少钱来支付他们所享受的生态服务，即人们对于生态产品的购买能力。实际上是社会层面补偿的一种方法。该补偿方法通过将社会检验的生态效益货币量作为补偿基准，修正了简

① 刘晖霞. 西部地区生态补偿问题研究［D］. 西北师范大学，2009.

单将测算的生态系统服务价值的货币量作为补偿基准造成的价值总额过高和未考虑社会实际承受能力的问题。在支付意愿测算问题上通常有以下两种途径：其一是基于条件价值评估法（CVM），通过发放调查问卷与访谈，直接询问关于因受环境恶化或因生态改善而支付生态补偿费用的意愿，最终对问卷进行统计与分析，得出当地居民的支付意愿；其二是将通过当地城市居民与农村居民的恩格尔系数等，借助皮尔系数，通过计算最终确定社会发展阶段系数，即居民支付意愿系数。新疆边境贫困地区的生态补偿因其特殊的生态区位与贫困（尤其是像南疆三地州这一集中连片特困地区）等多重因素而应该受到相当的重视，得到足够的补偿。因此，居民支付意愿的确定以贫困地区之外的其他受益的横向转移支付地区居民支付意愿为重点调查，以当地恩格尔系数等与新疆整体的差值作为重要标准。

#### 4.4.1.4　按受益者受益多少补偿

该理论认为，生态系统服务的提供者向受益者提供了生态服务，受益者因此得到了生产、生活、生存质量的改善，却没有进行任何的费用支付，生态服务提供者如果仅仅得到的是基本保护成本的补偿，而未能分享生态保护所带来的经济效益，则终将会失去继续提供生态服务及产品的积极性。该理论认为，应该通过受益者所享受的生态产品或服务的多少，即按照其所获利润，并结合受偿者的支付意愿和补偿者的支付意愿与支付能力来进行生态支付[1]。以南水北调东线工程的水源地保护区生态补偿为例，补偿方法就是将成本补偿与受益者受益补偿相结合，补偿除建设成本与机会成本外，还提出对受益者按照工程建成后带来的生态服务效益的不同占比，进行补偿额度的区域补偿分配。这一点值得我们在新疆边境贫困地区的生态补偿中予以考虑，根据生态工程建设项目所带来的不同地区的生态服务受益情况进行横向转移支付补偿。此外，在该方法的运用中，也有学者提到通过测算市场交易价格与交易量等进行受偿者所享受生态效益的方法进行生态补偿标准确定，在实践中操作起来并不简单，还需再进行深入研究。

#### 4.4.1.5　按生态系统受损恢复所需成本补偿

生态补偿机制建立的初衷就是为保护和修复生态环境，调整生态损害与保护的关系，加速对被破坏生态环境的修复[2]。一定区域内的资源开发对生态环境会产生一定程度的破坏，进一步讲，也会对生态系统所提供的生态产品与服

①② 吴明红，严耕. 中国省域生态补偿标准确定方法探析［J］. 理论探讨，2013（2）：105－107.

务的数量和质量产生很大的影响。尤其对于新疆地区，国家对当地的诸多自然资源进行开采，对支持东部地区的经济发展做出了巨大的贡献，然而，新疆当地原本脆弱的生态环境却遭受了很大的损失，势必造成资源与发展的不公平局面。尽管国家对新疆提出了西部大开发、对口支援新疆以及丝绸之路经济带核心区建设等一系列建设工程，但是，对于边境贫困地区的资源开发地或生态破坏地来讲，其不公平现象更加明显，亟须按照生态系统受损所需成本来进行足额补偿。当前，该补偿方法在矿产资源开发与补偿中已经开始实行，通过对矿产资源开采量或销售收入征收生态补偿费的形式施行，该方法取得了较好的效果，能否将其引入其他资源开发方面的相关研究应该引起学者与政策制定者的足够重视。

### 4.4.2　新疆边境贫困地区扶贫生态补偿方法的选择

本书根据前述较成熟的生态补偿方法思路，结合新疆边境贫困地区的特殊实际，提出适合新疆边境贫困地区生态补偿主要方法与标准的两种设计构想：

#### 4.4.2.1　结合多种补偿方法的动态分阶段补偿

目前的多数生态补偿以静态方法和标准为主，一者造成标准常年偏低，二者造成参与者生态建设不积极，甚至出现退耕之后又复耕等，以及划归公益林的林农要求退出区划，重新划归商品林等问题。生态补偿的补偿方法不能一成不变，其直接成本补偿应当随着市场价格的变化而发展，合理的机会成本补偿也应被考虑在内，并随着保护地区与受益地区收入差距的变化而适时变更。此外，考虑到公众对生态服务不断增加的需求等因素，生态系统服务的价值应加入生态补偿标准中，但是其价值一般较大，需在政策实施的长期内逐渐得以补偿。新疆地区的补偿存在着生态补偿方法与标准长期静态不变，具有一定的滞后性，而且补偿金额偏低，资金不足且筹集渠道单一等问题，极易引起林农、牧民、当地农民对于政策的不满甚至于对生态环境的重复破坏，对于边境贫困地区的生态建设的可持续发展带来不利影响。因此，对于新疆边境贫困地区的生态补偿政策，尤其是对于建设周期长、生态效益见效慢的生态工程项目，应结合建设成本、管护成本、机会成本以及生态服务功能价值等进行动态分阶段补偿重要参考。

#### 4.4.2.2　分级分类形式的补偿

顾名思义，分级分类补偿就是按照"按质论价"、"优质优价"的原则，彻底改变"平均主义"的生态补偿思路，将补偿具体对象按照不同级别、不同质量进行不同标准的补偿。目前，关于分级分类补偿的探讨与实践主要应用在公益林的生态补偿中。通过实施分级分类补偿，一方面可使补偿资金得到充分利用，一改"一刀切"单纯按照面积进行补偿的诸多弊端，有效提升了补偿资金利用效率，甚至起到节约国家资金的作用。另一方面分级分类允许高类别严格保护，中低类适量开发以及在法律法规范围内发展生态经济。如此一来，受偿者由被动受偿转为主动参与，对于提升其自我发展能力，缓解生态贫困有着重要的作用。

目前，关于分级分类补偿的实践基本还处于探索阶段，仅在广东、广西、浙江、福建等少数省份开始试点，并逐步推广。新疆地区的公益林补偿普遍存在着补偿标准大一统，未按照生态区位重要性、林分质量（树种、树龄、蓄积量等）进行分级分类补偿，显然有失公平。在新疆地区的集体林权改革逐步完成，林权确定逐步明晰的情况下，对于自治区的公益林，尤其在边境贫困地区的公益林实施分级分类补偿也是亟须进行研究的问题，这对于促进补偿的公平性，减少地区的不稳定性，促进边境地区社会和谐起着极大的重要作用。

### 4.4.3　新疆边境贫困地区扶贫生态补偿的途径

生态补偿的途径是实施生态补偿的核心内容，是解决如何补偿的关键所在。生态补偿的方式途径很多，我国生态补偿的途径主要有两大类，即政府补偿和市场补偿。而新疆边境贫困地区，尤其是民族地区的生态补偿主要以政府补偿为主，近些年来国家在该地区启动了诸多生态建设项目，如天然林保护工程、森林生态效益补偿基金、退耕还林还草工程、防沙治沙工程、自然保护区工程、"三北"防护林工程等。通过这些生态建设项目的实施，使新疆边境贫困地区的生态环境在一定程度上得到了恢复和保护，也在一定程度上改善了当地农牧民的生产生活状况。因此，就现阶段来说，在政府主导下实现中央与边境贫困地区、其他省份与边境贫困地区之间的利益转移，从而实现产业和生态利益在地区之间的合理分配，有效地补偿边境贫困地区，尤其是位于重点生态功能区地区的生态贡献。

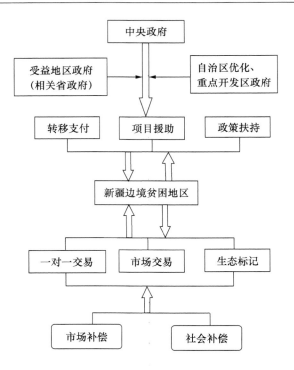

**图 4 - 3　新疆边境贫困地区生态补偿主要途径设计**

### 4.4.3.1　生态移民

生态移民是新疆边境贫困地区生态补偿的重要途径，这是需要考虑的重要问题。生态移民关系着祖祖辈辈生活在这一片土地的广大人民不得不离开故土这一大事，无论出于自愿还是非自愿，这对移民本身都是一种重大的心理冲击，因此，引导边境贫困地区的农牧民从生态脆弱的地区搬出来难度相当大。此外，生态移民是一项系统全面的民生工程，关系到农牧民的生活和下一代的未来，因此，如何解决移民的就业问题与生活问题，决定了移民安置工作的成败，也能够避免移民返迁现象的发生。受历史因素影响，新疆边境地区是多个少数民族的重要集聚点与贫困区，加之地点较为分散，这加大了生态移民的难度。

在生态移民工作中，政府应充分发挥自身的主体作用。要坚持政府的主导作用，因为无论出于何种目的的移民都牵扯到一系列的民生因素与稳定问题，这就需要政府提供基本的社会管理与服务，开展有计划、有组织、有规模的扶贫移民搬迁工作。在移民工作当中，需要建立国家到地方基层政府的垂直扶贫机制，重点突出基层政府的关键作用。首先，宣传引导是一大法宝，尤其是对待那些世居于此的少数民族，由于新疆特殊的社会环境，政府宣传引导显得至关重要；宣传引导的重要作用是鼓励移民自愿搬迁，减少矛盾，防范并化解各类风险，最大限度地降低移民成本。其次，由于新疆边境地区主要是经济社会十分落后的民族地区，缺乏必要的资金支持，而生态移民既要顺利说服移民搬迁，更要解决移民的生活问题，如住房问题等，因此需要国家与自治区提供充足的资金支持。最后，政府的主导作用应主要体现在对移民的安置问题，决定移民的可持续发展问题的关键是就业，故由政府主导提供一些就业技能培训或职业介绍服务等显得尤为重要。总之，政府要始终坚持维护新疆社会稳定与长治久安的总目标，正确处理自愿搬迁与强制搬迁的关系、整体搬迁与部分搬迁的关系，有计划、有组织、有规模地进行扶贫移民搬迁工作，严格防范并化解各类风险。

除了政府之外，一些非政府组织与企业的参与也十分有必要。生态环境脆弱是新疆地区普遍面临的大问题，尤其是边境贫困地区，对于生态移民，非政府组织与企业能够弥补政府无法提供的职能。非政府组织能够提供更多的公益服务、社会服务，银行等金融机构可以为政府生态移民提供资金支持，一些企业可以为移民提供就业岗位等。总之，移民工作中安置是重中之重，关系到移民工程的成败，也能够避免移民返迁现象的发生，更好地引导农牧民从生态脆弱的地区搬出来。需要建立以政府为主导、非政府组织与市场适度参与的协同机制，这是解决新疆边境地区生态移民问题的重中之重。

### 4.4.3.2　新疆生态公益林补偿

生态公益林补偿是新疆边境贫困地区生态补偿的重要部分，新疆公益林建设是基于新疆特殊的生态环境背景实施的一项重大工程，新疆生态公益林包括天山、阿尔泰山的部分天然林及一些荒漠林，具有水源涵养、防风固沙、水土保持、保护生物多样性等多种生态功能，是维护新疆国土生态安全的重要绿色屏障。因此，建立新疆生态公益林补偿机制具有重大的现实意义。

从政府层面来讲，建立制度性的生态公益林相关法律法规是新疆生态公益林补偿的根本之举。《新疆维吾尔自治区国家级公益林管护办法》等一系列管理规模与办法是新疆开展生态林公益补偿工作的根本性指导文件，初步建立了生态公益林生态补偿制度。对于边境贫困地区生态补偿，新疆自治区立法机构可以基于实际情况，通过制定相应法规给予边境贫困地区更多支持，使已有相关法律法规及政策更具可操作性，并逐步形成统一规划、突出重点的生态公益林生态补偿制度。建立由中央与地方相互结合的森林生态效益补偿基金，完善相应管护基础设施建设与人力资源配备，给予充足的资金支持。建立生态公益林补偿标准适度增长机制，不断提升补贴标准，注重向公益林的营造、抚育与管理倾斜；重点提高管护人员等符合条件的人员待遇。支持相关非营利性组织或个人参与到生态公益林的管护工作中，分层次、有重点地对现有公益林进行保护，确保公益林面积不断提高、质量不断提升。因此，新疆应尽快建立一套系统的、操作性强的生态公益林补偿机制，以达到有效支持生态贫困地区生态建设和环境保护的目的。

### 4.4.3.3 退耕还林

新疆仍然是我国人均可耕地面积很少的省份之一，新疆经济落后的一个最主要原因是极其脆弱的生态环境，耕地极为有限。人均耕地面积少，农牧业发展受到制约，为了获得发展，人民大量开垦荒地，从长远看，这破坏了新疆的自然环境。目前，全新疆88%的县市实施了退耕还林工程，然而，退耕地面积比例却很低，这也反映出了新疆退耕还林的难度，侧面反映了新疆尖锐的人地矛盾。

退耕还林是解决新疆严峻生态环境现实的重要途径，是新疆边境贫困地区生态补偿的重要内容。对于边境贫困地区，退耕是边境人民生存与生活的重要来源，因此退耕还林的难度可想而知。从就业来讲，转移边境剩余劳动力于较发达地区、引导有条件的农牧民向二产、三产就业，这不仅能够调整边境地区人民的就业结构，也能从根源上制止胡乱开垦的行为。因此，应千方百计地创造更多就业岗位，建立完善的人力资源市场机制，为边民提供必要的技能培训与教育等，这是解决经济问题与环境问题的必由之路。当地政府要按照国家、自治区相关要求，建立相应的实施机制，以更具有激励效应的措施引导边民退耕还林，逐步提升退耕还林工程的合格率、荒山造林的质量。转变补偿方式，从过去的实物补偿、资金补偿转化为现在的可持续能力的补偿，建立健全对退耕农户的可持续能力的补偿如解决就业问题、技能培训等，而且可以考虑增加对于边境贫困地区的补贴标准，避免"一刀切"的做法。

对于退耕还林的资金问题，由于县市级财政困难，地方工作经费得不到保障，而林业部门又难以承担如此重负，因此需要社会资金的支持。

### 4.4.3.4 草原生态补偿

新疆是我国重要的草原区，近年来，草原生态问题成为不得不面临的挑战，从国家实施了"天然草原保护建设工程"、"退牧还草工程"等一系列生态工程可以看出国家对草原生态的重视。草原生态补偿的实施需要国家政策与法律法规的根本支持。草原生态补偿需要政府发挥主导作用，给予相应的政策激励，重视草原生态补偿工作。新疆维吾尔自治区根据自身的发展条件及草原生态环境的客观需要，《新疆维吾尔自治区草原管理暂行条例》为草原生态环境的开发利用和解决草原权属问题提供相关的依据，更为实施草原生态补偿提供了重要依据。地方政府需要进一步加强草原监督、管理和建设，改善生产经营方式等，同时加强草原生态保护建设的力度，这是政府职责所在。其次，提高补偿标准是解决草原生态补偿的重要方式，坚持把奖励与惩罚相结合，选择合适的方法，核算需要补偿的草原生态资源的直接和间接价值，结合草原牧区的经济社会特征，确定合理的补偿标准，即解决补偿多少的问题。另外，新疆边境贫困地区草原生态补偿方式应以中央政府的财政补贴和转移支付为主体，并结合一定的市场补偿，形成多样化的补偿方式。在现行市场经济下，要更加注重利用经济手段，通过市场行为改善生态环境的补偿方式。

### 4.4.3.5　清洁发展机制（CDM）

作为市场补偿的清洁发展机制（Cean Development Mechanism，CDM）是《京都议定书》中引入的三种灵活合作机制的一种，它规定发达国家可以在发展中国家的项目中投入资金、技术，使其在工业发展进程中提高技术和能源的利用率，减少二氧化碳的排放量或增加二氧化碳的吸收量，以在发展中国家获得的"减排份额"履行本国在《京都议定书》中承担的义务。清洁发展机制分为"减排项目"和"碳汇交易项目"。

新疆边境贫困地区大都是新疆的重点生态功能区，在目前自治区内企业参与 CDM 项目基础上，继续鼓励相关企业积极开展国际间生态建设合作，积极开展碳汇交易等补偿方式，进行 CDM 项目建设和申报，优先将位于重点生态功能区的林业碳汇、可再生资源开发利用纳入碳排放交易试点，与国外企业和 NGO 积极开展生态保护项目合作，拓宽资金渠道。

自治区于 2012 年 12 月 12 日首次正式设立乌鲁木齐市和克拉玛依市为碳交易实验区，并于 2014 年 12 月在乌鲁木齐成立首家环境能源交易机构——上海环境能源交易所新疆分所，这为新疆提供了一个环境能源领域各类权益交易的平台。但目前新疆的碳汇与碳交易项目仍处于初级阶段，没有形成统一的碳交易市场。要充分实现边境贫困地区的市场方面的生态补偿，需要对碳交易双方条件、限定范围、时间、数量、质量、区位条件等进一步根据实际做出明确的规定，制定可操作的制度规定，逐步完善生态补偿的市场交易机制，完善碳交易的评估机制、监督机制与惩罚机制，优先将重点生态功能区的林业碳汇和可再生能源开发利用纳入碳排放交易市场，逐步实现将限制开发、禁止开发区森林资源所提供的碳汇生态环境服务（CTO：可认证、可交易的温室气体抵消单位）出售给优化开发、重点开发区等发达的区域，由其按照其生态保护配额向限制开发区、禁止开发区购买林业碳汇，来抵消其部分温室气体排放量。

此外，位于限制开发区、禁止开发的边境贫困地区的水权交易（流域下游向上游地区支付的生态补偿费用）、排污权交易以及天然林、森林、公益林等都可以作为生态保护的配额进行交易，以此来筹措生态补偿资金。

### 4.4.3.6 生态标记

生态标记（生态产品认证）是间接支付生态功能服务的价值实现方式。在该种补偿途径中，消费者出于对生态标记的认可，自愿以较高价格购买经过认证的以生态友好方式生产的商品，从而间接支付了伴随商品生产的生态服务。欧盟 1992 年出台了生态标签制度，严格的审批程序使得高标准要求的生态产品质量有了保证，产品获得生态标签认证，可以塑造企业良好的社会形象、取得消费者及社会的信赖、提高产品的附加值。国家环保局 2004 年将新疆列为国家有机食品生产试点区。目前，新疆国家级有机产品生产基地共计 9 个，主要分布在和静县、木垒县、墨玉县、和布克赛尔蒙古自治县 4 个县，主要涉及畜禽、粮食、坚果、谷物四大类，"十一五"期间，自治区级有机食品基地就达 143 个。

在主要的生态补偿方面，生态认证体系则主要体现为森林生态产品的认证，2001 年，中国国家林业局成立质量标准和森林认证处，积极支持森林可持续经营和森林认证。对生产者和消费者来说，生态认证体系是市场交易的一种有效的激励机制，尤其是随着绿色消费、生态环保理念的不断推行和深化，新疆边境贫困地区应该积极发展生态标志物品和服务，合理地制定相应生态产品的标准，保证产品质量，合理提升产品价格，以及逐步提升生态产品产业的附加值，将当地的生态优势转化为产业优势和经济优势。

一直以来，新疆贫困地区，甚至于全疆的生态补偿主要以政府的公共财政制度为主导。然而，资金来源渠道单一、资金不足、代理成本过高，资金使用效率较低等问题亦逐渐显现，随着生态环境保护任务的不断加重，在政府主导的生态补偿机制中充分引入市场机制，是有效克服新疆地区生态补偿上述弊病的关键一环。当前新疆生态补偿的市场化手段处于探索阶段，应鼓励企业积极参与清洁发展机制（CDM）、有机食品生产基地认证等政府引导的生态补偿，适当扩大补偿范围，充分有效地发挥市场机制在生态补偿中的作用，积极调动各地区、各社会阶层的力量，尤其吸引商业资本和社会各投资主体的投入，实现生态补偿主体的多元化，多渠道、多层次、多方位地构建边境贫困地区的生态补偿机制。

## 4.5　新疆边境贫困地区生态补偿的方式

在生态补偿机制中，补偿方式是指生态补偿的责任主体对被补偿主体进行补偿的实际途径与形式[①]，其集中体现了补偿责任主体与受偿主体之间的权利义务关系，因而，生态补偿方式是生态补偿机制的中心环节。

由于在边境贫困地区的生态补偿项目中存在着补偿主体的多元性和补偿对象需求的多样性，因而这就决定了生态补偿的具体方式的多样性。尤其是扶贫式生态补偿方式的多样性对于生态与扶贫双重目标的实现有着积极的作用，不同形式的补偿方式之间相互补充、各有侧重，可以更好地发挥各自的作用，实现各补充方式内部和补偿方式之间"1 + 1 > 2"的聚合效应。

从政策设计和国家政策角度而言，根据丁伯根法则，一种政策目标的实现至少需要一种政策工具。边境贫困地区既是边境贫困重灾区、生态环境脆弱区和自治区及中国分布的重点生态功能区，同时又是民族聚居区和国家巩固国防、维护稳定，进行反对民族分裂、反对宗教渗透、反对恐怖主义的前沿阵地，具有极其特殊、重要的战略性地位。因此，如何设计与实施有效的生态补偿方式，促进生态效益、社会效益、经济效益相统一，满足受偿地区和新疆边境贫困地区的实际补偿需要，有效改善贫困地区的生产生活状况，对于促进地区之间、民族之间的和谐稳定至关重要。

目前，我国的生态补偿方式主要以政府补偿为主导，具体可以分为资金补偿、实物补偿、政策补偿、智力补偿四大类，除政府补偿外，市场补偿也在全国许多地方和自治区开始了尝试与实践。下面结合各补偿方式的特点和新疆边境地区的具体情况进行分析。

---

① 江秀娟. 生态补偿类型与方式研究 [D]. 中国海洋大学，2010.

### 4.5.1 资金补偿

资金补偿是目前生态补偿中最为普遍和基本的方式，也是目前面临资金短缺的生态补偿最迫切需要的补偿方式，其由于能充分估计受偿者的眼前利益而易于被接受，并且能很好地激发受偿者在短期内参与生态补偿项目，促进生态建设的积极性。目前，在自治区的主要生态补偿项目中，常见的资金补偿主要形式为政府转移支付、财政补贴、信贷优惠、税费减免、生态补偿建设基金、捐赠等。具体以草原生态补偿为例，对于边境贫困地区，一方面要采用现金补偿方式，足额补偿围栏建设、草原管护等直接成本以及相应的机会成本；另一方面还可以通过向其提供税费优惠和信贷优惠等措施支持其从事其他产业。需要注意的是，随着自治区主体功能区划的设置，对于大部分位于限制开发区与禁止开发区的地方而言，其因为承担着生态建设的职能而丧失的机会成本，也应该由优化开发区与重点开发区进行适当的横向转移支付来加以补偿。

目前，资金补偿主要以现金补偿为主，资金补偿不足的问题一直困扰着诸多生态项目的可持续运行，长期看来，大都只是以单纯的"输血"为主，容易让补偿农户产生对政府资金的依赖心理，一旦补偿期限截止，补偿资金减少或终止，很容易引发生态环境破坏复发以及造成当地林农、牧民不满等问题，不利于保持农户经济的可持续发展，解决农户的贫困问题。因此，自治区政府和当地政府应采取有效措施进一步拓宽资金筹集渠道，尝试采用 BOT 和 TOT 等融资方式，引导和鼓励社会资本参与环境保护和生态建设事业，同时加快从"输血"式补偿向"造血"式补偿转移，从产业机制层面促进地方经济的有效发展。

### 4.5.2 实物补偿

实物补偿主要是指政府向受偿者拨付粮食等实物的方式进行的补偿，其在我国的最初形式是由退耕还林工程在实施过程中确立的，主要目的是为了保障退耕户的基本生活，并规定了地方政府在实施退耕还林实物补偿中要根据当地居民的口粮习惯与作物种植习惯，不得兑换成现金等。然而，单纯的粮食补偿存在着诸如农户粮食积压、粮食调运费用较高以及补偿的粮食冲击当地粮食市场价格等问题，为避免此类问题，国家 2004 年正式将粮食补偿折算成现金补偿农户。

实践中，除粮食补偿外，实物补偿的形式还包括其他物质补偿、劳动力补偿、土地补偿以及像提供植树造林所需的种苗等的具体形式。在生态建设与修复项目，例如退耕还林中，存在着环境极端恶劣，生态非常脆弱，生态保护特别重要且开发成本过高，必须进行生态移民的地区，这些地区大都集中分布着当地的贫困人口，将农村的生态超载人口迁移到生态承载能力高的地区，并对受偿者进行劳动力补偿、土地补偿、住房安置等实物补偿。农村贫困人口向脆弱生态区和民族区域集中的特征，决定了实施生态移民搬迁将有利于正确处理好生态保护和少数民族区域发展的关系①。因此，以扶贫生态移民为主要特征的实物补偿一方面可以减少生态脆弱区的生态承载量，保证生态项目建设成果不受人为侵扰。另一方面对于促进受偿居民生活水平的提高，调整优化当地的生活要素与生产要素，有效地解决搬迁人口及安置区原有群众的长远发展问题，尤其对于增进民族团结，维持新疆边境贫困地区的和谐稳定有极为重要的意义。

当然，在大多数生态补偿方式中，现金补偿仍然是补偿方式中占主导并且对于受偿者最普遍且容易接受的方式，因而，在边境贫困地区的生态补偿方式中，要将实物补偿与现金补偿两种补偿方式按照实际需要并采用恰当的比例，设计充分适合于当地生态补偿项目的具体方式与标准。

### 4.5.3　政策补偿

我国现有政策和立法动向都表明，由政府以及相关受益者等向提供生态服务功能的贫困地区进行生态补偿是大势所趋。《中国农村扶贫开发纲要（2011～2020 年）》明确要求，"在贫困地区继续实施退耕还林、退牧还草、水土保持、天然林保护、防护林体系建设和石漠化、荒漠化治理等重点生态修复工程。建立生态补偿机制，并重点向贫困地区倾斜，加大重点生态功能区生态补偿力度"。这为边境贫困地区的生态补偿提供了重要的政策支持。

政策补偿是指政府根据区域生态保护的需要，实施具有差异性的区域发展政策，其主要表现是鼓励生态保护地区的经济社会发展，对实行生态保护政策的地区因进行生态建设与保护而遭受的损失进行政策性的补偿。常见的政策补偿形式有税收减免优惠、鼓励绿色产业与清洁项目发展、以工代赈项目以及加强受偿地区的基础设施建设与教育、医疗、卫生等的均等化公共服务进程等。

---

① 邓远建，肖锐. 生态脆弱区农村生态式扶贫机制研究 ［J］. 中国人口·资源与环境 2014 年专刊——2014 中国可持续发展论坛 ［C］. 2014（4）.

对于承担自治区和国家重点生态功能区建设而且已经被列为限制和禁止开发区的新疆边境贫困地区而言，有着自身的特殊性，政府在进行资金和实物补偿之外提供相应的政策补偿必不可少。根据边境贫困地区当地的资源禀赋和自然环境特点，调整、优化产业结构与布局，重点发展与生态脆弱区贫困县域的农村生态资本条件相适宜的特色生态产业和环境友好产业。具体来说，要通过政府给予优惠政策以及项目支持，将补偿资金转化为技术项目和特色优势项目在实施区开展，帮助生态脆弱区贫困县域建立起绿色经济、生态经济、低碳经济等新型特色优势生态产业作为替代性产业，才能从根本上解决集中连片的贫困状态。

以位于南疆三地州的限制开发区为例，其欠发达县域、地域组合条件优越，水体、大漠等生态旅游资源丰富，具有发展生态旅游业的优越条件。今后政府应着重加强对于当地旅游基地与旅游设施的建设，给予其信贷等优惠政策，促使其在功能区划的限制范围内按照当地的优势更好地发展生态旅游业以及特色农业（适宜的林下经济产业）和适宜工业，从而形成较强的自我发展机制，使单方面的外部补偿转化为受偿地区有效的可持续的自我发展能力，这样可以大大减轻长期的国家财政负担，尤其对于新疆边境特殊贫困地区的生态、经济、社会效益的协调发展将发挥极大的作用。

以工代赈是政策补偿中的重要方式，是政府在生态脆弱的贫困地区实施生态工程建设项目于小型基础设施工程，贫困农民参加以工代赈工程建设，从而获得劳动报酬，增加直接收入，最终逐步脱贫的方式。以工代赈常见于退耕还林（草）和易地扶贫搬迁工程。新疆对于处在边境地区且贫困连片的南疆三地州地区的以工代赈项目给予了重点关注。2000～2010年，自治区政府对于南疆三地州的以工代赈投资就占到了全区总量的70%多，其对缓解三地州贫困地区农牧民的贫困状态和生态环境建设发挥着重要作用。作为将生态建设与扶贫相结合的重要补偿方式，在以后对于边境贫困地区的生态补偿中应更加重视，并进一步引入向重点围绕贫困地区的主导产业进行投资转移，发挥主导、优势产业的带动作用。

1979年江苏省开启援疆工作以来，对口援疆工作取得了极大的进展，发展为全国19省市的对口援助新疆工作，为新疆的经济、社会、民生建设与发展做出了极大的贡献。然而，目前的对口援疆工作主要以着力改善民生为主，较少涉及与发展生态经济产业相关的区域特色产业项目，仅有吉林省在援建阿勒泰地区中实施的"寒地膜下滴灌水稻技术"和"农牧复合型生态畜牧业发展方式"为主的"生态援疆"模式。因此，可以从生态补偿中政策补偿的角度，将国家的 19 省市对口援疆计划看作是政府主导下的生态经济合作的初级形式，尤其是具有生态特色与重点生态服务功能的边境贫困地区，要积极利用新一轮援疆和"丝绸之路经济带核心区"建设的有利契机，积极争取发展"生态援疆"相关项目，同时摒弃被动接受与单方面依赖的惰性思维，大力探索能够促使援疆省市与受助地区"共赢"的补偿方式，不断增强内生发展动力，促进生态经济的有力发展。

### 4.5.4　智力补偿

"智力补偿"方式通常也被称为"智慧补偿"，主要是通过内部培养或外部引进的方式，培养和引进人才。具体而言，是指由补偿主体向对受偿者开展智力服务，以免费或者优惠的形式提供技术指导与咨询服务，进而培养受偿地区，尤其是生态移民地区的技术人才与管理人才，或者向受偿地区输入生态建设以及产业发展所需的各类专业人才，以提高受偿者的生产技能和管理组织水平。另外，生态脆弱地区的生态建设也需要大量的技术人才和管理人才，以及大量懂管理技术的林农及护林员等。

位于生态脆弱边境地区的贫困县人口，大都受教育程度较低，加之教育基础设施严重匮乏，导致了该地区的社会劳动力文化素质普遍偏低，这更加制约了先进技术与思想观念的引入和传播。退耕还林（草）以及生态移民造成了大量的富余劳动力，这些劳动力安置得是否合适直接决定了退耕还林（草）工程的成本，更关系到边境地区的社会和谐稳定问题。因而，对于边境贫困地区的生态补偿项目，要特别注重采用智力补偿方式。由政府向受偿的林农、牧民和相关农民等进行替代产业相关技术的培训与指导，进一步组织各类农广校、中专院校、成人职业学校和劳动就业培训中心等社会培训机构，开展农村劳动力转移就业的引导培训、技能培训和定向培训，使之具备基本的生存技能和致富手段，提高其转产就业能力，对从根本上解决其贫困状态，加快城镇化建设步伐，保障生态建设的成果有着十分重要的作用。

### 4.5.5　市场补偿

市场补偿是指市场交易的主体利用经济手段，通过市场交易行为向受偿者进行生态服务补偿的方式，市场补偿是相对于传统的政府主导的补偿而言的。补偿的实施要在国家制定的各类相关法律法规、生态标准与交易规则范围内进行。在目前和未来较长一段时间内，政府补偿尽管是我国生态补偿的主要形式，然而其存在着补偿资金不足，缺乏有效激励机制，管理成本、信息收集成本高，效率较低等缺陷，而市场补偿机制可以有效地解决政府补偿的上述问题。从本质上看，市场补偿主要是通过市场的交易或支付来兑现生态服务功能的价值①。就目前的市场补偿方式而言，主要包括一对一交易、市场贸易和生态标记，具体包括许可证交易、使用权交易等。以清洁发展机制（CDM）为例，其是根据《京都议定书》第十二条建立的发达国家与发展中国家合作减排温室气体的灵活机制，它允许发达国家的投资者在发展中国家实施减排项目，投入资金、技术等提高技术与能源的利用效率，从而减少温室气体的排放或增加吸收量、履行其限排或减排义务。截止到 2014 年 4 月，新疆已注册 CDM 项目 175 项，签发 39 项。与此同时，新疆的林业碳汇产业发展机制目前也已起步，在新疆边境地区可实施的市场补偿方式还有水权交易（流域下游向上游地区支付的生态补偿费用）、排污权交易等。

市场补偿可以有效提高生态系统服务功能保护的经济效益，拓宽生态补偿所需资金，进而减轻政府的财政负担。在边境贫困地区的生态补偿工作中，政府应加快发展并完善森林碳汇、水权交易等市场补偿形式，努力将资金补偿、政策补偿等政府补偿与市场化补偿相结合，充分发挥政府手段与市场手段的"协同效应"，循序渐进地推广其他适合的多样化补偿方式，建立起以政府补偿为主导，市场补偿与社会参与作为重要补充的可持续全方位生态补偿新体系。

# 4.6　新疆边境贫困地区生态补偿的标准

## 4.6.1　新疆边境贫困地区生态补偿标准的探讨

生态补偿标准的制定是建立边境贫困地区生态补偿机制中最重要的环节，也是最困难的环节之一，是生态补偿机制的核心部分。过度补偿与补偿不足直接影响补偿的可行性和生态改善的效果，补偿过多会加重中央和地方政府的财

---

① 中国生态补偿机制与政策研究课题组. 中国生态补偿机制与政策研究［M］. 北京：科学出版社，2007.

政负担，补偿过少又会使得生态补偿政策达不到应有的效果①。新疆边境地区由于地处我国西北边陲，地理位置和战略位置十分重要，形成了贫困区和重点生态功能区相重叠的现实情况，重点生态功能区大部分位于边境成片贫困区，具有少数民族集中地区、国防边境地区等多重特点。这就决定边境地区生态补偿标准既关系着边境贫困地区农牧民的切身利益，也关系着边境地区的生态建设、边境国防安全与社会稳定。因此，如何做到补偿标准在生态服务和扶贫之间的权衡，促进两大目标的最终实现，设计出一套较为适宜的补偿标准，对于促进边境地区生态建设和经济社会可持续发展，实现国家边境安全具有极为重要的意义。

目前，理论界和学术界关于生态补偿标准的制定主要有两方面：其一是基于成本方面的考虑，按照生态环境保护投入的成本（包括直接建设成本、管护成本与因草原禁牧、休牧等造成的生产费用等）和因提供生态服务而丧失部分发展权并由此造成的机会成本进行补偿，这也被认为是生态补偿的最低成本。该种基于成本的方法在实践中简便易行，且可操作性较强，因而得到了学术界与相关政府机构较为广泛的认可和接受。其二是将按照一定方法计算出的生态区提供的生态服务功能价值作为生态补偿的主要参考标准。然而，由于学术界对不同地区相同类型的生态补偿标准和依据始终没有达成共识，亦没有形成统一标准的计算公式和模型，在不同的文献中计算方法不统一且差距大，甚至于用不同方法估算出的同一地区的生态服务功能价值差距也较大。因此，在许多文献中其可信度尚不明确，而且用该种方法估算出的结果往往较大，在政策实施层面难度较大。在实践中的生态补偿政策和标准则没有将时间与价值的动态性考虑其中，大都仅仅按照一种方法（"一刀切"）确定生态补偿的标准，而且不同地区的补偿标准差距较大，实际补偿远低于生态服务功能价值的问题广泛存在，这些都造成当前区际之间和区域内部生态补偿标准的失衡。在贫困地区的生态补偿项目中，具体的补偿标准并没有跟随当地经济发展和市场价格的变化而相应地调整，在补偿的实践案例中，更鲜有能反映时间成本的。因此，本书将补偿标准动态调整与分阶段设计的思想引入边境贫困地区生态补偿的标准设计中，提出按照最低补偿标准、基本补偿标准、全额补偿标准的三阶段补偿方式。

---

① 巩芳，长青，王芳，刘鑫. 内蒙古草原生态补偿标准的实证研究 [J]. 干旱区资源与环境，2011（12）：151－155.

《中国农村扶贫开发纲要（2011～2020年)》划分出全国扶贫开发连片特困的14个地区，南疆三地州作为新疆唯一的集中连片特困地区而名列其中，生态环境的极度脆弱性、集中连片的贫困性、边境安全与新疆边境贫困地区的特殊性，多重重要因素使得南疆三地州成为了新疆贫困与生态两大主题相交织的重点区域。这里将重点介绍关于生态补偿标准的测算与确定，并以南疆三地州的公益林生态效益补偿为例，以实际调研数据为基础，估算其生态补偿标准。

### 4.6.2　边境贫困地区发展机会成本损失测算——以南疆三地州为例

新疆边境贫困地区主要位于新疆的生态脆弱区，其中横跨南疆、北疆的贫困地区一直成片区分布，17个国家级边境扶贫重点县几乎全部位于新疆的重点功能区内，其中，退牧还草工程涵盖了65%的边境扶贫重点县，而退耕还林工程则涵盖了除伊犁哈萨克自治州的察布查尔锡伯自治县之外的其他所有边境扶贫重点县，南疆三地州的边境扶贫重点县均包含在两大工程内。其中，南疆三地州扶贫重点县的退牧还草工程占到了新疆边境扶贫重点县总面积的47.62%，退耕还林工程面积占到了36.73%，这说明了新疆边境贫困地区在生态建设方面所发挥的重大作用。

同时，使用其他方案可以获得的最大经济效益称为该资源使用方案的机会成本。边境贫困地区生态补偿中区域性机会成本主要是指边境重要生态功能区由于实行承担着提供生态服务、维系生态安全的重任，而导致其在进行生态工程项目建设与生态环境保护的同时所失去的发展经济的机遇成本。

由于生态保护制度的实施对经营者和当地经济的具体影响难以定量测算，而且新疆边境贫困地区横跨南疆、北疆和东疆，即使是作为典型代表的研究区——南疆三地州由于地域和自然经济条件的较大差异而成为较为复杂的生态系统，理论上机会成本的方法不适合该研究区。本书认为，机会成本最终反映到当地居民的收入水平上，而收入水平又直接与当地区域生产总值紧密相关。因此，本书把人均GDP作为地区发展机会成本的衡量指标，以新疆自治区的年人均GDP作为参照系，测算出研究区经济发展水平与新疆平均水平的差距，从而反映出发展权的限制可能造成的经济损失，作为区域补偿额度的参考依据。

1989年，我国环保部门会同财政部门在新疆等地试行生态环境补偿费。2000年新疆奇台、博乐、伊宁等7个县（市）被列为全国首批退耕还林试点示范县。次年，国家又将和田地区和田县、策勒县和于田县列入试点工程。2002

年退耕还林工程在自治区全面启动，17 个边境扶贫重点县中有 16 个均被列入其中。2000 ~ 2011 年，国家共安排自治区退耕还林工程建设任务 1292.7 万亩，其中退耕还林 325.8 万亩，荒山荒地造林 762.9 万亩，累计投入 5863 亿元。工程建设涉及全区 90 个县市区、795 个乡镇、5834 个行政村、34.16 万农户，共有 150.35 万人享受到国家退耕还林政策的直接补助[①]。2001 年，自治区提出改变传统的畜牧业生产方式，实施草原生态置换，建立天然草原生态修护系统，通过禁牧、休牧、轮牧、改良等方式，合理配置草原资源，永续利用天然草原。2001 年开始，实施的"三北"防护林体系第四期工程在全疆尤其是在南疆地区广泛开展，自 2011 年开始，紧随其后的第五期工程，目前也在建设中。因此，本研究选取退耕还林、退牧还草和"三北"防护林体系工程建设等重大生态工程实施时间段在内的 2000 ~ 2013 年的研究区数据和自治区相关数据，测算研究区的机会成本损失，具体见表 4 - 13。

表 4 - 13　南疆三地州与生态建设机会成本损失及比较

| 年份 | | 南疆三地州 | | | 研究区总计 | 新疆（亿元） | 机会成本（万元） |
|---|---|---|---|---|---|---|---|
| | | 和田地区 | 喀什地区 | 克州地区 | | | |
| 2000 | 人口（万人） | 168.13 | 340.63 | 43.70 | 552.46 | 1791.55 | 3096904.890 |
| | GDP（万元） | 285715 | 742556 | 79632 | 1107903 | 1363.56 | |
| | 人均 GDP（元/人） | 1699.37 | 2179.95 | 1822.24 | 2005.40 | 7611.06 | |
| 2001 | 人口（万人） | 168.71 | 342.69 | 44.18 | 555.58 | 1876.19 | 3180991.727 |
| | GDP（万元） | 308923 | 826261 | 100771 | 1235955 | 1491.60 | |
| | 人均 GDP（元/人） | 1831.09 | 2411.10 | 2280.92 | 2224.62 | 7950.15 | |
| 2002 | 人口（万人） | 171.79 | 348.76 | 45.19 | 565.74 | 1905.19 | 3417710.945 |
| | GDP（万元） | 336520 | 924169 | 110312 | 1371001 | 1612.65 | |
| | 人均 GDP（元/人） | 1958.90 | 2649.87 | 2441.07 | 2423.38 | 8464.51 | |

---

① 吴礼军，刘青，李璨，赵萱，赵铁珍. 全国退耕还林工程进展成效综述 [J]. 林业经济，2009（9）：21 - 37.

续表

| 年份 | | 南疆三地州 | | | 研究区总计 | 新疆（亿元） | 机会成本（万元） |
|---|---|---|---|---|---|---|---|
| | | 和田地区 | 喀什地区 | 克州地区 | | | |
| 2003 | 人口（万人） | 174.38 | 350.12 | 45.84 | 570.34 | 1933.95 | 4016321.134 |
| | GDP（万元） | 370054 | 1051417 | 125231 | 1546702 | 1886.35 | |
| | 人均GDP（元/人） | 2122.11 | 3003.02 | 2731.92 | 2711.89 | 9753.87 | |
| 2004 | 人口（万人） | 177.21 | 361.54 | 46.81 | 585.56 | 1963.11 | 4820620.591 |
| | GDP（万元） | 429831 | 1195550 | 143312 | 1768693 | 2209.09 | |
| | 人均GDP（元/人） | 2425.55 | 3306.83 | 3061.57 | 3020.52 | 11253.01 | |
| 2005 | 人口（万人） | 182.52 | 369.41 | 47.61 | 599.54 | 2010.35 | 5737743.185 |
| | GDP（万元） | 487832 | 1365947 | 174718 | 2028497 | 2604.14 | |
| | 人均GDP（元/人） | 2672.76 | 3697.64 | 3669.78 | 3383.42 | 12953.66 | |
| 2006 | 人口（万人） | 185.76 | 376.27 | 48.43 | 610.46 | 2050 | 6676556.632 |
| | GDP（万元） | 553429 | 1641224 | 197129 | 2391782 | 3045.26 | |
| | 人均GDP（元/人） | 2979.27 | 4361.83 | 4070.39 | 3918.00 | 14854.93 | |
| 2007 | 人口（万人） | 188.39 | 369.43 | 50 | 607.82 | 2095.19 | 7145619.644 |
| | GDP（万元） | 636962 | 2201064 | 237132 | 3075158 | 3523.16 | |
| | 人均GDP（元/人） | 3381.08 | 5958.00 | 4742.64 | 5059.32 | 16815.47 | |
| 2008 | 人口（万人） | 191.01 | 377.53 | 51.47 | 620.01 | 2130.81 | 8659364.4 |
| | GDP（万元） | 745231 | 2490700 | 276752 | 3512683 | 4183.21 | |
| | 人均GDP（元/人） | 3901.53 | 6597.36 | 5376.96 | 5665.53 | 19632.02 | |
| 2009 | 人口（万人） | 195.58 | 387.28 | 53.02 | 635.88 | 2158.63 | 8546360.1 |
| | GDP（万元） | 885798 | 2842363 | 324630 | 4052791 | 4277.05 | |
| | 人均GDP（元/人） | 4529.08 | 7339.30 | 6122.78 | 6373.52 | 19813.72 | |
| 2010 | 人口（万人） | 203.96 | 402.04 | 53.99 | 659.99 | 2181.33 | 11428331.62 |
| | GDP（万元） | 1034972 | 3599718 | 388757 | 5023447 | 5437.47 | |
| | 人均GDP（元/人） | 5074.39 | 8953.63 | 7200.54 | 7611.40 | 24927.31 | |

续表

| 年份 | | 南疆三地州 | | | 研究区总计 | 新疆（亿元） | 机会成本（万元） |
|------|------|---------|---------|---------|---------|---------|---------|
| | | 和田地区 | 喀什地区 | 克州地区 | | | |
| 2011 | 人口（万人） | 207.58 | 410.2 | 55.43 | 673.21 | 2208.71 | 14195585.51 |
| | GDP（万元） | 1269941 | 4201512 | 480250 | 5951703 | 6610.05 | |
| | 人均 GDP（元/人） | 6117.84 | 10242.59 | 8664.08 | 8840.78 | 29927.20 | |
| 2012 | 人口（万人） | 212.34 | 415.13 | 56.06 | 683.53 | 2232.78 | 15719636 |
| | GDP（万元） | 1472873 | 5173492 | 610309 | 7256674 | 7505.31 | |
| | 人均 GDP（元/人） | 6936.39 | 12462.34 | 10886.71 | 10616.47 | 33614.19 | |
| 2013 | 人口（万人） | 215.45 | 422.82 | 57.62 | 695.89 | 2262.63 | 17044667.51 |
| | GDP（万元） | 1716493 | 6173033 | 778395 | 8667921 | 8360.24 | |
| | 人均 GDP（元/人） | 7967.01 | 14599.67 | 13509.11 | 12455.88 | 36949.21 | |
| 合计 | | | | | | | 113686413.9 |

资料来源：《新疆统计年鉴》2001~2014。

从以上数据看出，与新疆自治区整体经济水平相比，南疆三地州所丧失的发展机会成本一直呈上升态势，2009 年之前还基本呈线性增加趋势。而在 2009 年之后，其增加幅度明显加大，2000~2009 年的年平均机会成本为 552.98 亿元，2010~2013 年的年平均机会成本 1459.71 亿元。这说明与新疆总体水平相比，位于生态脆弱区又是新疆重点生态功能区的南疆三地州面临着严峻的生态建设与经济发展的矛盾。一方面，国家的各项生态建设任务许多集中于新疆边境地区，尤其是南疆边境贫困地区，为落实国家各项生态保护政策，当地政府采取了严格的禁止开发和限制开发措施，在一定程度上限制了较大规模进行工业化和城镇化建设，致使地方发展丧失了许多机会，从而造成大量的机会成本的上升。这也反映了当地政府财政收入的减少和居民收入提速的低水平，仅在 2013 年，研究区南疆三地州包含退耕还林和"三北"、长江等防护林工程在内的造林总面积为 17132 公顷，占新疆年造林总面积的 14.68%之多。然而与新疆经济总体水平相比，其机会成本的差距却高达 1704 亿元，而且年发展差距呈现出不断扩大的趋势。2000~2013 年，年均增长高达 14.02%，尤其是在 2009 年之后，年均增长率已高达 18.83%。另一方面，处于生态脆弱区

· 157 ·

的边境地区生态环境压力本来就较大，进行相同单位面积的生态建设需要的建设成本和管护成本一般都要高于生态较好的地区。加上人口迁出、生态移民安置、失业人口安置等补偿数额十分巨大，地方政府财力无法承担，而国家所给予的相应生态补偿政策标准却是统一和长期偏低且不变的，较少给予边境贫困地区在生态补偿方面的特殊政策照顾，这就增大了边境贫困地区生态和经济发展的双重压力。相比于资源条件和经济发展较好的地区来说，随着新疆经济的加快发展，尤其是丝绸之路经济带核心区的建设，若不在生态脆弱的边境贫困地区采用扶贫式生态补偿等形式协调好生态建设与保护和地方经济发展的重要关系，其发展权丧失造成的机会成本将会逐年增大，这将对新疆边境的社会稳定和长治久安产生较大的影响。

### 4.6.3　动态分阶段补偿标准——以生态公益林生态效益补偿为例

#### 4.6.3.1　研究区生态公益林生态效益补偿现状

按照《国家林业局财政部重点公益林区划界定办法》的规定，我国生态公益林是指生态区位极为重要或生态状况极为脆弱，对国土生态安全、生物多样性保护和经济社会可持续发展具有重要作用的，以提供森林生态和社会服务产品为主要经营目的的重点防护林和特种用途林。

通常情况下，商品林可以通过销售木材和林产品获得经济效益作为补偿。相比之下，生态公益林以提供生态效益为主要任务，一般禁止或限制砍伐，经营成本根本无法通过市场机制得到回收。从生态公益林所提供服务角度考虑，其所提供的生态服务通常具有消费的非排他性、非竞争性特点，而且具有外部经济性，属于纯公共物品①，因此，其所提供的生态服务无法在市场上进行交易从而获得价值的实现，必须通过政府的力量进行有效的补偿。生态效益补偿的实质就是将生态效益的外部效应内部化，对生态产品及服务进行"定价出售"，以弥补向社会提供生态效益服务的公益林经营者的经济损失②。

2001年，国家建立了森林生态效益补偿制度，建立起了森林生态效益补偿基金制度，专项用于对公益林的生态保护，该制度的实施对各地区的森林生态系统保护提供了有力的资金支持，对维护国家生态安全起到了十分重要的作

---

① 杨云仙，廖为明．公益林生态效益补偿研究——以江西铜鼓县为例［J］．林业经济，2008（2）：49-52.

② 唐敏，罗泽真．生态公益林区划和农民利益的维护［J］．林业经济问题，2008（4）：292-296.

用。具体标准规定，权属为国有的国家级公益林为每年 5 元/亩，其中，管护支出为 4.75 元/亩，公共管护支出为 0.25 元/亩；权属为集体和个人的国家级公益林的补偿标准在实行初期为每年 5 元/亩，2010 年提高到每年 10 元/亩，2013 年国家再次将补偿标准提高为每年 15 元/亩。然而，国有国家级公益林的补偿标准自实行之初就一直维持在每年 5 元/亩，基本未变。

根据《国家林业局关于开展全国森林分类区划界定工作的通知》，2001年，新疆被列入全国 11 个非天然林保护工程范围内开展森林生态效益补助试点省份之一。经过 3 年的试点，2004 年，中央全面启动森林生态效益补偿制度，对国家级公益林生态效益逐步全面实施补偿。新疆按照《重点公益林区划界定办法》区划国家级公益林 10208.2 公顷，当年新疆 3050 万公顷国家级公益林被纳入中央财政森林生态效益补助范围，补偿费用为 1.5 亿元。2007 年，为进一步加强和规范中央财政生态补偿基金管理，提高资金使用效率，新疆制定了《中央财政森林生态效益补偿基金管理办法》，进而明确了补偿对象。2012 年，自治区国家级公益林达到 11419.2 万公顷，再加上 2013 年新增加的 80.8 万公顷，到 2013 年末，新疆现有国家级公益林面积已达 11500 万公顷。根据《新疆维吾尔自治区中央财政森林生态效益补偿基金管理使用实施细则》，生态公益林的具体补助标准为：按面积每年 5 元/亩，其中，每年每亩 4.75 元用于对重点公益林的管护支出，每年每亩 0.25 元用于公共管理支出。按照不同地区的重点公益林的管护难易程度确定不同的管护支出。购买劳务补偿的标准为：有林地每年每亩 4.75 元，疏林地每年每亩 3.5 元，灌林地每年每亩 3元，其他为每年每亩 3 元①。

新疆补偿制度实施十多年来，取得了一定的成效。从补偿标准作用角度考虑，在实施初期实行单一补偿标准，具有很大程度的合理性。一方面，提高执行效率，降低信息成本。单一的补偿标准最大限度地降低了制度的形成成本，在制度实行初期，对于政策的顺利实行与降低不必要的成本支出，起到了十分重要的作用。另一方面，不会给各相关利益主体带来额外负担，而是带来利益增进，因此又减少了制度形成的摩擦成本②。

随着补偿基金的多年实施，许多生态补偿标准的问题逐步显现。一是当前

①　陈作成．新疆重点生态功能区生态补偿机制研究［D］．石河子大学，2014．

②　王清军，陈兆豪．中国森林生态效益补偿标准制度研究——基于 10 省地方立法文本的分析［J］．林业经济，2013（2）：57－68．

生态公益林普遍都是按照面积补偿，没有区分不同公益林所在区域以及生态区位的重要性、林分质量等，这样的补偿标准并没有体现出差异化的合理补偿，实际上造成了很大的不公平，引起林农等对政策的不满与参与积极性的下降。二是生态效益补偿标准严重偏低。目前的补偿标准基本上仅能维持管护费支出，对于林农等因集体林划为公益林造成的损失成本很难弥补，由此带来了管理效率低下等一系列问题，实际中甚至出现了"管与不管一个样，管好管坏一个样"以及利益主体之间违规趋利等一系列问题，最终将导致森林的生态效益降低的严重后果。三是补偿标准不均衡。主要存在着补偿标准与当地经济发展水平、森林生态效益需求不平衡和短期政策与长期目标的不平衡等问题①。当前生态公益林管护问题产生的关键是因为"大一统"的补偿方法与标准在很大程度上没有根据地方经济发展以及公益林的特征实际加以调整，因而导致了各地具有总体普遍性（补偿标准低且单一等）以及具有当地特殊性质的种种问题。

### 4.6.3.2　动态分阶段补偿标准的原理

公益林生态补偿的目的是为了避免森林经营者或所有者因公益林建设需要，而不能经营利用原有的森林资源所带来的损失而给予经济上的弥补，使之消除破坏森林资源的经济动力，进而达到保护森林资源和环境的目的②。然而，目前的公益林生态补偿主要是以基本的成本补偿为主，甚至没有满足基本的建设与管护成本的需要。随着社会经济的不断发展，目前的补偿标准与公益林建设与维护所需的补偿已严重不符，森林生态系统的损毁、恢复与保护过程都具有一定的周期性与滞后性，为达到生态补偿的经济性，根据森林生态系统规律进行多时点动态补偿是必然的选择（刘薇，2015）。因此，对于如何确定一套与经济社会发展相适应的具有动态分阶段特点的标准，近年来得到了学者的探讨。

动态分阶段补偿标准的研究方面。近年来，有专家学者提出了关于将现有的补偿标准改为将造林成本、管护成本以及机会成本等进行综合补偿的办法，并逐渐有学者在此基础上提出了将成本按照从低到高、从基本到全额按时限逐渐递增的方式进行补偿，但对于动态分阶段补偿标准的概念与含义并没有界定清晰。秦艳红等认为，应该根据退耕还林（草）所造成的农民机会成本的损失

---

①　罗凌. 关于中国森林生态效益补偿标准的思考 [J]. 四川林业科技，2012（6）：85－89＋59.

②　高建中. 中国森林生态产品补偿标准五阶段论 [J]. 林业经济问题，2009（2）：173－176.

来确定补偿标准，根据工程的进程和资金的投入情况，将生态补偿划分为基本补偿、产业结构调整补偿和生态效益外溢补偿三个阶段，这为在公益林生态效益动态分阶段补偿方面提供了一定的借鉴①。刘薇认为，当前传统静态补偿标准忽视了林农的发展权，没有充分考虑到补偿标准滞后性对林农造成的影响，同时由于林农经济利益与国家生态利益对比的动态性，决定了补偿标准应具有动态性的特点，通过建立公益林动态补偿模型，对公益林补偿期内机会成本增加、林农收入提高、物价上涨等影响的计算，确定了公益林动态补偿逐年增加的标准②。高建中认为，应随着经济发展和国力的增强，逐步考虑部分量化的生态功能价值的补偿，其以成本构成理论为基础，从补偿标准递进增加的不同阶段对我国森林生态补偿标准进行了分析，提出了我国森林生态补偿标准发展的五个阶段（现行标准、管护成本标准、简单再生产标准、全额生产经营成本标准、效益补偿标准）③。江浩等探讨了江苏省公益林补偿标准，提出了补偿标准的确定要依次考虑经营成本、收益损失补偿（机会成本）和生态产品与服务价值补偿标准，从而形成了基本补偿、全额补偿与最高补偿标准的由低到高的3 个层次。

以上专家学者提出的具体补偿标准虽然各有差异，但是总体上对于补偿标准都采取了通过显性成本核算与隐性成本核算并与实际经济发展水平相结合的方式对于补偿标准的实施阶段进行了初步的划分，对于国家有效改善公益林生态效益补偿标准提供了很大的借鉴作用。目前，公益林分阶段动态补偿标准的研究，其相关文献仍然很少，随着集体林权改革的不断深入，以及部分地区的改革完成，公益林动态分阶段补偿的方法理应得到广大学者的进一步关注和深入研究。

### 4.6.3.3　研究区生态公益林动态分阶段补偿标准

以学者目前的研究为基础，结合地区实际，本着科学性、简便实用的原则，对于新疆边境地区的生态公益林补偿的动态分阶段补偿标准进行初步探索。

（1）基本补偿标准。基本补偿标准主要是指对于国有公益林经营成本的补偿，主要包括其建设成本与管护成本。

---

①　秦艳红，康慕谊. 退耕还林（草）的生态补偿机制完善研究——以西部黄土高原地区为例［J］. 中国人口. 资源与环境，2006（4）：28 – 32.

②　刘薇. 生态公益林效益动态补偿标准研究［J］. 安徽农业科学，2015（7）：178 – 180.

③　高建中. 中国森林生态产品补偿标准五阶段论［J］. 林业经济问题，2009（2）：173 – 176.

在建设成本中护林员劳务开支每年每亩 3～4 元，目前护林员劳务报酬均为每亩每年 3.5 元，国有林场和自然保护区原则上按每 1000～3000 亩配备 1 名专职护林员，而实际上，许多林场的管护人员每人一般要管护 4000～8000 亩左右的公益林，每年得到的劳务报酬为 14000～17500 元。自治区 2014 年最低工资标准为 1520 元（全日制就业劳动者月最低工资标准含劳动者个人缴纳的"三险一金"的月最低工资标准第一档次，"三险一金"为 310 元左右），这样一般每年的工资大约应为 18500 元，其中"三险一金"为 3720 元左右。去除"三险一金"，按照平均每人管护 6000 亩计，则每人的劳务补偿应为 37 元/公顷。据调查，新疆公益林地实际上一亩地需要抚育费从 350～500 元不等，则每年需抚育费为 260～375 元/公顷，取中间值 317.5 元/公顷（20a 为周期，按 5% 的比例）。

自治区的社会综合保险费用主要为"五险一金"，即基本养老保险、基本医疗保险、失业保险、工伤保险、生育保险以及住房公积金，其中，单位缴纳比例一般为 41.3%，个人缴纳比例为 19%，合计占基本工资的 60.3%。因此，每人每年的社会综合保险费为 11155 元，即 27.88 元/公顷。林地的综合管理费用为 76 元（一般取上述费用之和的 20%），在不考虑地租的情况下，基本补偿标准为 458 元/公顷。集体与个人所有的公益林若被划为国家级公益林会存在林地的使用方式受限的问题，因而，需要考虑该类权属林地的地租问题。由于市场上的林地地租因为林地质量、林地区位等种种因素而价格变动过大，因此，根据市场动态，按一般林地的年均租金计算，约为 400～500 元/公顷，取其均值 450 元/公顷，从而可得在考虑林地租金条件下，公益林的基本补偿标准为 908 元/公顷。

（2）全额补偿标准。对于权属为集体所有或个人所有的林地而言，一旦被划归为公益林，就会受到严格的林地使用方式的限制，尤其对于原林地的采伐，其限制更甚。因而，对于林农、林地经营者而言，实际上其损失了很大一部分商品林所得收益和发展其他林业经济等带来的机会成本，这实际上也是政府对于林农和林地经营者正当、合法的经济权益的一种剥夺，实质上是社会侵占了经营者的利益。政府重视效率而没有应用的公平，缺乏对于经营者权益应有的尊重。为使林农和林地经营者放弃采伐公益林的动机，提高其参与公益林建设的积极性，政府应按照森林经营者在无限制时所获得的利益，作为政府报价或补偿的依据，保证经营者获得正常的经济利益，提高供给森林产品的积极性①。

本书以林农或林地经营者所放弃的木材生产利润作为直接的机会成本损失为基本补偿标准。据测算，一般经营用材林的平均利润为平均地租的1～3倍，在这里按2倍林地地租计算，约为900元/公顷。因此，公益林的全额补偿标准在不考虑地租的情况下为1358/公顷，考虑地租的情况下为1808元/公顷。

（3）最高补偿标准。生态系统服务价值补偿又被称为效益补偿，是指生态公益林所提供的生态系统产品或服务的经济价值，实际上也是生态补偿的最高标准。该补偿标准是以修正经济外部性作为森林生态产品补偿标准确定的依据，即最适宜的森林生态产品补偿标准应等于最适宜资源配置下的单位生态资源的边际效益②，按照公益林生态系统产品或服务的价值给予一定的补偿，从而变生态建设的经济外在性为生态建设单位的内在经济推动力。本书所测算的各项具体生态服务中具体包含了涵养水源、净化水质、保护土壤、维持碳氧平衡、净化环境污染、保持生物多样性、生产有机物以及游憩价值等。在4.1.6节中，我们已经测算得出南疆三地州的国家级公益林的生态服务功能价值，并采用了社会发展系数进行调整，可得的生态系统服务价值为124.53亿元，可测算得出平均补偿额为16316.82元/公顷。

（4）主体功能区划下的发展机会成本。集体和私人的林地在划归公益林之后，为提供生态服务，如实行封山育林、禁牧、休牧、生态移民和草畜平衡等生态保护政策而损失的经营者原来经营方式的收益以及地区经济的发展权受到限制造成的损失。从微观的角度看，直接机会成本的损失可以从林农和林地经营者个体所失去的经营木材的经济利润加以考虑，这已经在上述的全额补偿标准中进行了测算。对处于生态脆弱区的边境贫困地区而言，其承担着重要的生态功能，同时受主体功能区划的影响，大都位于限制与禁止开发区，承担着生态建设与保护的功能定位，尤其是公益林等的林业建设与保护工程，使地区层面的发展机遇较大程度上受到了限制，而且根据目前的发展形势，其与经济相对发达的地区经济发展差距正在逐步扩大。

这里以南疆三地州为例，将该地区的人均GDP水平与新疆各地区的平均水

---

① 吴伟光，徐秀英，王传昌，王旭东，沈月琴. 生态公益林"外部性"特征及解决途径［J］. 林业经济，2003（12）：40－42.

② 高建中. 中国森林生态产品补偿标准五阶段论［J］. 林业经济问题，2009（2）：173－176.

平进行对比，以其经济发展与新疆整体发展水平的差距，作为南疆三地州的发展机会成本，也即从扶贫视角出发的南疆三地州因常年生态性贫困而造成的发展机会的经济补偿。上一节中已经测算得出南疆三地州地区从 2000～2013 年的机会损失一直处于接近线性的增长趋势。因而，这里以 2013 年的南疆三地州的机会成本 1704 万元为例，其公益林面积为 76.32 万公顷，算得每年 22.32元/公顷，可考虑以此来作为由于南疆三地州区域层面的生态补偿。

（5）动态分阶段生态补偿标准。结合我国经济发展水平以及中央和地方财政补助的现实状况，并根据研究区生态公益林建设、维护、机会损失等各项成本现状及生态效益价值，并结合由于主体功能区划的限制、禁止开发区因发展机会受限而导致的机会成本损失，进行动态分阶段补偿。补偿标准的确定按照基本经营成本、收益损失补偿、生态系统产品与服务价值补偿的思路依次进行，逐步形成基本补偿标准、全额补偿标准以及最高补偿标准的分阶段补偿标准。

初级阶段补偿，即基本补偿标准。该标准是在静态补偿经营成本的基础上根据林地的权属类型，国有公益林因权属为国家所有，不存在林地地租问题，不进行地租补偿，补偿标准为 458 元/公顷/年；集体所有或集体所有农民承包经营以及个人所有的公益林增加地租补偿，该标准为 908 元/公顷/年。基本补偿标准仅是公益林生态补偿的初级阶段，是维持公益林简单再生产的关键。需要注意的是，该补偿标准尽管是基本补偿，但从长期来看，仍需根据经营成本的物价水平以及当地林地地租的实际价格变化给予充分考虑，应考虑每隔 3～5年进行一次重新调查与估算（或以全国和各地方的森林清查结果等数据为依据），进行实际补偿数额的更新。

中级阶段补偿，即全额补偿标准。在基本补偿标准的基础上增加其放弃公益林木材生产利润的补偿，从而消除其采伐公益林的动机。在社会经济发展水平较高时，国家和地方财政资金有余力的情况下，可以考虑按照地方公益林一般经营利润进行机会成本的补偿。研究中，国有公益林在中级的补偿标准为1358 元/公顷/年，非国有公益林在中级的补偿标准为 1808 元/公顷/年。全额补偿标准是公益林生态补偿的中级阶段，是现阶段对于公益林经营进行扩大再生产重要的补偿方式。需要注意的是，公益林的经营利润因地域、林分质量、区位等因素影响会相差很大，不可能按照实际情况分别进行完全补偿，只能根据地区在一定时期内的平均经营利润，以林地类型、林分质量等重要影响因素为参考进行补偿。

高级补偿阶段，即生态产品与服务价值补偿。该补偿标准因其巨大的数额，一直以来都被认为是生态补偿中的最高标准，本书中在考虑社会支付意愿并进行社会发展系数处理后，测算出的最高补偿标准为 16316.82 元/公顷，与现行的补偿标准相差确实过大。该标准完全是从公益林向社会提供的生态产品或服务的角度出发进行的补偿，需要在经济社会发展到较高水平，国家和地方财政资金较为宽裕的情况下才能进行逐步补偿。因而，从目前来讲存在以下两大问题：其一，就目前的经济社会发展水平来看，无论是中央还是新疆地方财政都无力承担如此高额的补偿资金，一方面需要随着国家经济发展以及西部大开发的不断深入，尤其是丝绸之路经济带核心区的加快逐步建设，在新疆经济大发展、大提高，财政资金充裕的情形下逐步进行补偿；另一方面需要进一步扩大补偿资金的来源渠道，积极吸取社会捐助和社会投资，大量扩充补偿资金。其二，生态系统产品与服务的价值测算需要有科学、统一、严格的评价体系。

介于中级补偿阶段与初级补偿阶段之间，建议适当考虑因主体功能区划带来的边境贫困地区的限制开发区和禁止开发区的发展机会的受限而与新疆整体经济发展差距形成的地区性发展机会成本。当前新疆的生态补偿主要以中央政府向自治区以及新疆兵团的纵向转移支付为主，而基于"受益者付费"原则的区域之间以及不同群体之间的横向转移支付几乎处于空白。新疆边境地区许多处于生态脆弱区、贫困地区（尤其是集中连片特困地区）、新疆边境贫困地区与重点生态功能区的多重结合，承担着重要的生态建设与维护以及维稳戍边的特殊功能，由于地区发展功能规划的限制，理应得到因为牺牲自身发展机会导致发展滞后并且因提供生态产品与服务使得优化开发区、重点开发区受益而得到的补偿。国际生态补偿案例中，德国由富裕州向贫困州进行销售税的州际间横向转移支付的补偿模式在欧盟的生态补偿模式中一直很有特色，较大程度地平衡了区域间发展不公平的利益格局，对于当前新疆对于边境贫困地区发展的机会成本损失补偿可资借鉴。初步测算得出南疆三地州与新疆平均水平相比的发展差距呈线性上升趋势，该地区广泛分布着阿尔泰山地森林草原生态功能区、塔里木河荒漠化防治生态功能区、塔里木盆地西北部荒漠生态功能区和中昆仑山高寒荒漠草原生态功能区等新疆重点生态功能区。该地区发展机会成本的补偿可以采取将横向转移支付的补偿资金按照公益林面积（也需考虑草原面积）等进行生态补偿，而全部按照国家级公益林面积测算出的每年的补偿金额仅为 22.32 元/公顷。从目前看，该补偿标准可以接受。随着生态补偿的不断深入，建议逐步考虑将因受偿区发展受限所带来的区域性机会成本适当加入以上标准中。

#### 4.6.3.4 公益林生态补偿标准主要影响因素

（1）权属。权属为国家所有的公益林，不需要支付经济损失补偿（即机会成本）与地租，只需支付足够的管护所需资金，尤其是管护人员劳务报酬即相关费用。权属为集体或林农个人所有的公益林，不仅要补助基本的管护费用，还应在其基础上增加对于因禁伐等限制林地经济收益所造成的经济损失以及地租等的补偿。

（2）经济发展因素与收入差距因素。目前，新疆地区公益林生态补偿最主要的资金来源是中央财政拨款，其次是地方政府配套资金。因而，国家的综合发展水平和地方的实际经济发展水平是影响生态补偿标准的关键。对于边境贫困地区而言，不少贫困地区集中连片分布，贫困程度较深，同时生态重要性突出。因此，该区域的生态补偿标准应以农村居民人均收入以及职工最低工资为重要参考标准进行相应调整，将扶贫式生态补偿作为促进地区生态建设与扶贫的重要举措开展。

（3）生态质量。新疆地区实施的公益林生态补偿标准基本上是按照面积大小确定每公顷平均补偿标准，对于生态质量的考虑则很少。生态质量的高低是由多样性、自然度、脆弱性、面积适宜性等因素共同决定的①。实际上，生态质量好的公益林在实际管护时相对容易，所花费的成本相对较低。因此，对于生态质量较高的公益林，可以适当地降低管护费用；反之，对生态质量相对较差的应提高管护费用标准。

（4）生态区位的重要程度。地域生态系统的重要性以及生态系统服务功能的差异性，对于地区、区际甚至全国性的生态效益提供和生态安全有着极为重要的作用。从生态区位考虑，生态区位重要程度高，生态脆弱的地区要给予公益林等关于生态区位重要性的较高补偿。新疆边境贫困地区生态区位极为重要，关联到整个新疆地区生态安全的大局。更为复杂的是，许多生态公益林分布于环境、气候条件比较恶劣的生态脆弱区，和生长环境较好的地域相比，其经营、管护等成本要高许多。

在国土安全方面，戍守边疆是国家根据职能需要向全体国民提供的一种公共产品，具有很强的"外部经济"特征，然而，实际上提供戍边所获得的私人

---

① 高建中. 中国森林生态产品补偿标准五阶段论［J］. 林业经济问题，2009（2）：173－176.

收益要远远低于其带来的社会效益。因此，成守边疆的服务也就成为了典型的公共产品。新疆边境地区地理位置特殊且重要，生态环境的质量直接影响着边境地区的稳定与安全，关乎整个国家与民族的重大利益，具有特殊重要公共服务的特点。从所进行的生态公益林建设、"三北"防护林工程、天然林保护工程以及草地保护等相关工程项目也就具有了"生态成边"的典型特征，这不仅是单纯的国防范畴，更是一种因提供重要生态服务对于边疆稳定、国防安全的重大贡献。

因此，对于新疆边境地区的生态补偿，尤其是处于边境国防重要地带、生态脆弱地带、民族聚集地带、贫困地带以及重点生态功能区地带的公益林补偿，应在成本补偿的标准上增加对生态区位特殊重要性以及"生态成边"特殊贡献的补偿金额。

（5）林分类型与林分质量。不同林种、树种的造林成本与产生的生态效益有较大的差异，就同一树种而言，其产生的生态效益也随林龄、林分质量的不同而有所差别。公益林林分质量好的林地可以降低管护费用补偿，同时提高经济损失（机会成本）的补偿，对于林分质量稍差的林地，需要适当提高管护费用补偿，同时减少经济损失的补偿，这样对于优化补偿资金的利用与分配结构，避免主要按面积补偿造成的补偿效率低的问题，尤其是林农对因较优质的林地得到相对较低补偿的不满问题。此外，刘薇（2015）提出采用林分质量调整系数，即以成熟林占公益林比重作为林分质量在补偿标准模型中的一个重要参考因子，对于从实践上以动态的形式，按照林分质量的不同进行补偿标准的设定提供了简便实用的参考。因此，新疆边境贫困地区公益林的生态补偿应综合考虑树种、林龄与林分质量，既要使得核算评价科学准确，又能尽量使政策执行简便高效。

### 4.6.3.5　研究区生态公益林分级分类补偿标准

近年来，对生态公益林分级分类补偿标准的研究逐渐增多，并已在广东、福建、浙江等几个省试点成功，并开始逐步推广。顾名思义，分级分类补偿就是按照一定的标准对生态公益林进行级别与类别的划分，从而根据"按质论价"、"优质优价"的原则分别对其进行生态补偿。王清军等（2013）基于全国10个省份的地方立法文本，从立法角度指出森林生态效益补偿制度发展方向之一就是由单一的补偿标准逐渐向多样化的分类补偿标准转化，并提出了以最低补偿标准为基础，建立分级和分类相结合的补偿标准的发展思路①。针对新疆边境贫困地区退耕还林的生态补偿，陈祖海、汪陈友提出应根据不同等级确定不同的补偿标准，除简单做生态林与公益林的划分之外，还要对生态林划分出不同的等级分别进行补偿②。在对新疆地区公益林分级分类补偿的探讨方面，黄力平等（2015）提出应该按地类、区域分类补偿，适当考虑不同区域的林类、林分质量、生态区位的重要程度等，按照地类划分为主，综合调整补偿标准，形成分类补偿和分级管理机制③。

在新疆地区公益林生态补偿的实践中，虽然没有开始关于公益林分类补偿工作的正式试点与推广，然而，自治区已经根据实际，实行了按照不同地类分别实行补偿的措施，即按不同地类重点公益林的管护难易程度确定不同的管护支出。其中，购买劳务补偿的标准为：有林地每年每亩4.75元，疏林地每年每亩3.5元，灌林地每年每亩3元，其他为每年每亩3元。然而，该补偿标准目前仍然是以面积补偿为主，在影响补偿标准的诸多因素中仅仅考虑了地类这一方面，仍需进行深入探讨与设计。

目前，国家对于公益林的区划界定划分以生态区位为主要参考，并没有将林分质量考虑其中。而关于分类补偿问题是以国家分级作为标准进行分级补偿，还是以林分质量为标准进行分类补偿一直争论不断，分级补偿尽管操作方便，执行效率高，但是以区位为主，忽视了林分质量，造成了补偿公平性的显著缺失；分类补偿按照林分质量分别进行补偿，尽管其科学、精准、公平，但需跟随林地的生长每隔一段时间进行测定、审查与调整，工作量大，效率较低。周子贵（2014）等综合浙江省进行生态补偿标准改革的试点实践，提出了关于"分级管理，分类补偿"的公益林生态补偿标准。由主要按照面积进行补偿向按照林分质量分级分类补偿转变，除基本经营成本、机会成本外，还应将影响公益林补偿标准的生态区位重要程度、林分质量等纳入补偿标准并进行综合考量。

结合新疆边境地区公益林实际，综合分类标准大致为：以区位分类为主，

① 王清军，陈兆豪. 中国森林生态效益补偿标准制度研究——基于10省地方立法文本的分析 [J]. 林业经济，2013（2）：57-68.

② 陈祖海，汪陈友. 新疆边境贫困地区退耕还林生态补偿存在的问题与对策思考 [J]. 中南民族大学学报（人文社会科学版），2009（2）：122-127.

③ 黄力平，丁春元，胡东宇. 新疆公益林生态效益补偿机制现状及完善对策 [J]. 宁夏农林科技，2015（4）：15-16+18.

将国家一级公益林、自治区一级公益林，以及国家级自然保护区、国家级森林公园、重要水源保护区等地的公益林划为一类公益林；以林分质量分类（按林龄、优质林分面积、阔叶林已封育年限、林分郁闭度、林分平均胸径、树高、蓄积等均需达到一定水平）为主，将一类公益林以外的重要江河源头及两岸、大中型水库周围林地以及自然保护小区等优质高效的公益林划分为二类公益林；将一类、二类公益林以外的公益林全部划分为三类公益林。在补偿标准方面，一类公益林补偿需考虑其特殊的生态区位重要性，而且由于实行严格管理，禁止砍伐，需要给予相对较高的补偿。与此同时，对于具有一定收益的森林公园、自然保护区因为门票收入、发展生态旅游及相关产业等得到了一定的经济补偿，可考虑适当减少其生态补偿标准。对于二类与三类公益林，在不破坏森林生态系统功能的前提下，可以合理利用，适度经营发展林下经济。对于该两类公益林的补偿要综合林分质量以及林下经济等发展情况，给予其适度差别补偿。

到目前为止，理论界中探讨的每一种生态公益林的补偿标准都各有利弊，也并没有形成一致公认的补偿标准。在设计生态补偿制度的标准时，应将各种成本的产生与损失、生态区位以及林分质量、生态效益质量等进行综合考虑，并结合国家和地区的经济发展水平以及相关对象的经济条件等进行补偿数额的确定。不论是动态分阶段补偿还是分级分类补偿，抑或是二者的结合，都应该注意补偿标准的更新与调整期限不宜过长。考虑到林地生长特点、经济发展等因素，应以 3～5 年为宜。

## 4.7　新疆边境贫困地区扶贫生态补偿资金的筹集和管理

生态补偿资金的筹集与管理是全面建立生态补偿机制的重要问题，也是所有生态工程建设能否持续开展并取得预期成效的基础性问题。目前进行中的许多生态工程规模大，所需资金数额大，持续时间长，只有筹集到足够的补偿资金，才能使目前公平性失衡的不完全补偿逐步转化为完全补偿。当前，包括生态服务产品在内的公共产品的供需矛盾日趋尖锐，解决这一问题的重点在于能够建立满足社会生态需求的新型公共财政体系①，从而形成多元化、多层次、多渠道、全方位的生态补偿资金筹集渠道，促进生态补偿的充分实现和可持续发展。

### 4.7.1 公共财政与国家预算

公共财政作为弥补市场失效，向社会提供公共服务的政府分配行为，是政府提供补偿资金的重要来源，以财政收入和财政支出为价值形态表现以满足社会公共需要和公共产品、公共服务的实物形态上的实现②。而国家预算，是指国家根据法定程序编制批准执行的国家年度财政收支计划，同时也是政府以财政转移支付与财政补助为主要形式的公共财政的直接与重要来源，其具体是指中央财政预算和地方政府（省、自治区政府）的年度财政预算。因此，在中央政府和地方政府编制预算时，应将部分补偿资金以在预算中专门编排科目的形式予以确定，建立从属或平行于财政预算的生态预算，从而保证补偿资金的稳定性，同时，鉴于中央财政是补偿资金的主要来源，应该适当提高相应受偿地区的补偿标准。针对该生态预算，要形成一套相关责任监督制度，能够切实反映各责任主体对于年度生态预算的使用效率和效果，并实行严格的责任追究制度，将其作为各级政府行政绩效评价与确定生态财政转移支付的基础。

完善区域间（或政府间）横向财政转移支付制度。为尽量避免横向区域间转移支付的复杂性与困难性，应以中央政府的名义，将由受益地区政府按既定标准收缴的向受偿地区政府的横向转移支付统一上缴中央政府，然后由中央政府再按照实际应补偿的额度直接拨付给受偿地区政府，从而降低横向支付的难度。然而，需要注意的是，在长期的"援疆计划"实施中，东部援助省份为新疆的建设做出了一定的贡献，大都集中在经济开发与基础设施建设上，因此，在转移支付中，应当将援疆省份所做出的贡献予以充分考虑，给予一定抵免等特殊政策。

此外，各级地方政府，尤其是新疆区政府和处于重要生态功能区的边境贫困地区，要改变以往将在生态补偿政策中单纯争取、依赖中央财政资金（和自治区资金），而自身不参与资金投入建设的不良做法，不能错误地将中央政府在边境贫困地区的扶贫式生态补偿政策看作是简单的扶贫资金不同形式的发

---

① 孔凡斌. 退耕还林（草）工程生态补偿机制研究［J］. 林业科学，2007（1）：95 – 101.
② 张合平等.《环境经济学》［M］. 中国林业出版社. 2002.

放，中央政府在边境贫困地区的生态补偿政策固然有扶贫的效果和目的，但其本质上的目标是国家在宏观层面上立足于全国的国土资源和生态安全的建设与维护。因此，在诸如退耕还林等工程中，地方政府不能因为想多争取国家工程资金而刻意争取建设指标，不顾实际情况而盲目扩大试点范围，甚至于"只管建设不管维护，只管种植不管成活"，影响地方和国家生态工程建设的效率与生态安全。

### 4.7.2　发行国债（生态环保债券）

国债又称国家公债，是国家以信用为基础，向投资者出具的、承诺在一定时期支付利息和到期偿还本金的债权债务凭证。简单来说，就是向社会筹集资金的政府债券。国家通过发行生态环保债券、适度举债的方式，一方面可以将社会上闲置的大量资金等予以吸收和整合，提高资金的使用效率；另一方面更重要的是，可以为生态建设工程和生态补偿政策提供稳定的资金来源和可靠的保障。

国际上，采取发行公债筹集补偿资金的方式也被广泛应用，例如，纽约市政府在补贴 Catskill 流域上游进行生态环境保护者时就采取了发行公债的方式，取得了较大成功。早在 1998 年，我国开始通过发行国债的形式筹集生态环境保护资金，取得了较好的效果。目前，增发生态环保债券仍然是我国退耕还林（草）和生态建设资金的筹集中除中央财政预算外的主要来源方式。在新疆，尤其是边境贫困的南疆三地州地区，其林业系统营林固定资产投资中，国债资金占了很大的比重，较大程度解决了其自有建设资金严重不足的困局。

作为边境贫困地区生态建设和生态补偿政策重要资金来源的国债，其本身就有着政府主体与市场主体的双重特点，既能为补偿资金的提供者（债券的购买者）提高投资收益，又有利于减轻中央政府的财政压力，又能为退休养老基金、社保基金等提供稳健的投资渠道。当然，在债券发行中也要注意防范金融风险带来的筹集资金安全性风险等相关问题。

### 4.7.3　开征生态补偿税（生态效益税）

理论上，生态补偿税的征收主要有以下两种形式：开征税和附加税。在国际上，以附加税形式收取的生态补偿税较常见，例如，巴西政府在恢复退化林地和增加保护区面积的过程中开征了"生态增值税"，将征收所得销售税的25％返还给参与建立保护区和实施可持续发展政策的州政府，并按照各州的保护区建设面积占土地总面积的比例以及保护水平与质量等来分配和安排各州政府应得的补偿费用。1999 年，德国以立法的形式确立了生态税的法律地位，并将生态补偿税以能源消耗税的形式附加到消费税中进行征收，在扣除划归各州25% 的金额后，将剩余部分直接由工业发达的州按照法定标准直接横向支付给经济落后的州，一方面减轻了联邦政府巨大的财政压力；另一方面起到了平衡不同州政府之间利益的作用，也促进了生态的建设和受偿地区的减贫。

从国外经验可以看出，生态补偿税收按照附加税征收的形式，其实就是一种由收入税向环境税的转变。在我国西部地区，尤其是在自治区和边境贫困地区，通过采取收取生态税的形式进行生态补偿资金的筹集不失为一种较好的方式。西部地区尤其是边境贫困地区是祖国的重要生态屏障，肩负着戍守边疆国土、保卫生态安全的重要责任。同时，大量的自然资源供给着东部地区的经济建设，生态工程的大量建设为东部地区的优先发展提供了环境基础，以生态税收的形式向中、东部富裕省（市）收取生态补偿费用，也是合情合理的。同时，为体现"谁受益，谁补偿"的原则，在自治区内部也应该由优先开发区、重点开发区向限制开发区和禁止开发区进行生态税收的横向转移支付。在具体征收形式上，为避免征收环节在部门及地区之间的困难和阻力，建议以消费税附加税（或所得税附加税）的形式开征。在征收标准上，通常有以下两种方法：其一，按照"谁受益，谁补偿"的原则，根据特定生态服务与林草资源关系的远近确定征税对象，对于承包的水库、水力发电站、城市自来水、风景旅游区、旅行社等紧紧依赖森林、草原等生态环境的受益主体进行征收，其中，对于发电站可以依照其实际用水量和发电量的营业收入征收，对于风景旅游区和旅行社可以按照其营业收入进行征收；其二，按照"谁破坏，谁保护"的原则，对那些对森林、草原等生态环境影响比较大的矿产品开采企业、大型基础工程建设企业征收补偿税[①]。

此外，对于边境贫困地区，尤其是限制和禁止开发区，则要实行生态税收减免政策，减轻本就负担沉重的当地农牧民的生存压力。

在征收生态税方面，与目前正在征收的资源税在一定程度上存在着重复征税的问题，随着资源税价改革的逐步全面实行和深入，资源税的主要征税对象的征税方式正由从量计征变为从价计征；为消除二者的重复征税部分，应该将生态税作为单税进行独立征收，同时消除与资源税在税收方面的重复部分，并

① 孔凡斌. 退耕还林（草）工程生态补偿机制研究 ［J］. 林业科学，2007（1）：95 - 101.

将改革之后的资源税逐步向生态税方向发展。

### 4.7.4　发行生态福利彩票

目前，我国的彩票类型主要以体育彩票和福利彩票为主。生态彩票是指以生态建设和环境保护资金的筹集为目的发行的彩票①，与国债发行相比，其金融风险更小，与税收形式相比，其集资的效率更高、成本更低。从理论上，发行生态彩票，尤其是在生态受益区发行，集中体现了社会广泛参与，将公共物品外部成本内部化的原理，发行生态彩票可以消除消费者"搭便车"效应，比强制征税更有效果（张伟，2005）。发行彩票不仅能够快速汇集社会闲散资金，为生态建设筹集大量资金支持，缓解中央在生态建设与补偿方面的财政压力和因地区发展不均衡造成的社会矛盾，而且还能增加更多的就业岗位，以此缓解社会压力。此外，更能通过彩票的发行与宣传，激发全社会消费者对于生态脆弱和生态贫困地区的广泛关注，提升其环保意识与责任意识。在目前我国政府提供公共品不足的情况下，生态彩票具有很大的优势，对社会经济的发展也必将起到越来越重要的作用②。

国际上，生态彩票的发行已成为筹集生态建设和生态补偿资金的重要来源。例如，日本政府于 2010 年第一次大规模发行了以宣传绿色环保和振兴艺术文化为主要目标的绿色环保彩票，总发行量超过 7 亿张，按照每张彩票 300 日元计算，则共计筹集资金 2100 亿日元，折合人民币共计 162 亿元，（按照 2010 年年均汇率 100JPY/CNY＝7.7286 计算）。2011 年，经马耳他彩票经营许可管理局批准，英国斯特林·沃特福德公司公开发行了世界上第一种低碳环保彩票，其所得资金在扣除支付奖金和运营成本后全部用于绿化、林业植被修复等低碳减排项目。目前，土耳其佐鲁风力发电厂、印度高韦里水电站，以及巴西和危地马拉的绿色能源社区项目等已成为低碳彩票的投资目标，修复植被、植树造林也将成为彩票金投资的发展方向。我国对于生态彩票方面的尝试则起始于 1998 年的长江特大洪水，当时国务院特批发行"1998 抗洪赈灾"福利彩票，募集资金高达 50 亿元之多，为灾后重建工作做出了相当大的贡献③。

近年来，尽管我国体彩和福彩事业发展较为迅速，但与国际生态彩票的发

①　邓凌翅，温作民．探索低碳经济背景下环保资金筹措的新方式——生态彩票［J］．商场现代化，2010（33）：80 - 81.

②　李刚．中国彩票业现状的实证分析及未来发展对策的研究［D］．复旦大学，2006.

③　葛俊宋．完善新疆森林生态效益补偿制度的思考［D］．新疆财经大学，2011.

行相比，彩票发行总额还不到世界彩票发行总额的 1%，全国人均购买量只有 7 元，只排在世界第 97 位，还不到美国的两千分之一，仍处于起始阶段①。因而对于生态彩票的发行来讲，其潜力还有很大的挖掘空间。进一步来讲，多年来我国彩票事业的发展已形成了较为完备的体系和网络，体彩和福彩都广受欢迎，这为生态彩票的发行奠定了扎实的社会基础和重要参考。

对于西部地区尤其是新疆边境贫困地区而言，在经过国务院等相关机构批准后，由自治区政府在自治区范围内（包括各州、市、县）参考体彩、福彩等的规则和方式公开发行，将所筹集的公益金集中用于新疆的生态建设和生态补偿工作。对于中东部经济较发达地区，则应将所得公益金在扣除支付奖金和运营成本后，按照适当比例一部分用于自身生态建设与治理，另一部分则集中上缴中央，由中央拨付、分配或直接横向支付给为东部地区发展提供了稳定的资源与生态保障，并做出巨大牺牲的西部地区尤其是新疆等西部贫困地区。

### 4.7.5　建立生态补偿基金

生态补偿基金就是指狭义层面上具备生态补偿这一专门用途的基金形式，即生态补偿基金是指国家基于生态服务而设立的，为了平衡生态利益，对提供生态补偿服务的活动进行专项补偿的资金。生态补偿基金以基金的形式运作，有着以下优点：其一，可以大量整合吸收社会闲散资金，提高了资金的使用效率，在一定程度上消除生态补偿政策部门化带来的弊端。其二，通过资金的有效运营，可使基金保值增值，实现生态补偿资金的持续供给，增强国家生态补偿能力，有效缓解其财政压。此外，可通过第三方机构的管理，增加资金运转透明度，有效地监督资金的运营状况。

国际上，采取建立生态补偿基金筹集资金的方式已被广泛采用，墨西哥政府 2003 年建立了一个规模达 2000 万美元的基金，用于补偿森林提供的生态服务，补偿标准是重要生态区 40 美元/（公顷·年），其他地区 30 美元/（公顷·年）。厄瓜多尔首都基多在 1998 年成立了流域水土保持基金，用于保护上游 40 万公顷的 Cayambe – Coca 流域的水土保持以及上游的 Antisana 生态保护区，并包括为上游居民提供可替代的生计方式，农业最佳模式示范、教育和培训。哥斯达黎加为保证森林生态补偿制度的有效执行，建立了具有独立法律地位的半自治组织"森林生态环境效益基金"（FONAFIFO），并负责项目的具体

---

① 梁军峰. 为新农村建设筹资而发行新彩票的可行性研究 ［D］. 西南大学，2007.

实施。此外，还有民间处于保护生态的需要而自发组织成立基金组织，例如，哥伦比亚第二大城市——卡利市的水稻和甘蔗种植者为了摆脱夏季遭遇干旱，雨季面临洪水泛滥的困境，自发组织成立了 12 个水用户协会，自愿提高向 CVC 公司交纳的水费，并将其列入一项独立基金，由 CVC 公司用于支付改善河流流量等生态保护活动。

实际上，我国的生态补偿基金制度在诸多领域和地区也都有了一定的发展。2001 年，国家将包括新疆在内的 11 个试点省区纳入首批国家森林生态效益补偿工作试点省份。2004 年，我国正式建立中央财政森林生态效益补偿基金制度，标志着我国生态补偿机制正式启动。2007 年，为进一步规范和加强中央财政生态补偿基金管理，提高资金使用效率，对《中央森林生态补偿基金管理办法》进行了修正，制定了《中央财政森林生态效益补偿基金管理办法》，明确了补偿对象。此后，北京、广东、浙江、江苏、江西等地区根据生态公益林及其补偿标准都制定并实施了地方性的补偿条例，为国家建立森林生态补偿机制做出了有益的尝试和积极的探索。此外，许多省份在流域生态补偿基金制度、矿区生态补偿基金制度、退耕还林生态补偿基金制度等都有所探索和实行。因此，对于生态补偿基金制度如何设计与管理、监督，尤其是针对新疆边境贫困区这一极为特殊地区生态补偿基金制度的设计问题，应做好以下几点：

第一，拓宽生态补偿基金涉及领域。目前，新疆生态补偿基金制度的建立主要以森林生态效益补偿为主，在诸如退耕还林（草）、流域生态补偿、矿区生态补偿等方面没有建立起补偿基金制度。因而可参照东部相关省份建立起覆盖多领域的生态补偿基金制度，根据各个领域的不同特点，编制与之相适应的具体细则。

第二，明确生态补偿主体与受偿主体，拓宽生态补偿基金的来源渠道。补偿主体的界定是确定资金稳定来源的前提和基础，中央政府应按照"受益者付费，受损者补偿"的原则，确定明晰森林生态补偿、流域生态补偿、矿区生态补偿、退耕还林生态补偿等相关税费的缴纳主体。基金的补偿主体主要是指对环境破坏与恶化进行治理与恢复的相关主体以及因生态建设而丧失发展机会的社会群体。目前，基金来源大都仅限于中央政府预算，一旦财政吃紧，将直接影响生态补偿的可持续性，因而，除政府财政预算和拨款外，还可以将国际捐赠、社会机构和个人投资与捐赠、生态债券、生态税收、生态彩票所得公益金、排污费等部分或全部纳入生态补偿基金中。自治区于 2012 年正式开征了风景名胜区资源有偿使用费，考虑到基于生态环境外溢效应所产生的价值，可以从征收所得中划出一定比例的资金纳入生态补偿基金中。此外，由于在不同地区发展过程中因生态功能转化为经济功能而造成的土地价值的差异——极差地租，也应该被纳入生态补偿基金，自治区可以从优先开发区、重点开发区的土地出让金收入中划出一定比例的资金，用于纳入生态补偿基金。

第三，建立严格而规范的补偿基金管理与监督制度。自治区内部层面上，应由自治区政府负责统一的征收工作，作为各个区域之间连接的桥梁与纽带，负责不同主体功能区之间生态补偿相关税费等征收标准的制定与征收工作，尤其要确定好由优先、重点开发区向限制、禁止开发区的生态补偿横向转移支付标准。建立第三方基金管理部门负责基金的具体管理与运作，综合分析情况，在兼顾各方利益的基础上合理地利用补偿资金，确保生态补偿工作的公平合理与资金运营、增值的有效性。更重要的是，基金的使用一定要坚持高效利用原则，并建立严格的监管机制，以森林生态效益补偿为例，经过严格验收工作达标后，基金管理部门应将补偿基金通过银行转款账户直接转到农户个人账户，避免出现寻租、截留、私吞等问题的产生。在对口援疆计划层面上，应以中央政府为主导，确定转移支付方与受偿方，并成立第三方管理机构——全国生态环境基金会，负责实行基金的动态管理、运营，按市场化方式运作，参与证券市场流通，实现基金增值。然后由支付地区政府按照事先达成的支付标准将之前收缴的生态补偿相关资金集中上交全国生态环境基金会。受偿地区政府提交包括补偿实施后预期效果及补偿资金使用范围的生态环境治理计划给支付地区政府和基金会。最后经由支付地区政府批准，由基金会将补偿金拨付给受偿地区政府，并由基金会和支付地区政府对受偿区生态补偿资金的使用情况以及生态补偿效果进行严格的监督，确保专款专用。当然，对于正在进行对口援疆的省份地区，其补偿标准则应按照其对新疆生态建设所做出的贡献予以一定的减免。

此外，还可以通过相关政策优惠，鼓励自治区内的环保企业上市或发行企业债券等进行融资，还可通过对生态受偿区居民和企业提供贷款优惠、给予适当税收减免，用政策鼓励居民、企业积极参与绿色产业投资等多种形式，利用资本市场筹集更多的生态补偿和环境保护资金。

# 第5章 新疆边境贫困地区生态补偿效益案例分析

　　建立合理有效的新疆边境贫困地区生态补偿机制，首先需要对现有的生态补偿机制进行效益评估。因而，对边境贫困地区各生态补偿重大项目的效益进行有效评价，是边境贫困地区生态补偿机制有效建立与科学运行的重要保障。农牧民作为生态保护与补偿过程中的重要利益主体，其对生态保护的态度和补偿政策的响应起到关键性作用，同时对生态补偿机制的可持续性与补偿目标的实现有重要作用。草原生态补偿通过调整草原生态损害或保护各相关方（即补偿主体和补偿客体）的利益关系，使草原生态损害或生态保护的负的或正的外部效应内部化，与生态环境经济政策所要达到的目标相一致。在草原生态补偿政策实施中，许多生态补偿中的环境经济手段与工具也大量运用，如以收取排污费、资源税、资源费等形式筹集补偿资金等。此外，新疆草原作为我国五大牧区之一，其牧区经济发展长期处于"人口增长—牲畜扩增—草原退化—效益低下—牧民增收难"的困境之中①，生态贫困问题显著，对于研究新疆边境贫困地区的生态补偿问题具有代表性。因此，本章以新疆边境贫困地区的草原生态补偿项目为例，基于实地调研问卷，结合当地畜牧业的发展状况和草原生态的变化情况，从农户角度进行草原生态补偿项目的效益评价分析，以期为新疆边境贫困地区生态补偿机制的有效建立与可持续运行提供经验借鉴。

---

　　① 薛强，樊宏霞. 新疆草原生态补偿机制的问题及对策研究［J］.新疆农垦经济，2011（12）：57-61.

# 5.1 新疆草原生态补偿实施现状

### 5.1.1 新疆草原资源发展现状

作为我国五大牧区之一，新疆拥有丰富的草牧场资源，全区可利用草场面积达 7.2 亿亩，草地成为新疆典型绿洲农业的重要生态系统，在维护国家生态安全中发挥着重要作用。然而，由于生态环境的脆弱与过度放牧等，新疆草原牧区的经济长期处于"人口增长—牲畜扩增—草原退化—效益低下—牧民增收难"的困境之中。从 1996~2006 年，全区牧民户数由 16 万增长至 27 万，牧民人口由 80 万增长到 120 万，与此同时，牧区牲畜数量从 1900 多万只增加到 2400 多万只①。这一系列的增长造成了新疆全区草原超载率达 70% 以上，个别地州的超载率达 100%，使得全区 80% 以上的草原出现不同程度的退化，其中，严重退化面积超过 50%。草原的严重退化造成草原承载力降低，生态持续恶化，鼠虫害、旱灾、雪灾等自然灾害频繁发生，毒害草快速蔓延，土壤荒漠化与水土流失不断加剧等一系列问题。

另外，受资源条件与经济发展水平滞后等的限制，新疆牧区长期以来一直处于封闭状态，牧民在很长时间内一直都是四季游牧，畜牧业的发展也是简单的数量扩张型的传统发展模式，牧民生产粗放，收入来源单一且明显低于农民收入。与此同时，由于进行草原生态保护的需要，很多牧民被迫放弃了原来的生存方式或收入更高的就业方式，使得草原产业的开发利用受限，严重影响了牧区经济，尤其是贫困地区牧区经济的发展，造成了草原牧区与其他地区发展机会不均等问题。

### 5.1.2 新疆草原生态补偿政策发展历程

自治区根据自身的发展条件及草原生态环境的客观需要，1984 年制定了《新疆维吾尔自治区草原管理暂行条例》，为草原生态环境的开发利用和草原权

---

① 薛强，樊宏霞. 新疆草原生态补偿机制的问题及对策研究 [J]. 新疆农垦经济，2011 (12)：57 – 61.

属问题的解决提供了依据，该条例比国家颁布《草原法》还早一年，充分显示了自治区对草原生态环境利用和保护的重视。1985 年，国家颁布实施了《中华人民共和国草原法》（以下简称《草原法》），为草原生态环境的保护和开发提供了法律依据。1989 年，自治区制定并实施了《草原法》细则，这标志着自治区将草原生态环境的开发、利用与保护纳入了法律轨道。2003 年，国家在原《草原法》基础上又做了修改，并于 2003 年 3 月 1 日开始实施新《草原法》，该法强调了草原的生态功能，突出体现了草原保护和促进生态、经济、社会协调发展的思想，明确规定了国家对禁牧、休牧、舍饲圈养、已垦草原退耕还草等给予资金、粮食和草种等方面进行补贴的政策，为制定相关的草原生态补偿政策提供了依据和参考。2010 年 10 月，国务院决定在全国 8 个主要草原牧区实施草原生态保护补助奖励机制，中央财政每年投入 134 亿元，主要用于草原禁牧补助、草畜平衡奖励、牧草良种补助和牧户生产性补助等。在此基础上，自治区积极落实《关于草原生态保护奖励机制政策落实指导意见》，并结合各地区的实际情况，建立了草原生态保护补助奖励机制，制定了具体实施方案。

### 5.1.3 新疆草原生态补偿政策实施情况

2001 年，自治区提出解决新疆草原退化与草原畜牧业效益低下问题的根本出路是改变传统的畜牧业生产方式，实施草原生态置换，通过采取草原禁牧、休牧、轮牧、改良等方式建立天然草原生态修护系统，合理配置草原资源，适时适量地利用天然草原，实现永续利用。同时，为解决由禁牧、休牧等造成的牲畜饲草料难的问题，满足畜牧业发展对天然草原的需求，自治区建设了优质高产人工饲草料生产系统，以保障实现牧民定居与生态置换政策的有效实施。之后，新疆对 7 亿多亩可利用天然草原进行了重新规划，对 1.5 亿亩沙漠冬草场和风沙缘地的沙化草场实行永久性禁牧，改生产性草场为生态性草场，对 1 亿亩严重退化的春秋草场和冬草场实行为期 8～10 年的休牧，对 4.5 亿亩基本草场实行减牧、划区轮牧，通过以上诸多有效举措来全面恢复草原生态系统，进而实现牧区经济健康可持续发展。2003 年，国家将草原的地位从生产优先调整为生态优先，同时加大了对草原生态建设的力度，先后实施了"天然草原保护建设工程"、"退牧还草工程"等一系列生态工程。2011 年，自治区全面启动实施草原生态保护补助奖励机制，当年完成草原禁牧面积 1618 万亩，草畜平衡区划 6545 万亩，牧草良种补贴面积 64 万亩，牧民牲畜资料补贴 14985 户。

塔城地区草原面积在新疆草原总面积中所占比重较大，且是新疆边境贫困地区较早实施草原生态补偿的地区，是边境贫困地区扶贫生态补偿的典型代表，本章以该区域的草原生态补偿项目效益评价为案例，研究新疆边境贫困地区扶贫生态补偿机制的有效实施情况。

# 5.2 塔城地区草原生态补偿基本情况

### 5.2.1 塔城地区概况

塔城地区位于新疆边境贫困地区，有托里县、裕民县、和布克赛尔蒙古自治县3个边境扶贫重点县。该区总人口为230多万人，其中地方总人口为90多万人，少数民族人口为39.4万人，占地方人口的44.3%；农村人口为45.79万人，其中牧区人口为9.8万人。2009年全区牲畜年末存栏达427.5万头（只），畜牧业产值达34.4亿元（现价），占农业总产值的32%，农牧民人均收入中来自畜牧业的收入约为1700元。

塔城地区总面积为10.54万平方公里，拥有1.06亿亩天然草原，占新疆草场总面积的12.3%，其草地面积为10194.3万亩，草地可利用面积达8420.5万亩，占新疆可利用草场面积的11.9%，地区内的库鲁斯台大草原是我国第二大平原草场，仅次于内蒙古呼伦贝尔草原，是新疆西北地区生态环境的保护屏障。近年来，由于受气候变化影响，南部天山雪线上升，春水来迟，北部洪水期提前，河水干涸；同时，加之存在超载放牧、滥垦与乱采乱挖现象、打井开地（包括过度抽取地下水）及传统生产生活方式等人为因素影响，致使塔城地区土地沙化面积增至4.49万平方公里（2010年统计数据），库鲁斯台草原60万亩优质打草草场仅剩5万亩，产草量下降50%左右。而该区其他草原的生态情况与其类似，草原退化面积亦在不断增加。同时，蝗、鼠等虫害也在严重影响着塔城地区草原生态环境的保护和恢复。2011年，全区发生蝗灾面积达256万亩，其中，托里县沙孜、柳树沟区域发生蝗灾面积达131万亩。此外，全地区鼠害发生面积达240万亩。因此，逐步恶化的生态环境、自然和人为灾害，加之落后的基础设施已经严重影响了该区草原畜牧业的持续健康发展和牧民生活水平的提高。目前，塔城地区在草原生态补偿方面存在的问题在很大程度上代表着新疆边境贫困地区乃至整个自治区关于草原生态补偿存在的典型问题。

### 5.2.2　塔城地区草地利用现状及载畜量

塔城地区是农牧业资源大区，也是自治区重要的畜牧生产基地。全区现有草场 703.3 万公顷，其中可利用草场 572 万公顷，天然草地共划分为 4 等 8 级，包括 8 个草地类、15 个草地亚类、34 个草地组、156 个草地型。该区畜牧业养殖活动以四季转场的游牧生产方式为主，按照不同的季节轮换利用，形成以春秋、冬、冬春、夏、冬春秋为主的季节性放牧草场。除冬季草场以外，塔城地区其他季节草原的实际载畜量超载比较严重，不同季节草场资源及载畜量见表5-1。

**表 5 -1　塔城地区不同季节草场资源及载畜量**

| 利用季节 | 毛面积（公顷） | 理论载畜量（标准畜） | 实际载畜量（标准畜） | 载畜潜力（超载 - 欠载 +） |
|---|---|---|---|---|
| 春秋场 | 1874906.3 | 1665604 | 4154440 | -2488836 |
| 冬场 | 3914176.7 | 3929082 | 3418900 | 510182 |
| 冬春场 | 120333.27 | 113773 | 1027550 | -913777 |
| 夏场 | 863968.86 | 4748599 | 6562000 | -1813401 |
| 冬春秋场 | 22782.59 | 72120 | 764600 | -692480 |

资料来源：周军.《新疆塔城地区草地资源利用中存在的问题及对策调查》。

### 5.2.3　塔城地区草地保护建设现状

根据新《草原法》的相关规定以及自治区的相关实施细则要求，从 2003 年开始，新疆塔城地区 5 个县市重点实施了天然草原退牧还草工程，对天然草原进行禁、休牧，同时加大牧民定居力度，大力建设高标准人工饲草料地，积极实施生态置换。从 2011 年开始，塔城全区开始实施全面的草原生态保护补助奖励机制。2011 ~ 2013 年，塔城地区落实禁牧和草畜平衡 8163 万亩，其中：禁牧 1618 万亩，草畜平衡 6545 万亩，牧草良种补贴 64 万亩，牧民生产资料综合补贴 14985 户，累计核减牲畜 137.03 万头（只）。这一系列保护草原生态环境政策和措施的实施，使该区草原生态整体恶化的趋势得到遏制，局部生态开始好转。

### 5.2.4 塔城地区草原生态补偿实施现状

2011 年，塔城地区开始全面实施草原生态保护补助奖励机制后，草畜平衡核定载畜量为 1182.28 万只绵羊，实际放牧牲畜 1592.75 万只，超载410.47 万只，其中禁牧区需核减 148.85 万只（头），草畜平衡区需核减137.03 万头（只）。自该政策实施以来，2011～2013 年，塔城地区下达草原生态保护补助奖励资金 56522.25 万元，其中，禁牧补助资金 24415.06 万元，草畜平衡奖励资金 28019.84 万元，牧民生产资料综合补贴资金 2237.35万元，牧草良种补贴资金 1850 万元。此外，各县市财政、畜牧部门积极做好各项宣传及补助发放工作，奖补资金采用"一卡通"形式进行发放，同时采取日常监管、季度巡查、年终验收发放相结合的奖补监督过程，实行"明细卡"对照制度。

### 5.2.5 塔城地区草原生态补偿主要内容

（1）补偿标准。2003 年以来，塔城地区政府通过加强草原监督、管理和建设，改善生产经营方式等加强了草原生态保护建设，并制定了草原类型补助标准，划定了草原补助面积，从禁牧补助、草畜平衡奖励、牧草良种补贴、综合生产资料补贴四个方面具体进行草原生态保护建设工作，进一步改善草原生态环境。对达到国家补偿标准的草原，塔城地区根据实际面积和草原类型进行补贴和奖励。该地区现行草原生态保护补助奖励标准是 2011 年制定的新标准，具体为：其一，禁牧补助面积 1618 万亩，其中，荒漠类草场 1178 万亩，5.5 元/亩；重要水源涵养地和草地类自然保护区 10 万亩，50 元/亩；2007～2010 年退牧还草区 430 万亩，5.5 元/亩；其二，草畜平衡奖励面积6545 万亩，1.5 元/亩；其三，牧草良种补贴 64 万亩，10 元/亩；其四，综合生产资料补贴 25738 户，500 元/户。四项补助奖励金额合计为 21088.4 万元。所有资金均来自国家及自治区的草原生态保护补偿项目，通过自治区下拨给塔城地区。

（2）补偿方式。为了做好奖补资金的发放工作，相关部门采取日常监管、季度巡查、年终验收发放相结合的方式进行监督和管理，并与牧民签订责任书，奖补资金通过"一卡通"以现金形式发放，并实行"明细卡"对照制度，确保资金发放准确、清楚、及时到位，以便将奖励补助资金更好地用于草原生态保护与建设方面。

# 5.3 塔城地区草原生态补偿问卷调查

为深入了解塔城地区草原生态补偿的实际情况，2014 年 4 月，赴塔城地区对包括畜牧局、草原监测站和实施草原生态补偿地区的农户进行访谈与问卷调查，进一步了解草原生态补偿在该地区实施所带来的生态效益、农户生计的改善以及发现其中存在的困境与问题。

### 5.3.1 数据来源与样本特征

问卷涉及塔城地区 4 县 1 市 22 个乡，由于该区哈萨克族数量很大，并且居住分散，语言交流存在很大限制等原因，故在每个乡镇分别安排 1~2 名当地哈萨克族干部作为翻译，并随机选取 5~6 户农牧户进行调研，每户问卷的访谈时间约为 1~2 小时。调查均采用面对面访谈，共访谈 112 户农牧户，获得有效问卷 105 份，占回收问卷的 93.75%。

### 5.3.2 调查样本特征

在调查的 105 户牧民家庭中，户主平均年龄为 49 岁，最高年龄为 73 岁，最低年龄为 23 岁。家庭人口以 4~6 人为主，占总数的 74.53%。有外出打工人员的家庭占家庭总数的 20%，家庭年收入高于 50000 元的家庭占 63.81%，此外，10% 的农户年总收入低于 10000 元。在对农牧户的受教育水平调查中发现，户主的文化水平普遍较低，文盲及小学文化程度的占到 43.81%。将所调查地区分为三组，即纯牧区、半农半牧区和农区，分别进行比较。其中，纯牧区受访户 31 户，半牧区受访户 74 户。塔城草原补给区受访户受教育水平普遍较低，半牧区农户的文化程度要稍高于纯牧区。外出打工方面，纯牧区农户外出打工的机会要低于半牧区，详见表 5-2。

表 5 - 2　受访户基本情况

| 类别 | | 全体 | | 纯牧区 | | 半牧区 | |
|---|---|---|---|---|---|---|---|
| | | 频数 | 比例<br>（%） | 频数 | 比例<br>（%） | 频数 | 比例<br>（%） |
| 户主年龄分布 | ≤40 | 28 | 26.67 | 4 | 12.90 | 24 | 32.43 |
| | 40 < A ≤50 | 24 | 22.86 | 7 | 22.58 | 17 | 22.97 |
| | 50 < A ≤60 | 32 | 30.48 | 14 | 13.33 | 18 | 24.32 |
| | >60 | 21 | 20.00 | 6 | 19.36 | 15 | 20.27 |
| 户主文化程度 | 小学及以下 | 46 | 43.81 | 19 | 54.84 | 29 | 39.19 |
| | 初中 | 42 | 40.00 | 8 | 22.58 | 35 | 47.30 |
| | 高中及以上 | 17 | 16.19 | 4 | 22.58 | 10 | 13.51 |
| 家庭人口数 | ≤4 | 20 | 19.05 | 3 | 9.68 | 17 | 22.97 |
| | 4 < M ≤6 | 78 | 74.29 | 21 | 67.74 | 57 | 77.03 |
| | >6 | 7 | 6.67 | 7 | 22.58 | 0 | 0 |
| 家庭年收入 | ≤10000 | 11 | 10.48 | 2 | 6.45 | 9 | 12.16 |
| | 10000 < I ≤50000 | 28 | 26.67 | 3 | 9.68 | 25 | 33.78 |
| | 50000 < I ≤100000 | 63 | 60.00 | 24 | 77.42 | 39 | 52.70 |
| | >100000 | 3 | 2.86 | 2 | 6.45 | 1 | 1.35 |
| 外出打工 | 有 | 21 | 20.00 | 5 | 16.13 | 16 | 21.62 |
| | 无 | 84 | 80.00 | 26 | 35.14 | 58 | 78.38 |

资料来源：实地调研。

### 5.3.3　农户视角的塔城地区草原生态补偿实证分析

#### 5.3.3.1　农户生计资本指标

农户意愿是否响应草原生态补偿政策受多方因素综合作用的影响。本书收集了大量草原生态补偿相关的研究文献，通过梳理和归纳，总结出塔城地区影响农户是否响应草原生态补偿的主要家庭生计资本因素。英国国际发展部（DFID）可持续性生计框架将生计资本分成自然资本、人力资本、物质资本、金融资本和社会资本。本节主要研究各项资本对塔城地区农户响应草原生态补偿政策的影响程度，调查农户视角的草原生态补偿的行为意愿，通过问卷调查统计的数据，将资本变化以指标的形式反映，各指标主要为实施草原生态补偿前后的变化情况，以户数统计为纵坐标，以变化情况为横坐标，做出如下所示的各个变化图，具体各项资本指标如下：

（1）自然资本指标。自然资本指标主要了解关于草原生态补偿前后农户家庭耕地、草地面积情况和水资源情况。塔城地区的农牧户主要依靠自然资本和人力资本，以畜牧业、种植业和外出打工为主要生存方式，从事非农活动的农牧民比较少。因此，自然资本是塔城地区农牧民赖以生存的根本。

在调查的样本中，有 53% 的牧民表示自己家的草地面积有所减少，40% 的牧民表示与参与草原生态补偿之前相比草地面积没有发生变化，只有 7% 的牧民表示与之前相比，草地面积增多。由于草原生态补偿的实施，在纯牧区，草地面积由自由放牧时的自然草场变为现在公用的季节性草场，政府对参与草原生态保护的牧户给予了一定的补偿，每户贴补 50 亩的耕地用于种植草料。在纯牧区，牧户们之前基本上是没有耕地的，牧户们在退牧之后全部获得了用于种植草料的耕地。在调查中也发现，有 38 户牧民表示自家耕地面积得到增加。在半牧区，多数的农户是半农半牧的生产方式，相对于纯牧区，耕地和草地面积的变化不大，详见图 5 - 1。

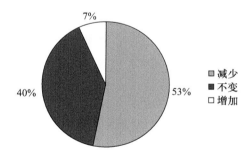

**图 5 - 1 草地面积变化**

在水资源供给方面，由于地理位置的不同，塔城不同地区有所差异，36 户牧民认为与之前相比，用于饲养牲畜的水资源供给量得到增加，占总调查户数的 34% ，其中有 6 户位于乌苏境内。据调查，这与乌苏政府修建的水坝工程有关，其他 30 户则主要位于额敏和塔城境内。据相关牧民表示，近几年来随着退牧、禁牧工程的实施，牧区的水资源量不断增多，许多干草滩恢复生机，河流的水量也不断增多。42 户牧户认为近几年的水资源供给量没有发生变化，占总调查户数的 40% ；剩下的 27 户牧户则认为水资源供给量有所减少，大多数人认为是由于气候问题导致。据了解，水资源供给量减少的原因有两个：一是气候问题所致；二是由于草原生态补偿实施过程中存在监管不严的问题所致，如禁牧区的禁牧效果不佳等问题未能及时解决，详见图5-2。

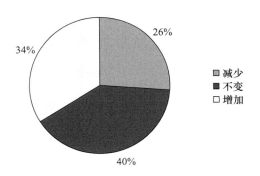

**图5-2　水资源供给量变化**

（2）物质资本指标。对塔城地区的物质资本调研，主要调查牧户家庭房屋数量、面积，大型生产工具，耐用消费品和大型牲畜（牛、羊、马等）的数量。

调查中发现，塔城地区的户均房屋数由原来的3.42间增加到现在的户均4.65间。其中，42户房屋数量增多，60户房屋数量没有变化，3户房屋数量减少。房屋数量增多的主要是近年统一定居的农牧户，他们由之前的游牧和半游牧生活方式转变为现在的定居生活，房屋数量增多，各类家庭设施也增加。3户房屋数量减少的农牧户中，有2户是由于家里孩子长大成人分家导致的。

塔城地区的耐用品数量由户均2.23件增至户均2.35件，其中，手机、电视机和摩托车的增量较大，这些增长在定居户中体现得比较突出。

在牲畜数量调查中，塔城地区的牲畜数量由户均45.26头（只）降至目前的39.07头（只），其中，49户农牧户的牲畜数量有不同程度的下降，据调查结果显示，牲畜数量下降的主要原因是草原生态补偿的实施在部分草原禁牧，使得原本饲养牲畜的草料数量减少，农牧民不得不减少牲畜的养殖；另外，由于部分牧户在定居过程中，生活开支明显比游牧时增加，导致不得不通过减少养殖牲畜的数量来维持正常生活。在大型牲畜的调查中，纯牧区的大型牲畜有所减少，因为草场和定居环境的限制，牧民没有足够的空间和金钱去购置更多的牲畜。

在比较草原生态补偿前后农户家庭物质资本变化情况后，发现一个普遍的现象是，纯牧区的物质资本变化较半牧区的变化大，因为纯牧区过去基本采用游牧的生活方式，居无定所，草原生态补偿实施后，政府为退牧还草的牧民提供了定居所需的生活家用设施。

（3）金融资本指标。对塔城地区金融资本的调研主要包括家庭人均收入、是否有贷款、贷款占总收入的比例等，对于纯牧区来说，家庭收入主要靠畜牧业，而许多游牧家庭在定居之后的畜牧业发展不如之前，并且家庭设施的开支较大，所以年收入减少，年支出增多，基本都需要靠贷款来维持。对于半牧区来说，家庭收入的变化情况不是很大，贷款的比例根据每年的牲畜数量来定，没有比较统一的趋势。调查数据显示，牧户的家庭年均收入由实施草原生态补偿前的 15524 元增至 21238 元，获得现金贷款的金额也由之前的 2952元增至 5905 元。牧户金融资本的增加显著，一方面是由于塔城地区的草原补偿方式主要是现金补偿，增加了牧户的金融资本；另一方面是由于一部分物质补偿减少了牧户的家庭开支，另外一部分劳动力外出打工、经商等副业增加了家庭的整体收入。随着社区服务建设的提升和地方经济的发展，农村信贷也为农牧户提供了更为便捷的贷款服务项目，虽然在调查中不少农牧户反映银行信贷的年限太短，不足以支撑扩大生产的需求，但其仍在一定程度上提升了农牧户的金融资本。

（4）社会资本指标。社会资本的目的是增强人们的相互信任程度，对塔城地区社会资本的调研主要包括信任程度、亲戚数量与参加社区活动等。在塔城地区，少数民族主要包括哈萨克族、蒙古族、达斡尔族、回族等。少数民族在人际关系中是非常信任对方的，因此，在信任程度的调查中，差异性不是很大。在村里亲戚数量的调查中，多数人的亲戚数量没有发生变化，只有一小部分定居的农牧民由于政府定向定居导致村里的亲戚数量变少。在社会资本调查中，参加社区活动的调查变化最大，有 83 户牧户认为参加社区活动明显增多，主要原因是畜牧局和草原监理站的工作内容逐渐丰富，各类社区活动的举办也有所增加，农牧户参与的机会增多。然而，总体上塔城地区的社会资本变化较小。

（5）人力资本指标。塔城地区的人力资本主要包括家庭人口数量和劳动力数量两个方面，还包括饲养牲畜的技能水平。调查中发现，牧户家庭人口数量基本在 4~8 人，劳动力数量在 2~4 人，且劳动力的文化水平普遍不高。在家庭劳动力调查中，户均劳动力数量由之前的 3.38 人变为目前的 3.16 人，有微弱的下降趋势。原因有两方面：一是草地面积和养殖牲畜数量的减少让劳动力有一定数量的闲置，这些闲置的劳动力不得不转向其他的生计方式，如外出打工或自营小店等；二是随着定居生活的日新月异，不少牧民的思维方式得到转变，选择让孩子读书来代替直接从事劳作。

在技能调查方面，农户饲养牲畜的技能普遍处于原始饲养状态，对于新技能的接受程度不高。66%的农牧户认为自己所掌握的养殖技术足够应对现在的饲养生产活动，无须再进行新技术的学习，只有27%的农牧户认为需要学习新技术来应对目前千变万化的生产活动。

### 5.3.3.2 农户行为指标

第一，行为态度。行为态度调查主要包括牧民对生态补偿内容的了解、草原生态补偿实施的态度和周围草原环境变化的态度。调查中有近70%的调查对象表示对草原生态补偿内容的了解程度较高。在对草原生态补偿实施必要性的态度方面，100%的调查对象认为还是有继续实施草原生态补偿的必要性，如图5－3所示，有将近71%的牧民对实施草原生态补偿的态度是认可且积极的。虽然塔城地区实施草原生态补偿的年限不长，但从牧民对其的认知来讲是成功的。当然，受时间的限制，塔城地区草原的生态变化不是很明显。如图5－4所示，有将近57%的牧民认为草原生态没有发生变化，有19%的农户认为草原生态跟之前相比变差，仅有24%的牧民认为草原生态有所改善。塔城地区实施草原生态补偿以来，草原生态的地区性差异比较大，一些经济发展较好的地区，如额敏、塔城、乌苏、沙湾等地的草原生态转变较为良好，而比较落后的裕民、托里及和布克赛尔蒙古自治县的草原生态转变较为缓慢，目前成效不大。不过就目前这两组数据而言，塔城地区的草原生态补偿正在慢慢融入农牧民的生活。

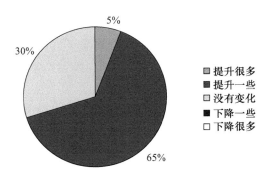

**图5－3　牧民对实施草原生态补偿的态度**

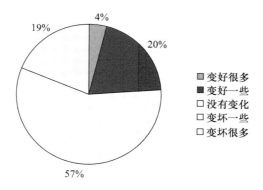

**图 5 - 4　牧民对草原生态变化的态度**

　　第二，行为意愿。调查发现，50%以上的牧民表示更加愿意参与草原生态补偿的实施、切身保护草原生态和对草原生态进行监督的活动，100%的调查对象都愿意继续支持草原生态补偿的实施，只有少部分人因为觉得不关自己的事而表示不愿意。如图 5 - 5 与图 5 - 6 所示，大约 73%的农牧民更希望得到现金补贴，有 22%的农户希望得到实物补贴，而牧民对于政策补偿和技术补偿的需求意愿较低。就具体的生态补偿形式而言，有 57%的牧民希望得到贷款贴息，以扩大饲养牲畜的数量，有 28%的牧民希望得到牧草良种补贴，而对于粮食补贴和生产资料补贴的意愿则较低，不到调查样本总量的 20%。

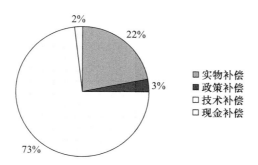

**图 5 - 5　牧民对草原生态补偿形式的意愿**

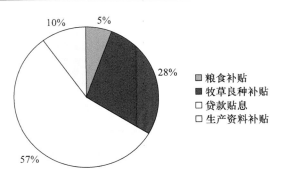

图 5-6　牧民对草原生态补偿具体形式的意愿

第三，行为响应。在行为响应调查中，我们主要通过农牧民对实施草原生态补偿前每年生活开支和生产开支变化的主观认知来进行调查测度。如图 5-7 所示，在饲养成本调查中我们发现，有一半以上的牧民认为自从实施草原生态补偿之后，牲畜的饲养成本增加了，其中有 18 户认为增加了很多。据研究发现，饲养成本提高主要有以下几方面的原因：一是草原生态补偿的实施使得一部分草场实施禁牧，一部分草场实施季节轮牧，使得原本充裕的饲养草料变少，牧民不得不通过其他方式购买草料以供给牲畜养殖；二是随着经济水平的不断提升，草料购买成本也在逐年升高；三是由于气候变化，病害防疫的成本比之前提高不少。一半左右的牧民认为生活开支和生产开支在一定程度上得到提高。随着经济水平和物价水平的提高，农牧民的物质文化生活水平也在不断提高。对于定居牧民来说，新的定居生活方式的改变使得购买生活用品的支出增多，一部分牧民还要为上学的子女提供学费。一半左右的牧民认为，随着生活开支的增加，生产开支也在不断增加，一部分原因是饲养成本的增加所致，另一部分原因则是现代机械化水平的不断提升，大型生产工具的购买和使用导致了生产成本的增加。

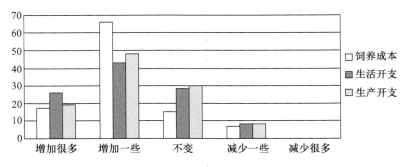

图 5-7　牧民行为响应变化

### 5.3.3.3　农户效用指标

在畜产品商品率的调查中发现，大多是农牧户的年销售牲畜量为一般以上甚至更多。禁牧政策导致农畜产品大为减少，使得纯牧区和半牧区的牧民很少销售农畜产品。如图 5 - 8 所示，通过调查我们发现，在畜产品销售情况中，畜产品销售量为"大部分"和"一半"的只占调查对象总体的 45%，销售数量为"少部分"的占比高达 47%。在实施草原生态补偿前，牧区的农畜产品商品率为 50% 以上，而目前只有不到 50%。这说明牧民对草原的利用方式比较粗放，一旦草原的面积减少，必然会导致农畜产品的减少，从而导致商品率的下降。在农畜产品的销售原因方面，除去要购买生产资料外，72% 的农牧户认为子女上学和购买生活用品是影响农畜产品商品率的主要原因。

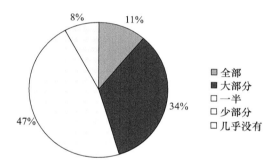

图 5 - 8　牧民畜产品商品率

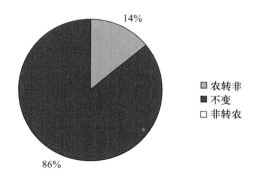

图 5 - 9　牧民就业方式的变化

在牧民就业方式的变化方面，如图 5 - 9 所示，有 14% 的牧民由农转为非农，一部分人选择在居住地开小店，还有一部分人选择外出打工。这在一定程度上反映了草原生态补偿的实施，可以把一部分劳动力从单纯的畜牧业养殖中解放出来，从而有更多的时间从事非农活动，这一现象在纯牧区的表现比较明显，但对半牧区来说，影响不是很大。因此，如何为牧民提供更好的发展机会是解决草原生态补偿实施后所带来问题的关键。

在草地质量变化方面，如图 5 - 10 所示，调查中发现有近 41% 的牧民认为草地质量有不同程度的提高，同时有 48% 的牧民认为草地质量没有发生变化，只有近 11% 的牧民认为草地质量有所下降，进一步从牧民角度说明了生态补偿的实施对草地质量的保持与改善起到了一定的作用。

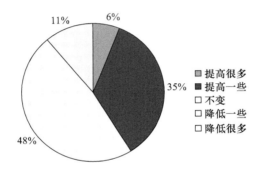

**图 5 - 10　牧民对草地质量变化的认知**

对政府行为进行的初步调查显示，草原生态补偿的补偿资金大多都能按时发放，农户所在区域 80% 都有草原生态保护的监督措施，但不是所有地区都有宣传保护草原的活动。

5.3.3.4　指标体系设定与数据测算

（1）系统指标的构建。借鉴已有生态补偿效益评价的研究成果，结合塔城地区资源禀赋、草原的生态环境、农牧民的文化习俗与生计方式等实际情况，遵循系统性、实用性、真实性与独立性的原则，将选取的 23 个指标作为衡量标准、指标量化数值和评价程度的集合，并确定各个指标的权重，其中目标层的权重是按照等权重法来平均分配，因为本书将资本、行为、效用看作是三个平行的指标，准则层和指标层按照层次分析法来确定权重，其中，权重根据问卷调查结果进行比较得出，如表 5 - 3 所示。

表 5-3　草原生态补偿效益评价指标体系、权重及赋值

| 目标层 | 准则层 | 指标层 | 赋值 |
|---|---|---|---|
| 资本指标<br>0.33 | 自然资本<br>0.0205 | 草地（耕地）面积 0.0137 | 增加很多 1.0，增加一些 0.75，<br>没有变化 0.5，减少一些 0.25，<br>减少很多 0.0 |
| | | 水资源供给量 0.0068 | |
| | 物质资本<br>0.0534 | 房屋数量 0.0288 | |
| | | 牲畜数量 0.0087 | |
| | | 耐用品数量 0.0159 | |
| | 金融资本<br>0.1391 | 人均收入 0.1044 | |
| | | 可获得贷款金额 0.0348 | |
| | 社会资本<br>0.0325 | 对周围人的信任程度 0.0108 | |
| | | 村里亲戚的数量 0.0108 | |
| | | 参加社区组织活动 0.0108 | |
| | 人力资本<br>0.0878 | 家庭劳动力数量 0.0293 | 增加 1.0，不变 0.5，减少 0.0 |
| | | 饲养技能水平 0.0585 | 提升很多 1.0，提升一些 0.75，<br>不变 0.5，下降一些 0.25，<br>下降很多 0.0 |
| 行为指标<br>0.33 | 行为态度<br>0.1799 | 对草补实施的态度 0.1199 | 提升很多 1.0，提升一些 0.75，<br>没有变化 0.5，下降一些 0.25，<br>下降很多 0.0 |
| | | 对草原生态变化的态度 0.0600 | 变好很多 1.0，变好一些 0.75，没有<br>变化 0.5，变坏一些 0.25，<br>变坏很多 0.0 |
| | 行为意愿<br>0.0990 | 对草补的参与意愿 0.0534 | 更加愿意 1.0，一般愿<br>意 0.75，没有差别 0.5，不愿意<br>0.25，非常不愿意 0.0 |
| | | 对草原进行保护的意愿 0.0294 | |
| | | 对草原保护进行监督的意愿 0.0162 | |
| | 行为响应<br>0.0545 | 饲养成本 0.0294 | 增加很多 1.0，增加一些 0.75，<br>不变 0.5，减少一些 0.25，<br>减少很多 0.0，全部 1.0，大部分 0.75，<br>一半 0.5，少部分 0.25，<br>几乎没有 0.0 |
| | | 生活成本 0.0162 | |
| 绩效指标<br>0.34 | 经济绩效<br>0.1111 | 生产成本 0.0089<br>畜产品商品率 0.1111 | |
| | 社会绩效<br>0.1111 | 就业方式转变 0.1111 | 农转非 1.0，不变 0.5，<br>非转农 0.0 |
| | 生态绩效<br>0.1112 | 草地质量变化 0.1112 | 变好很多 1.0，变好一些 0.75，<br>不变 0.5，变坏一些 0.25，<br>变坏很多 0.0 |

资料来源：根据层次分析法等确定。

（2）构建模糊关系矩阵，确定指标权向量。根据调查问卷的结果，以表5-3为基准进行赋值，并对其进行标准化，结合各个指标的权重，构建模糊矩阵。根据模糊理论中的最大运算法和最小运算法指标权向量的计算，从而求出各个指标受生态补偿影响程度的权向量 $u_i = \{u_{i1}, u_{i2}\cdots, u_{in}\}$。根据各个指标的权向量，采用公式对各个指标进行指数评定。

$$Y = a_1 u_{i1} + a_2 u_{i2} + \cdots + a_m u_{in}$$

式中，Y 为指标的评价指数，$a_i$ 为第 i 指数的权系数（$1 \leqslant i \leqslant m$），$u_{ij}$ 为第 i 指标 j 指数的权向量（$1 \leqslant i \leqslant m$，$1 \leqslant j \leqslant n$），m 为评价指数的个数，n 为评价指标的个数。根据以上步骤可以计算出准则层和整个目标层的效益指数。

表5-4  生态补偿效益评价赋值

| 评价值 | Y > 4 | 3 < Y ≤ 4 | 2 < Y ≤ 3 | 1 < Y ≤ 2 | 0 < Y ≤ 1 |
| --- | --- | --- | --- | --- | --- |
| 效益程度 | 很高 | 较高 | 一般 | 较低 | 很低 |
| 效益程度赋值 | 5 | 4 | 3 | 2 | 1 |

资料来源：以表5-2为基础进行赋值。

5.3.3.5  草原生态补偿的效益分析

（1）农户生计效益分析。

第一，金融资本和物质资本效益分析。生态补偿对农户资本的整体评价指数是3.25，效益水平较高。其中，金融资本和物质资本的评价指数最高，分别为3.49和3.42。从调查中发现，30.48%的农户的人均收入有不同程度的提高，在这其中有一半农户属于生态移民，大多享受生态移民补贴。在人均收入提高的农户中，有20.95%的农户依靠转变就业方式实现了收入增加。另外，23.81%的农户的人均收入水平有不同程度的下降，其下降大多出现在纯牧区，造成这一现象的原因为纯牧区牧民的收入渠道较为单一，主要依靠畜牧业养殖收入，而部分地区的禁牧措施导致收入减少，在半牧区，除依靠养殖业以外，农户还兼有种植业和其他副业，收入渠道多元化程度较高。受草原生态补偿政策实施的影响，部分草原的禁牧使得27.62%的农户养殖牲畜的数量有所减少，从而农畜产品不断减少，最终造成收入的减少。虽然农牧户可获得贷款的金额有所提升，但据调查，提升的空间仍不足以支持农牧民生产需求，且贷款年限太短，不易于资金循环利用。在贷款比例的调查中，34.29%的农户所需贷款的比例都有所增加，因为牧民的年积蓄较少，家里缺钱时筹备方式大都为贷款，年贷款量呈增长的趋势。也存在一部分生态移民的农户因为无地而筹备不到贷款的现象。因此，要想更好地提高金融资本，扩大融资渠道是当务之急，让农牧户在减少畜牧业生产的同时有更多的资金去从事其他的行业，对草原生态来说是另一种形式的保护。

**表 5 - 5　指标评价权向量及评价指数**

| 指标层 | 很高 | 较高 | 一般 | 较低 | 很低 | 评价指数 |
|---|---|---|---|---|---|---|
| 草地（耕地）面积 | 0.0571 | 0 | 0.4286 | 0 | 0.5143 | 0.0571 |
| 水资源供给量 | 0.3429 | 0 | 0.3810 | 0 | 0.2762 | 0.3429 |
| 房屋数量 | 0.3905 | 0 | 0.5619 | 0 | 0.0286 | 0.3905 |
| 牲畜数量 | 0.2667 | 0 | 0.2667 | 0 | 0.4667 | 0.2667 |
| 耐用品数量 | 0.3238 | 0 | 0.5714 | 0 | 0.1048 | 0.3238 |
| 农户人均收入 | 0.3048 | 0.2381 | 0.2191 | 0.1619 | 0.0762 | 0.3048 |
| 可获得贷款金额 | 0.0857 | 0.2571 | 0.5810 | 0.0762 | 0 | 0.0857 |
| 对周围人的信任程度 | 0 | 0 | 0.9429 | 0.0571 | 0 | 0 |
| 村里亲戚的数量 | 0.0571 | 0 | 0.6476 | 0.2952 | 0 | 0.0571 |
| 参加社区组织的活动 | 0.1143 | 0.6762 | 0.1143 | 0.0952 | 0 | 0.1143 |
| 家庭劳动力数量 | 0.0476 | 0 | 0.5238 | 0 | 0.4286 | 0.0476 |
| 牲畜养殖技术 | 0.1715 | 0 | 0.8286 | 0 | 0 | 0.1714 |
| 对草补实施的态度 | 0.0667 | 0.6381 | 0.2952 | 0 | 0 | 0.0667 |
| 对草原生态的态度 | 0.0381 | 0.2 | 0.5619 | 0.2 | 0 | 0.0381 |
| 农户的参与意愿 | 0.0952 | 0.4667 | 0.4 | 0.0381 | 0 | 0.0952 |
| 农户的草原保护意识 | 0.0286 | 0.5333 | 0.3905 | 0.0476 | 0 | 0.0286 |
| 农户的监督意识 | 0 | 0.4476 | 0.5524 | 0 | 0 | 0 |
| 饲养成本 | 0.1714 | 0.6286 | 0.1333 | 0.0667 | 0 | 0.1714 |
| 生活开支 | 0.2381 | 0.4286 | 0.2667 | 0.0667 | 0 | 0.2381 |
| 生产开支 | 0.2095 | 0.4381 | 0.2857 | 0.0667 | 0 | 0.2095 |
| 畜产品商品率 | 0 | 0.1238 | 0.3619 | 0.4381 | 0.0762 | 0 |
| 农户就业方式 | 0.1524 | 0 | 0.8476 | 0 | 0 | 0.1524 |
| 草地质量 | 0.0667 | 0.3429 | 0.4762 | 0.1143 | 0 | 0.0667 |

资料来源：按照上述模型理论等计算所得。

表 5 - 6　各项指标的评价指数

| 准则层评价指数 | 目标层评价指数 | 指标层评价指数 |
| --- | --- | --- |
| 农户资本 3.25 | 自然资本 2.43 | 草地（耕地）面积 2.08 |
| | | 水资源供给量 3.13 |
| | 物质资本 3.42 | 房屋数量 3.67 |
| | | 牲畜数量 2.60 |
| | | 耐用品数量 3.44 |
| | 金融资本 3.49 | 人均收入 3.53 |
| | | 可获得贷款金额 3.35 |
| | 社会资本 3.19 | 对周围人的信任程度 2.94 |
| | | 村里亲戚的数量 2.82 |
| | | 参加社区组织活动 3.81 |
| | 人力资本 2.98 | 家庭劳动力数量 2.24 |
| | | 饲养技能水平 3.34 |
| 农户行为 3.60 | 行为态度 3.54 | 对草原生态补偿实施的态度 3.77 |
| | | 对草原生态变化的态度 3.08 |
| | 行为意愿 3.57 | 对草补的参与意愿 3.62 |
| | | 对草原进行保护的意愿 3.54 |
| | | 对草原保护进行监督的意愿 3.45 |
| | 行为响应 3.87 | 饲养成本 3.90 |
| | | 生活成本 3.84 |
| | | 生产成本 3.79 |
| 绩效 3.07 | 经济绩效 2.53 | 畜产品商品率 2.53 |
| | 社会绩效 3.30 | 就业方式转变 3.30 |
| | 生态绩效 3.36 | 草地质量 3.36 |
| 总效益评价指数 | 3.31 | |

资料来源：根据指标评价权向量和指标指数计算所得。

在物质资本的效益变化中，房屋数量和耐用品数量均随着牧民定居生活的转变而发生了变化。塔城自 2005 年实现牧民定居以来，游牧民的生活发生了极大的改变，其中最重要的体现在房屋和耐用品上。在塔城，过去由于牧民定居比重少，草场超载过牧、退化等现象的出现，导致许多牧民因灾返贫，自实施草原生态补偿以来，草原生态环境和牧民的生活环境都在不断改善，物质资本的逐渐丰盈体现了草原生态补偿带来的巨大物质效应。此外，在物质资本中，牲畜数量的效益指数较低，由于生态移民和禁牧措施的实施，不少常驻居民不得不将原有草地匀出一部分给移民或被禁牧的农户，因而减少牲畜的养殖，新定居的农牧户也因为生活方式的巨大变化和没有更多的资金去养殖牲畜而不得不减少牲畜的数量。

第二，社会资本效益分析。在五项资本调查中，社会资本调查最不显著，评价指数为3.19。在调查中，社会资本三项指标中变化最为明显的是参加社区组织活动的数量。草原生态补偿的实施很大程度上需要农牧户的支持与配合，因此，塔城地区各地方草原监理站和畜牧局一定时期都会组织相应的宣传活动，让更多的牧民了解到草原生态对社会经济生活的重要性，从而更加支持草原生态补偿的实施工作。

第三，人力资本和自然资本效益分析。人力资本和自然资本评价指数一般，分别为2.98和2.43。其中，人力资本分析结果显示，劳动力数量和饲养技能水平分别为2.24和3.34。草原生态补偿的实施解放了一部分劳动力，不少年轻的农牧户开始考虑用其他方式来维持生计，一部分农牧户的思维方式也发生了变化，越来越注重教育的长远发展。另外，草原生态补偿的实施对农户养殖技术的提升不明显，尽管农户每年都会参加有关牲畜养殖方面的一些培训，但农户大都反映实用性不强，更习惯用传统的养殖方式进行饲养，对于一些新兴的绿色养殖技术也缺少相应的措施，因此很难实现。

在自然资本效益方面，生态补偿对农户自然资本的评价指数是2.24，效益程度一般。生态补偿对表征自然资本的水资源供给、草原面积的影响程度都较低。其中，35.24%的农户认为水资源的供给量较生态补偿之前较少，造成这一现象的主要原因是牲畜数量的增多，加之塔城地区气候条件的限制，水资源的供给呈逐年下降的趋势。另外，30.48%和40.95%的农户认为草地面积在减少，其中，草料地质量的下降使得牲畜所需的牧草数量减少，牧民不得不购买牧草，直接导致饲养成本的增加。

（2）生态补偿对农户行为的效益分析。草原生态补偿对农户行为的评价指数为3.57，效益较高。农户行为中的行为态度、行为意愿和行为响应，都反映在草原生态补偿实施前后农户从思想到行动上的变化情况上。

草原生态补偿对农户行为态度的评价指数是3.54，效益程度较高。农户对参与草原生态补偿态度的评价指数是3.77，效益程度较高，在调查中发现，70.48%的农户愿意继续支持草原生态补偿的实施，一方面是由于各级草原监理所和畜牧局定期会组织关于草原生态保护方面的宣传活动；另一方面是由于现代牧民对草原生态补偿的关注度提高，会自觉地查询一些有关草原生态保护方面的知识内容。另外，家里有村委会成员或党员代表的农户对草原生态保护的了解程度普遍较高，也表示愿意参与其中，这说明较高的认知水平会带来相应意识的发展和提高。农牧户对草原生态变化的态度评价指数为 3.08，效益一般。由于塔城地区实施草原生态补偿的时间不长，生态效益的变化需要长时间来验证。不过，从塔城草原监测站了解到的情况来看，与 2007 年之前相比，塔城草原的生态效益呈现逐年变好的趋势。另外，仅有 32.24% 的农牧户认为草原退化是因为牲畜数量过多导致的，40.15% 的农牧户则认为是由于降水量少，牧草生长慢导致的。尽管如此，大部分农牧户认为通过草原生态补偿来减少草原的利用率对草原保护能起到作用。农牧户对草原生态补偿的态度的转变，才能促使其对草原生态保护起到积极的作用。

生态补偿的实施不仅对经济、环境产生了影响，同时对农户自身的观念产生了一定的作用，如农户的环保意识、监督意识和参与意识等。农户参与草原生态补偿的评价指数为 3.62，影响程度较高。调查显示，84.76% 的农户愿意参加草原生态补偿的项目。据牧民反映，改善生态环境和享受优惠政策是其参加草原生态补偿的主要原因，然而，草原生态补偿远低于其放牧所得收入，项目的参与将导致其家庭的基本生活失去保障，对于纯牧区牧民参加退牧还草工程积极性的提高有一定的阻碍作用。生态补偿对农户保护草原行为的评价指数是 3.54，效益程度较高。生态补偿实施后，在很多地方没有监督措施，牧民经常会出现"偷牧"行为，这就需要牧民相互监督。生态补偿对牧民监督意识影响的评价指数为 3.45，效益程度较高，67.52% 的农户在发现别人出现"偷牧"行为后会向有关组织反映。

在行为响应调查中，主要分析了农牧户生计成本方面的变化。在对饲养成本的调查中发现，80.95% 的农户认为饲养牲畜的成本有不同程度的提高，造成这一现象的原因主要有以下两方面：一是因为每年物价水平的变动；二是因为草原生态补偿使得农户放牧方式的改变造成饲养成本提高，而饲养成本的提高进一步会提高生产开支，饲养成本提高的农户中有 57.65% 的农户生产开支也相应提高。此外，一些大的畜牧业养殖农户的雇人费用也随着牲畜数量和物价水平的提高而有所增加。只有 6.67% 的农户生产开支较少，主要原因是就业方式的改变，少数半牧区的农户放弃从事畜牧业养殖转向自主经营或外出打工。在生活开支方面，67.62% 的农户的生活开支得到不同程度的提升，这其中有 54.93% 的农户是由于生活方式的转变而导致生活开支增加，其中大部分是生态移民的农户，由最传统的游牧生活方式改为定居，使得农户短时间内不能适应，且生活开支不断提升。此外，生病、意外、子女上学等也使得一部分牧民的生活开支增加不少。

此外，草原生态补偿政策的实施对农户的环保意识也造成了一定的影响。据调查，由于当地进行草原生态保护宣传的次数不断增多，牧民对草原生态保护的关注程度也在不断提高，其中 89.35% 的农户表示自己经常关注草原的生态环境情况。74.76% 的牧民较之前更加愿意参加保护草原的行动，其中，59.01% 的牧民认为保护环境会带来益处，仅有 4.27% 的牧民认为保护环境与自己无关，可见农户的环境保护意识也在不断加强。

（3）生态补偿对农户效用的效益分析。畜牧商品率的评价指数是 2.53，效益程度一般。40.95% 的农户的牲畜养殖数量有所减少，因为与草原生态补偿政策实施之前相比，虽然现有政策对农户养殖方面的补贴使得农户受益，但各方面开支的增加还是加重了家庭负担，因此，借贷养殖的数量有所增加，但还是缩小了畜牧业的容量。60.95% 的农户每年会选择出售一半以上的牲畜作为收入来源，自给自足的生活方式显然已经转变，另外，农户还会根据每年牲畜价格的变动选择出售牲畜的数量和再次买入牲畜的数量。

生态补偿对农户就业方式的评价指数为 3.30，效益程度较高，调查显示，退牧还草、生态移民使牧民的就业方式发生了变化，有 24.29% 的农户开始从事非农产业，这在纯牧区表现较为明显，因为退牧还草工程的实施将一部分农户从单纯的放牧中解放出来，使之可以有较多的时间从事非农产业。

草地质量的变化是评价草原生态变化最明显的指标，包括草原的蓄水能力、草长高度、草长密度等方面。草地质量的具体测量指标较多，而牧民也就是根据自己的直观感受来辨识草地质量的变化。根据分析结果，草地质量的变化评价指数为 3.36，效益指数较高，也就是说在大多数牧民看来，草原生态虽然有转好的趋势，但并不是很明显。

（4）生态补偿总体效益评估。草原生态补偿的总体评价指数为 3.31，起到一定的积极效果，其中，饲养成本、生活开支、生产开支、参加社区组织的活动和农户参与草原生态补偿意愿的评价指数最高，分别为 3.90、3.84、3.81、3.79 和 3.77。这说明草原生态补偿在使得牧民生活方式改变的同时提高了牧民生活生产的各项开支，尽管收入水平相较草原生态补偿之前有所提高，但仍旧不及开支提高的程度大，反映了生态补偿在补偿标准方面还是相对较低，对牧民生活水平没有带来太大的改善。此外，草原生态补偿的实施对农户了解关于草原生态保护的知识有了很大的提升，对农户的认知水平有很大的提高，草原生态补偿的宣传起到了一定的效果。另外，通过对农户资本和行为的调查，发现草原生态补偿的总体效益较好，但仍有很多问题亟待解决。目前的调查结果与生态补偿政策实施的主要目的不甚相符，因为生态补偿的主要目的是改善环境，其次才是发展地方经济。因此，塔城草原生态补偿的实施效益一般，还有待于更加长远的规划与发展。

5.3.3.6 塔城草原生态补偿效益的总体评价

（1）生态恢复效果逐渐显现。自 2011 年塔城地区正式实施草原生态补偿政策以来，全区共实现草原禁牧面积 1618 万亩，草蓄平衡面积 6545 万亩。到目前为止，塔城地区严格实施草原生态补偿机制，采取禁牧区全年禁牧，草畜平衡区按比例逐年减少放牧牲畜数量等具体措施。截止到目前，塔城地区草场负荷逐年减轻，植被生产力逐年恢复，草原生态恢复效果比较明显。

（2）牧民家庭经济状况逐年改善。塔城地区在实施禁牧后，部分牧民转变生产方式，通过科学饲养，牧民每只羊多增收 50~80 元，收入得到增加。通过对塔城地区农牧户资本和行为的调查发现，草原生态补偿带给农牧户的经济效益较为明显，农牧户的金融资本和物质资本的效益指数分别为 3.49 和 3.42，在资本效益中较高，可见在草原生态补偿实施之后，农牧民的物质生活水平相较于之前有所提升。此外，在农牧户行为响应调查中，各项成本的提升也能间接反映农牧户经济生活的日渐丰裕。

农牧户行为效益处于较高的水平，从对草原生态补偿的认识和了解程度到切身为草原生态做出自己的努力，农牧户的行为认知和行为意愿都有了不同程度的提高，从农户角度来看，塔城地区的草原生态补偿产生的效益正在显现。由于塔城地区自 2007 年开始正式实施草原生态补偿政策，其中，退牧还草工程、禁牧、草畜平衡等各项政策交替进行，为期 1~2 年的退牧还草工程在短时间内缓解了草原生态的压力，但却达不到可持续的发展效果。在实施草畜平衡的几个县区，如乌苏、额敏、裕民等，草畜平衡的效果一直难以显现，而且没有一个确定的标准进行衡量，各项监督措施也不尽其善。生态效果最好的就是禁牧，禁牧能够在短时间内带来明显的效果，实施禁牧的几个地区中，额敏县的禁牧效果表现最好，草原状况与 2007 年相比长草量和涵养水源都已经达到之前较好的状态。但长久实施禁牧的政策，对草原畜牧业发展肯定会造成不良的影响。因此，从宏观角度来看，塔城地区各项草原生态补偿政策的实施各有利弊，整体效益正在逐渐凸显，如何加强这些措施的执行力，更好地规避不必要的风险，规范管理与监督是增强草原生态补偿效益的重要任务。

（3）禁牧后社会保障落实及时。为扶持畜牧业发展后续产业，解决塔城地区牧民禁牧后转业的问题，塔城地区政府相关部门积极协调金融机构向农牧户发放短期及长期贷款，扶持农牧户从事牲畜舍饲养殖等活动，有效缓解养殖资金周转困难、饲养草料及设备投入不足等诸多问题，按照"转得出、稳得住、能致富"的目标，不断结合牧民定居，加强后续产业的迅速发展，并对积极实施禁牧和草畜平衡的牧户及从事二三产业的牧民不定期地组织免费培训，推荐就业、扶持创业，不断实现就业增收、勤劳致富的目标。

从对农牧户的社会资本和人力资本调查发现，参加社区组织活动和饲养牲畜技能与之前相比都有比较明显的提升。说明在实施草原生态补偿之后，相关部门对社会活动和技能培训工作有所加强，让农牧民在得到禁牧和草畜平衡的现金补偿之外，还接受社会技能培训，从"授之以鱼"到"授之以渔"，培育了农牧民的自我发展能力，提升了塔城地区草原生态补偿对农牧民所产生的综合效益。

# 5.4　塔城地区草原生态补偿存在的主要问题

通过对塔城地区参与草原生态补偿的农牧户进行资本调查，对塔城地区农牧户的资本效应变化做出定量分析，得到塔城地区农牧户草原生态补偿的效益结果及存在的问题：一方面是理论研究的相对薄弱；另一方面在具体政策的实施上存在补偿机制、监管机制的不健全等问题。

## 5.4.1　生计资本改善效果不佳

在资本调查过程中我们发现，虽然物质资本和金融资本与实施草原生态补偿前相比有一定的提升，但在生态补偿的实施中，实物的补贴并没有给农牧户带来一定的效益，少量的现金补贴也只能稍微缓解农户的生计压力。在这种情况下，农牧户更加希望通过扩大牲畜的养殖来提高自己的物质和金融资本，但不断减少的草原面积让这一想法无法实现，草料地的种植又不能一时收到成效，农牧户不得不减少养殖数量。因此，在进行草原生态补偿的同时，考虑到农牧户生计存在的问题，从根本上减轻保护草原带给农牧户的经济损失是亟须解决的问题。

从宏观角度来看，生计资本改善缓慢且改善较小的主要原因有两个：一是草原生态补偿的补偿周期较短，没有长期的规划；二是草原生态补偿具体内容没有从农牧户角度出发。塔城地区有关草原生态保护的措施主要有 2011 年之前实施的"退牧还草工程"和 2011~2015 年实施的《草原生态保护补助奖励机制》，这些工程或项目所包含的意义虽然很广，但实施的具体时间有限制，在实施的过程中可能因为资金问题、措施问题等原因导致停工或者终止项目的进行。由于受时间的限制，这些工程的不可持续性越来越明显，由此可以看出，草原生态环境的保护与建设不是仅仅靠几个短期的工程或项目就可以完成的，它需要长期的规划和不断地改变及适应。另外，从对农牧民的资本和行为调查中发现，短期的针对草原生态环境的政策必然影响当地牧民由来已久的传统的生活习惯，如资本变化中人力资本和社会资本的变化，有些牧民在短期之内接受不了这些变化，势必会影响其对草原生态保护的参与意愿。就塔城地区而言，该地区实施的措施中都是领导如何执行相关规定，如何进行草原生态保护管理，如何使用补偿资金等措施，却没有具体的有关草原生态环境保护与利用开发的长远规划，没有从农户的角度出发来考虑未来草原自然生态环境、人口变化、农户从事产业结构调整方面的动态变化。这些具体的措施能够解决当前或过去遗留的一些问题，但也有可能因为措施的短视性而又引起新的问题。

### 5.4.2  补偿标准较低与补偿内容针对性不足并存

调查中发现，尽管农户收入效益较高，但支出成本较大，从而造成支出变化大于收入变化的一个普遍现象。而造成这一现象的主要原因有两个：一是草原生态补偿标准过低；二是草原生态补偿内容缺乏针对性。

草原生态补偿标准过低是草原生态补偿政策自实施以来就存在的主要问题。按照 2011 年规定的塔城地区对 2007~2010 年退牧还草禁牧区补助 5.5 元/亩，补助期限 3 年的标准而言，其显著低于内蒙古东部退化草原每亩每年补助饲料粮 5.5 千克，补助期限为 5 年的补偿标准。对于一些生活困难的农牧民来说，这些补助根本不能满足生活需要，但又要执行禁牧的政策规定，而牧民的生产、生活成本增加，从而影响牧民收入的增加。从牧民角度讲，牧民能够得到的国家政策性补贴本身就少，目前我国实施的农田水利建设基本在纯农区，牧区的水利设施建设很少。粮食补贴同样如此，牧民除了能享受到草原生态补贴外，其他形式的补贴政策很少，再加上补贴标准偏低，牧民的生活难以为继，更难提改善。另外，塔城地区草原生态补偿资金来源渠道较窄，也是造成补偿标准低的一个重要原因。该地区草原生态补偿资金主要来源于国家的专项资金及自治区的转移支付，生态受益地区、当地受益企业、个人、国际资金等均未提供资金支持，但草原生态环境得到改善之后，他们却均能受益。因而，仅仅依靠国家和自治区的资金来支持草原生态建设，远远不能满足需要，且存在很大的不公平性，这必将影响草原生态补偿项目的可持续性与当地经济社会的良性发展。

草原生态补偿内容缺乏针对性。实际上，对于定居的农牧户来说，草原生态补偿形同一把"双刃剑"，利处在于尽管农牧户的生活方式有所改变，但生活条件毕竟得到了改善，弊端在于其生活方式的变化让其一时较难适应，加上物质支出的增加，使得从游牧到定居的农牧民生活与生产压力巨大，而草原生态补偿的补给却微不足道。因此，增加补给资金，根据每个地区不同的情况制定不同的补给策略就显得尤为重要。如在齐巴尔吉迭社区，社区里的定居户正在逐年增多，社区的服务和环境相较于其他定居地也相对完善。此时，农牧民需要的是养殖牲畜方面的支持，他们需要良种以及技术指导来扩大养殖、增加收益，社区正在逐步形成的规模化养殖业能够带给他们较大的收益，因此，如何通过规模化养殖得以快速健康地发展至关重要。但在裕民地区则不同，裕民地区的农牧民散户比较多，牧业村是他们的一个聚集地，由于牧业村面积较大，住户比较分散，不易管理，规模化养殖和管理都比较困难，牧民聚集困难。在草原生态补偿实施之后，产生了不少困难户，经济发展缓慢，生计难以维持。在这样的情况下，农牧户更多的是需要实物和现金的补贴。因此，不同情况下需要不同的补贴形式，对于草原生态补偿来说，在做好实地调研的基础上，完善政策的应对性和适用性在塔城地区各级政府及相关部门显得尤为迫切。

### 5.4.3　草原生态恢复缓慢

虽然塔城地区制定了一系列草原生态补偿政策措施，其目的是通过这些政策措施手段解决草原生态恶化的问题，从而改善当地的草原生态环境和促进社会经济发展，提高农牧民的收入。但调查发现，草原生态管理者在对牧区的超载、樵采、开矿、挖药等行为的管理方面欠佳。20 世纪 80 年代，塔城地区的天然草场草畜平衡核定的载畜牧量为 1182.28 万只绵羊。就 2011 年对塔城地区草原超载率的调查来看，与理论载畜量相比，冬草场不超载，而对夏草场、春秋草场、冬春秋草场、冬春草场的管理存在漏洞，这四类草场均超载过牧。问卷调查显示，草地效益较低，面积减少也较多。导致草原生态恢复缓慢的原因有两个：一是牧民放牧习惯的难以改变和牧草的短缺，二是草原管理者大多是牧民熟悉的人。除了政策本身存在的问题，最大的问题就在于草原生态补偿监管人员在政策执行上不能严格要求自己，导致超载过牧，草原退化。实地调查中发现，草原监理站（所）及草原工作站的人员虽然学历水平较高，但人员数量较少，人均管理草原面积为 24.26 万亩，还负责牧民信息的统计工作及草原政策的宣传工作，工作强度太大，工资较低，仅为 1200～1500 元/月，缺乏有效的激励措施。造成草原监理和监督人员会出现怠工、旷工等现象，无法满足草原生态保护政策执行的需要，最终造成退牧还草的政策宣传力度不够深入，对草场围栏管护不到位，对偷盗现象查处力度不够等问题，严重影响草原生态补偿政策的顺利实施。

# 5.5 完善新疆边境贫困地区草原生态补偿机制的对策建议

## 5.5.1 完善草原生态补偿政策

### 5.5.1.1 细化补偿政策相关内容

可持续发展不仅是我国的一项长远国策，还是一个完整的系统，它由人口、自然、经济、社会各个子系统组成的一个复合且复杂的大系统组成，需要多种要素之间的相互联系、相互作用、相互制约以及全方位协调。草原生态补偿政策需要有一套比较完整的解决问题及应对问题的方法和措施，因为草原生态补偿政策不是一个全自动的完整系统，其政策的实施要在整个经济社会大环境下做到统筹兼顾、全盘考虑，其制定和实施需要考虑诸多其他要素的影响与干预。比如，对禁牧牧民的草原生态补偿政策制定中，如何补偿、补偿多少，多长时间，还有生态移民的草原生态补偿是否该一致等问题，这都需要有一个战略性的规划，不仅对当下进行补偿，而且对未来的经济社会持续发展进行补偿。新疆边境贫困地区现有的草原生态补偿政策要站在战略高度，从国家利益、人民利益、自然环境的角度进行长远规划，看清草原生态补偿在新疆边境贫困区域发展中所发挥的作用，明确地区政府应该努力和改善的方向。不仅要总结其他地区草原生态补偿的成功和失败经验，还需要强有力的草原生态补偿政策和机制的制定与实施。

### 5.5.1.2　因地制宜选择草原生态补偿的形式

新疆边境贫困地区草原生态补偿政策实施后，在各个方面都呈现了一定的效果。但是由于各地区的气候、土壤和植被类型等方面都有差异，在草地的经营模式、利用方式、增产路径和改造方向等也存在很大的差异，因此，草原生态补偿政策的实施应根据各地区的实际情况从长计议、因地制宜。新疆边境贫困的各个地区应设立草原生态补偿政策实施监测点，对草原生态补偿政策区的草场情况进行实时跟踪监测，并综合多种影响因素对政策进行实时调整以适应各地区特征，运用好不同的模式进行草原生态的保护工作。一方面，草原生态补偿政策中对禁牧、休牧和划区轮牧的补偿标准不能一概而论，相同的标准不一定适应不同地区。以塔城地区为例，塔城市、额敏等地区草原生态破坏相较于其他地区而言没那么严重，而当地的经济条件也比其他地区要高，那么相对的补偿标准应当比塔城其他地区低；而裕民、托里等地区，草原牧民受草原破坏影响程度大，经济条件也相对较弱，补偿标准应当适当提高。补偿标准因地区而异，这样既有利于当地政府实施管理，又能从一定程度上让当地政府有自主管理权。另一方面，各个草场每年休牧和禁牧开始的时间以及持续的时间长短也可以根据各地区每年不同的情况进行微调，此外，如果实施草原生态补偿的草场在休牧或禁牧之后的效果不明显或没有效果，又或者没有达到预期效果，政策实施的年限可以适当延长。

### 5.5.1.3　为牧民提供多种类型的补偿

除了目前草原生态补偿中涉及的现金补偿和实物补偿外，草原生态补偿的方式还包括技术补偿、政策补偿等。从目前所了解到的草原生态补偿形式调查来看，现金补偿和实物补偿基本可以保障牧民的生活和生产活动，但从长远角度看，这些补偿缺乏可持续性，没有形成长期有效的政策机制。调查发现，定居后的农牧民在牲畜饲料供给方面存在困难，一方面，草料地减少，为了减少购买成本，需要自己种植；另一方面，牧民对于种植的技术掌握不充分，生产效率低。在技术补偿方面，新疆边境贫困地区各方面的发展都比较缓慢，经济社会发展相对落后，相应的生产技术也比较落后，在对边境贫困进行生态补偿时，可以尝试引进先进的农业生产技术，通过这种形式从根本上提高农牧民的自身发展。

政策补偿方面,许多农牧民表示,希望得到贷款政策的补贴,由于贫困的农牧民可用于贷款的固定资产不多,往往所贷数额不足以满足其生产要求,希望能够得到政府对贷款政策的放宽。新疆边境贫困地区融合了多个少数民族的农牧民,由于少数民族有其各自的生活方式、民族文化及语言,这些不同的因素造成了牧民在从事现金生产中的诸多不利因素,加之牧民在提升自身就业能力上本身就比较薄弱,在从事畜牧业生产的过程中,又会出现资金不足等情况,贷款政策性补贴对一部分农牧民显得十分迫切。

因此,新疆边境贫困地区的草原生态补偿方式应根据不同的需求来制定,单一或确定的补偿方式不能从根本上解决农牧民的实际问题。这样一来,不仅有利于新疆边境贫困地区草原生态建设的完善,也能够在一定程度上帮助农牧民更好地从事畜牧业养殖活动。

### 5.5.2　增强政策执行力

#### 5.5.2.1　完善工作人员奖励制度

草原生态补偿工程涉及方方面面,相关部门工作人员是十分重要的一部分。工作性质具有相应的外部性,如果其认真工作、恪尽职守,则工作效果的外部收益将远远大于个人收益,能更好地促进草原生态补偿建设的顺利进行;而如果由于工作态度等原因玩忽职守,则其工作效果的外部性将给社会、生态环境带来不可估量的损失。因此,应完善草原生态补偿部门相关工作人员的奖惩制度,提高其工作待遇,保障其工资收入能够满足家庭生活的需要。这样既能激励他们努力工作,也可以增强政府政策的执行力和实施强度。

#### 5.5.2.2　加强监督检查管理

加强监督检查管理主要包括以下几方面:第一,强化监管力度。草原生态补偿政策的实施在很大程度上依托各部门包括行政部门和监管部门的管理与监督,只有对破坏草原生态的行为进行约束,才能使得草原生态补偿得到应有的效果。第二,通过协议书来硬性约束牧民行为。草原生态补偿政策中,草畜平衡并没有明确的界定范围,牧民对此也没有明确的了解,要想实现真正的草畜平衡,可以通过签订相关的协议书来从法律上约束牧民的行为,让牧民对自己的行为有明确的认识,一方面达到宣传和教育的作用;另一方面为草畜平衡的实施起到监督作用。第三,出台相应的奖励和惩罚措施。即使在实施草原生态补偿的过程中,仍然会有偷牧的现象发生,要想完全杜绝,几乎不大可能,不过，政府和有关部门可以通过一定的惩罚措施来对偷牧者进行惩罚，并且鼓励牧民之间的相互监督，起到一定的防范作用，而这些措施要通过一定的条文来实现，从而达到奖补的真正意义。第四，加强后期的管理工作。阶段性的草原生态补偿项目或工程实施期限到期之后，要对草原生态的恢复情况进行总体的评价和后期的监管，政策实施的有效性需要后期不断地跟进，以确保草原生态之后不再恶化。

### 5.5.3　拓宽资金来源渠道

新疆边境贫困地区经济发展相对落后，主要以农业、畜牧业生产为主。草原生态补偿政策的实施必然影响当地农牧民的生产、生活，影响既有正面的，也有负面的，会给传统的生产、生活方式带来冲击。为鼓励当地农牧民参与到草原生态建设中来，必须要提高农牧民的补偿标准，使其在禁牧、休牧等情况下不会降低生活水平。而新疆边境贫困地区仅仅靠国家和自治区的资金来支持草原生态建设，远远不能保证政策的顺利实施。因此，在获取资金支持方面要拓展渠道，可以多方面、多主体地筹集补偿资金。

#### 5.5.3.1　多渠道获取补偿资金

目前，草原生态补偿的资金来源主要是中央财政拨款，这在一定程度上限制了补偿标准和补偿范围，如何获得来自不同方向的资金支持，对于支持草原生态补偿十分重要。首先，从中央财政出发，建议在按照公共服务平等原则的基础上，在财政转移支付中对草原生态环境影响因子的权重进行测算，通过具体的数据来分配中央财政支出，对于生态特别脆弱地区和生态保护重点地区进行资金上的支持，使得当地的草原生态保护能够达到长期持续的效果。其次，加强各级地方政府对草原生态补偿的支撑与协作。中央财政的支持毕竟有限，不能完全依据各地的不同情况做出最合适的规划，这就需要各级地方政府在草原生态保护中承担起应尽的职责，各级地方政府除负责管辖区域内的草原生态补偿机制建立以外，还应根据各级政府的财政情况对一些依靠财政支出的草原生态补偿给予一定的支持，这样中央财政和地方财政的合作才会相得益彰。要努力创造多层次、多渠道的融资途径与方式。借鉴锡林郭勒盟草原的经验，通过国家提供资金，生态受益区提供资金，当地受益企业提供资金，个人提供补偿基金，国际资金支持等多种渠道来获取用于当地草原生态补偿的资金。此外，政府的财政补贴依旧是目前新疆边境贫困地区草原生态补偿资金的主要来源，除政府补偿之外，市场也是一项不可忽视的资金来源，市场作为一个完整的体系是否可以为生态补偿带来新的途径，这值得我们去不断探索和发现。就目前的形式来看，加大对民营企业的激励，采取主动而积极的鼓励政策，对不同的补偿方式都应有全方位的积极探索。

### 5.5.3.2  建立国家政策性草业创业投资引导基金

国家政策性草业创业投资引导基金是指以国家出资的形式建立的政策性基金组织，基金归国家所有，创业机构以被委托人的身份对机构进行管理和监督。国家在这一基金中的主要作用是约束受托者，国家在这其中不要求任何资金收益的回报，但是可以通过一定的产业附加来支持其发展和生态建设。建立国家政策性草业创业投资引导基金，不仅可以有效地引入外部重要的要素，还可以将外部要素同本地资源有效结合，从而达到内外兼顾、良莠齐收的效果。

要建立国家政策性草业创业投资引导基金机制，全力争取国家政策性资源，建立以中央政府战略性新兴产业发展专项基金、地方政府联合参股、社会投资者出资三大主体为主要资金来源的雄厚的创业基金支撑，重点向投资早中期、初创期创新型的草业中小企业倾斜，破解创新型中小草业企业融资难，从而分担其创新创业风险，推动战略性新兴草业的发展，促使部分草业企业成长为新兴龙头企业，建立起支持战略性新兴草业和创新型中小草业企业的市场化运行长效机制，更好地发挥财政资金"四两拨千斤"的重要作用，激励草原产业的创新创业，扩大其社会就业带动，促进创新型经济加快成长。

# 第6章 新疆边境贫困地区生态
# 补偿机制实施的政策建议

　　贫困与生态环境脆弱存在一定的关系，相互影响、相互制约。一方面，贫困对于生态补偿工作顺利实施有很大的制约作用，贫困程度的加深将增加生态环保工作的难度；另一方面，脆弱的生态环境也在很大程度上阻碍着贫困缓解的进程。新疆贫困地区大多分布在沙漠周边和边境线，地处偏远，而且生态环境脆弱，一旦遭到严重破坏，将会对区域内生态安全产生不利影响。通过生态补偿的方式对新疆边境贫困地区的扶贫工作增添新的动力，提供新的思路，对于新疆边境贫困问题的有效解决有重大意义。根据新制度经济学，一项制度的实施需将正式、非正式制度与制度的实施等有效结合。因此，新疆边境贫困地区生态补偿的顺利实施应加强生态补偿的制度保障和不断完善生态补偿运行机制。

## 6.1 加强新疆边境贫困地区生态补偿的制度保障

### 6.1.1 法制保障

#### 6.1.1.1 完善生态补偿的法律体系

　　中共十八届五中全会审议通过了"十三五"规划建议稿。在生态文明建设领域，《中共中央关于制定国民经济和社会发展第十三个五年规划的建议》提出"生态环境质量总体改善"的目标和"绿色"发展理念。目前，我国许多法律已经对保护生态环境和污染防治等问题做了相关原则性规定，但对于生态补偿而言，此方面专门性的立法还是空白，存在着法律缺位的状况。

首先，生态补偿机制的建立与实施需要法律法规的"刚性约束"才能实现。遵循生态补偿工作的"优先序"，应抓紧出台《国务院关于生态补偿若干政策措施的指导意见》，在修改完善的基础上，尽快出台《生态补偿条例》，最后在《生态补偿条例》的基础上出台《中华人民共和国生态补偿法》。《生态补偿法》应该对我国的生态补偿的主体、对象、原则、范围、标准、方法、运行机制等方面做一个全面、细致的规定，做到补偿机制运行有法可依。

其次，建立贫困地区生态补偿的地方性法规是实现贫困地区生态补偿、促使资源可持续利用、缓解贫困的有力保障。新疆应该根据补偿地区的特殊环境，制定因地制宜的地方性生态补偿法规，明确新疆贫困地区生态补偿的补偿对象、资金来源、补偿标准、补偿主体的权利义务、考核评估方法、责任追究等。通过相关法律法规的实施，可以弥补因为缺乏法律保障而造成的补偿资金短缺、政策不到位的现象，利于协调贫困地区经济利益和生态利益之间的关系，促进贫困地区的生态恢复和重建，同时缓解当地贫困状况。新疆应做好以下几方面的立法工作，具体见表6–1。

表6–1　新疆生态补偿的相关政策法规建议

| 相关法规 | 主要内容 |
| --- | --- |
| 新疆生态补偿条例 | 规定实施区域生态行政补偿的基本原则，并规定具体的补偿主体、补偿方式、补偿标准、法律责任等要素；为生态补偿地方实践和立法提供明确的法律指导和法律依据 |
| 新疆贫困地区生态补偿和奖励资金管理办法 | 明确补偿地区、补偿范围、补偿标准、补偿对象及奖励措施等；将各个地区的补偿标准与地区经济发展水平联系起来；对较好完成生态目标的区域给予一定奖励 |
| 新疆生态补偿专项资金使用管理办法 | 明晰生态补偿资金的管理部门，确定补偿资金的用处、筹集方式、项目申报程序、资金拨付与管理、监督与考核等 |
| 新疆维吾尔自治区流域生态补偿办法 | 建立了新疆境内流域水污染补偿制度。按照"谁污染谁付费，谁破坏谁补偿"的原则，明确了上游水域对下游水域生态补偿的补偿原则和补偿方式。规定新疆通过财政转移支付等方式建立健全饮用水水源保护区域和水库、湖泊、江河上游地区的水环境生态保护补偿机制，为饮用水水源保护区和水库、湖泊、江河区域获得生态补偿提供法律依据 |

续表

| 相关法规 | 主要内容 |
|---|---|
| 新疆维吾尔自治区草原生态补偿办法 | 以县为单位，组织实施草原禁牧和草畜平衡，针对荒漠类草场禁牧、重要的水源涵养地和草地类自然保护区禁牧、退牧还草工程区禁牧设定不同的补偿标准。同时对草畜平衡、牧草良种、牲畜良种和牧民生产资料综合补贴 |
| 新疆维吾尔自治区煤炭资源生态补偿管理办法 | 明确了煤炭资源生态补偿的对象、方式与标准，完善了补偿资金的使用管理规定。所涉及的主要补偿项目为：煤炭可持续发展基金、矿山生态环境恢复治理保证金与煤矿转产发展资金 |
| 新疆公益林生态效益补偿办法 | 对各级公益林区划界定的经济补偿标准、补偿时限；明确标准补偿对象与范围；对公益林生态补偿资金申请、使用、管理办法等做出统一具体的规定 |

### 6.1.1.2　加大生态补偿的法律救助机制

为保证农牧民在生态补偿实施过程中权益得到有效实现，建立健全的法律救助机制必不可少。首先，要对生态补偿利益受损者进行法律援助。边境地区的农牧民受教育水平较低，当他们的生态利益受到损害时，无力反抗，不知如何保护自己。各级地方政府可以通过相关法律部门，由检察机关、律师事务所、法院等组织为农牧民提供救助，并进行公益诉讼，来保证边境贫困地区农牧民的生态补偿权利和利益。其次，让生态补偿利益相关者参与到政策制定中。相关部门在制定生态补偿政策时大多只体现了政府意识，缺乏实地考察，造成政策脱节，无法满足生态补偿相关利益者的意愿，造成使得项目实施无法落实。因此，在建立生态补偿政策时应要多走访基层，去广泛听取群众的意见，了解群众的济困，建立起广泛的群众基础。在制定政策时告知利益相关者，让其参与到政策的制定中来。最后，成立中央直属仲裁机构来协调、监管、仲裁生态补偿。由中央牵头，成立直属国务院领导的中央直属仲裁机构，在各省、直辖市、自治区成立分支仲裁办事机构。选取具有相应的专业知识的专业人员组织该机构，如生态资源评价、生态补偿标准制定和法律相关顾问等。当出现重大生态补偿纠纷时可由中央直属仲裁机构直接仲裁，并就纠纷提出咨询；地方上的生态补偿问题则有中央直属地方的分支仲裁机构来处理，若不能解决可以向上诉讼。这就确保了生态补偿的法律问题有地可询、有地可诉，保障了弱势群体的利益，让生态补偿事业有条不紊地进行。

### 6.1.2 政策保障

#### 6.1.2.1 制定生态补偿扶贫政策

新疆边境贫困地区大多为生态脆弱区和生态功能区，实施生态补偿项目的地区与需要进行扶贫的地区有重合的地方，它们大多处于生态环境恶劣、贫困范围广、经济欠发达地区。因此，政府应当尽快制定生态补偿扶贫政策，把生态环境改善和促进当地脱贫作为两大目标，在实施生态补偿的同时解决当地经济贫困的问题。通过生态补偿扶贫政策对当地生态环境进行保护，减少对自然环境的过分依赖，从根本上改变当地居民忽视生态环境，以及盲目开荒、乱砍滥伐的粗放生产方式。同时，通过生态补偿促进环境建设，带动新疆边境贫困地区生态农业、环保开采业及旅游业的发展，有效促进当地就业，缓解农村人口和剩余劳动力的压力，实现农民多元化增收，增强贫困地区经济实力。只有在生态补偿的社会效益和经济效益有所提升时，生态扶贫政策才能发挥其内在动力，达到扶贫济困的效果，实现贫困地区的可持续发展。

#### 6.1.2.2 完善生态移民补偿政策

新疆边境贫困地区生态环境脆弱导致当地农牧民生活水平较低，贫困覆盖率较高，通过生态移民可以有效缓解当地贫困现状。由于生态移民工程巨大、牵扯较多、具有一定的复杂性，因此，政府在制定生态移民政策时要充分考虑到移民过程中可能出现的各种问题，采用走访或调查问卷的方式、耐心听取农牧民的各项要求，对生态移民提供政策保障。与此同时，也要细心解决在移民后失地农牧民遇到的各项困难，巩固生态移民工程成果，一是加大生态移民的农牧民最低生活保障、医疗保险和养老保险制度的建设，让失地农牧民没有后顾之忧；二是加强对生态移民的人力资源开发，对农牧民进行技术培训，提高生计能力，让农牧民转变生产方式，不依靠土地也能过上小康生活；三是科学制定土地利用规划，根据土地利用规划由政府直接对生态建设用地进行预征，条件具备的地区可以采用政府与农户谈判的方式。四是加大对生态移民迁入区的社会基础设施建设，提高教育、文化、卫生水平，让农牧民能在新家安居乐业。

### 6.1.3 体制保障

#### 6.1.3.1 建立统一的生态补偿管理机构

只有健全生态补偿管理机构，才能规范补偿金的征收与发放，使生态补偿项目得到持续发展。新疆边境贫困地区生态补偿管理部门分头管理现象严重，涉及林业、农业、水利、国土、环保等多个部门，造成众多补偿主体责任明确、生态补偿项目管理混乱和分散化。中央政府应当在新疆边境贫困地区建立统一的生态补偿管理机构，明确各行政部门职责和任务，同时，设立生态补偿协调部门，全面负责有关生态环境补偿的相关事项，进行利益协调，推进新疆边境贫困地区生态补偿机制的建立，解决在生态建设中农牧民遇到的生计问题，增加政府与农牧民的互动机制，促进生态补偿机制的良好运作。随着生态补偿制度的不断完善，对生态建设项目资金从行政内部监督系统和行政外部监督系统两方面建立严格的行政监督机制，建立专款专用的生态补偿资金管理办法，规范生态补偿资金的申报、提取、使用办法，将补偿资金落到实处，使其能够有效地推进边境贫困地区生态保护工作。

### 6.1.3.2　建立多元性的政绩指标体系

政绩考核政策对于遏制地方政绩冲动、完善监督机制和相关的生态补偿政策顺利实施有着重要意义①。转变政府职能，变"经济发展"型政府为"公共服务"型政府，建立统一的管理机构，实行多元化的政绩指标体系，严格对政府官员的绩效考核和"升迁"标准。在贯彻落实新疆边境贫困地区生态补偿政策过程中，通过政策的整合、细化、扩充、协调，保障资源及资金供给，增强公众参与，健全政绩考核评价机制，进一步加强地方政府的执行力。

### 6.1.3.3　加大生态补偿的监督管理力度

首先，加大对生态补偿实施的监督检查力度。生态补偿政策的实施在很大程度上依托各部门包括行政部门与监管部门的管理和监督，只有对破坏生态的行为进行约束，才能使得生态补偿得到应有的效果。例如，在草原生态补偿政策中，草畜平衡并没有明确的界定范围，牧民对此也没有明确的了解，要想实现真正的草畜平衡，可以通过签订相关的协议书，从法律上约束牧民的行为，让牧民对自己的行为有明确的认识，一方面达到宣传和教育的作用，另一方面为草畜平衡的实施起到监督作用。

其次，建立并完善生态补偿资金的管理制度，实行规范化运作，加大资金使用和监管力度。设置生态补偿的"专用账户"，做到谁用款、谁负责，层层落实责任，对擅自调整、更改生态补偿资金使用计划，私自抵扣、挪用、占用生态补偿资金等行为，监督管理部门应以情节轻重为依据进行责罚。

①　陈作成．新疆重点生态功能区生态补偿机制研究［D］．石河子大学，2014.

再次，出台相应的奖励和惩罚措施。在实施生态补偿的过程中，会有破坏生态环境的现象发生，要想完全杜绝，几乎不大可能。因此，政府和有关部门应建立一定的惩罚措施，鼓励居民之间相互监督，起到一定的防范作用。

最后，加强后期的管理工作。阶段性的、生态补偿项目或工程实施期限到期之后，要对生态的恢复情况进行总体的评价和后期的监管，政策实施的有效性需要后期不断地跟进，以确保生态之后不再恶化。

### 6.1.4　财政保障

#### 6.1.4.1　健全生态补偿的财政转移支付制度

由于生态资源具有公共物品属性，并且新疆边境贫困地区生态保护与建设项目涉及面广、协调成本高，因此，贫困地区生态保护及建设投入主要依靠政府财政的转移支付政策。财政转移支付有两种，分别是纵向转移和横向转移。所谓的纵向转移是指政府的上级向下级拨付财政性资金，而横向转移支付则是指地区之间的财政性资金的拨付，即富裕地区向贫困地区拨付财政性资金。总体来说，目前各领域生态补偿的主要资金来源有两个方面，分别是中央政府对地方政府的补助、省级政府对其所管辖地区政府的补助。因此，为了顺利实施贫困地区生态补偿工作，增加对贫困地区生态补偿的补贴力度主要有以下两个方面：一是中央政府在纵向财政转移支付项目中增加生态补偿项目；二是通过制定分类指导政策。同时，还应完善生态受益地区向实施贫困地区生态保护和建设地区间的横向转移支付，逐步形成以纵向为主、以纵横交错为辅的财政支付模式，进一步在地区间环境利益关系稳定的基础上，地区间公共服务水平的均衡才能够得到真正体现。

借鉴国内外成功经验，立足区情构建新疆边境贫困地区生态补偿机制，改进转移支付办法，突出对生态地区的转移支付。使地方政府和中央政府的生态补偿机制形成统一，实现补偿资金的"整合"，实现新疆边境贫困地区生态环境与经济社会的协调发展。对于新疆贫困县域根据其经济社会发展水平、生态资源环境状况及财政收支状况采取有别于开发型区域的财政转移支付办法。加大对口支援省份对新疆边疆贫困地区各种形式的实物转移支付（如技术、设备、资产转移等）和价值转移支付，设立贫困地区财政专项生态补偿基金。理顺和调整新疆维吾尔自治区贫困县域转移支付制度，并逐步加大转移支付力度，立足区域资源禀赋，积极调整产业结构，发展生态产业及环保产业，提升自我发展能力，以保护生态环境和经济发展。同时，自治区要尽快出台生态补偿资金管理办法，确保生态补偿转移支付资金全额下达到各地方；并且，各地方政府应根据当地生态、经济状况安排生态补偿转移支付财政资金，重点向生态脆弱区和贫困地区倾斜。

#### 6.1.4.2　拓展生态补偿的融资方式

建立新疆边境贫困地区生态补偿机制需要大量的资金，单靠中央和地方政府的投资是不够的，必须建立多元化、多层次、多渠道的融资方式。解决资金缺口问题，有以下几个方面：第一，利用国债这一有利的筹资手段；第二，考虑发行中长期特种生态建设债券或彩票；第三，提供各种优惠政策，鼓励私人投资环保产业，争取在股票市场中形成特色；第四，提高金融开放度、资信度和透明度并加强投资制度的一致性和稳定性，为引进海外资金奠定基础。除了政府投资，市场也是一项不可忽视的资金来源，市场作为一个完整的体系能否为生态补偿带来新的途径，这值得我们不断探索和发现。就目前的形式来看，对内融资方式可逐步采用培育和发展生态资本市场、建立生态环保创业投资基金、建立生态建设与环境保护补偿基金、建立西部环境建设与生态保护银行、征收生态补偿费（税）和资源税、优惠信贷、发行生态建设彩票等方式；对外融资方式可逐步选择国外贷款、BOT 投资方式、引进国际信贷等方式。

# 6.2　完善新疆边境贫困地区生态补偿的运行机制

## 6.2.1　完善生态补偿目标

### 6.2.1.1　确定生态补偿的扶贫目标

新疆边境贫困地区生态环境保护与缓解贫困常年处于两难选择，而生态补偿作为一种环境经济政策，在项目实施过程中，不可避免地会对项目区域的发展以及项目参加者的收入情况产生影响，通过制定相关生态补偿目标，不仅可以改善脆弱的生态环境，还可以增加农牧民因为保护环境而增加的收入，最终起到缓解贫困的作用。在生态补偿项目中，很少有项目采用单一贫困扶贫目标，很多都是双重目标，甚至是多重目标，而多目标造成了项目执行效率的下降，使区域贫困仍然存在。在建立新疆边境贫困地区生态补偿项目时，国家应关注生态补偿项目在设计伊始是否考虑了缓解贫困的副目标，并将区域发展、缓解贫困和创造就业作为生态补偿主要的副目标，避免设计影响生态补偿功能发挥的副目标。

6.2.1.2　实现生态补偿目标持续性

新疆边境贫困地区生态补偿根本目标是恢复贫困地区的生态环境，实现贫困地区生态资源的可持续利用，从而为贫困地区经济和社会的整体协调持续发展提供生态保证，由此缓解当地贫困问题。实现生态补偿目标的持续性首先要扩充生态补偿资金来源，采用税费等方式，设立补偿专项资金等方式确保资金来源的可持续性，采用动态补偿和分阶段补偿相结合的方式，使补偿与经济发展相挂钩。其次要丰富补偿方式，强化"造血式"补偿，增强区域自我补偿能力。再次要将扶贫项目和生态补偿项目有效融合，开展"扶贫式"生态补偿，使生态脆弱区的贫困农牧民因环境改善而致富，提高农牧民生态保护的积极性。最后通过完善生态补偿的保障措施、拓展融资渠道、完善政绩考核体系等措施，以保证新疆边境贫困地区生态补偿目标的可持续性。

### 6.2.2　明确生态补偿主体与客体

6.2.2.1　形成政府、市场、社会三者相互协调的生态补偿主体

理论上，新疆边境贫困地区生态补偿的主体应是边境地区生态资源的使用者、破坏者及生态保护的受益者，但新疆边境贫困地区生态补偿的主体主要以国家为主，由于支付数额巨大，不仅加重了国家财政的负担，也难以保证生态补偿项目可持续发展。因此，在目前新疆边境贫困地区生态系统服务市场尚未建立的情况下，结合贫困地区的具体情况，新疆边境贫困地区生态补偿的主体除了国家及各级地方政府外，也应将一定的社会组织、个人及相关企业纳为补偿主体承担适当的补偿义务。例如，对于一些处于流域下游的大型企业而言，可以在流域上游地区建造原材料供应基地（吴付英，2007），而上游地区的生态环境与其原材料基地息息相关，因此，应当将下游相关企业纳入生态服务补偿主体中。一定的社会组织和福利机构也可以为某一具体的扶贫生态补偿项目实施补偿。等到新疆边境贫困地区生态系统服务市场建立完善以后，国家和政府可以通过各项法律、政策、体制等的保障而促进各方面的市场经济行为主体来实施补偿，从而形成政府、市场、社会三者相互协调的生态补偿主体。

6.2.2.2　确定生态补偿客体

从补偿对象的结构看出，新疆边境贫困地区补偿对象比较复杂，这可能会对生态补偿的效果产生负面影响。新疆边境贫困地区应当遵循"受益者付费，

受损者补偿"的原则，将环境破坏与恶化进行治理与恢复的相关主体以及因生态建设而丧失发展机会的社会群体作为受偿主体进行补偿。具体包括以下三类：一是生态工程建设地区政府；二是参与生态建设的当地林农、牧民或相关管护人员；三是由于需要进行修复补偿的生态环境自身。同时，对于位于边境贫困地区具有重大生态环境价值的国家级、自治区级重点生态功能区也应当被纳为补偿的重点对象，例如，位于克州地区的塔里木河荒漠化防治生态功能区、位于塔城地区的准噶尔西部荒漠草原生态功能区和位于和田地区的中昆仑山高寒荒漠草原生态功能区等，以及由于自然资源的开发造成损害的当地自然生态环境，也应包含在补偿对象之列。此外，应对减少生态破坏者给以补偿。新疆边境贫困地区常年处于"越贫穷，越破坏；越破坏，越贫穷"的恶性循环中，农牧民迫于生计过度开垦、放牧，破坏生态环境，经济受资源限制无法得到发展。只有对生态环境"破坏者"给予补偿，才能减少他们对生态的破坏，这个过程可以通过与生态破坏者签订协议、合同等方式实现。

### 6.2.3　丰富生态补偿方式

#### 6.2.3.1　因地制宜地选择生态补偿方式

新疆边境贫困地区生态补偿主要是现金补偿，但这种方式并不能保证补偿资金用于少数民族的自身发展，往往用于自身消费。从长远来看，现金补偿不能有效地改善受偿者的生计状况，还会影响受偿者的后续发展潜力，因此在完善新疆边境贫困地区生态补偿机制建设时，要因地制宜地选择生态补偿方式，形成直接补偿与间接补偿相结合、资金补偿与实物补偿相结合、政策补偿与技术补偿相结合的多样化补偿模式和途径。一是在采用现金补偿的同时，根据受偿者的需求以及区域生态、经济发展实际，积极采取其他补偿方式，如补偿农业生产机械、粮食及经济作物优良品种等，有利于提高农业生产技术水平，完善当地农业生产结构。二是搭配一定的政策补偿，给予地方政府在生态项目申报、资金筹集方面可以采取适度宽松的政策，在资源开发方面取得优先权等适当的政策补偿。三是加强对贫困地区农牧民的智力补偿。新疆边境贫困地区教育卫生事业落后，农牧民受教育程度低，且贫困人口以少数民族为主，受语言障碍及传统生活方式的限制，自我发展能力略显薄弱，无法充分就业。智力补偿作为一种间接的补偿形式，通过加大对少数民族农牧民多种形式的培训，提升他们采用新型的生产技术和生产方式的能力，对提高农牧民的生产能力、就业能力和持续发展的能力起到促进作用。

6.2.3.2 坚持"输血"补偿与"造血"补偿相结合

为缓解新疆边境地区面临的环境形势，政府必须完善"输血型"生态环境补偿方式，采取有力措施，帮助生态补偿方案真正做到"为保护生态资源而富"。由于新疆边境贫困地区生态补偿资金有限，政府对当地农牧民的"输血"补偿作用有限，不能彻底地改善当地经济贫困的现状，因此，政府在加大对边境贫困地区"输血"补偿的同时，也应当通过各种方式对当地进行"造血"补偿。"造血型"的补偿方式相当于国家或地方政府对生态补偿项目进行的补助，使外部补偿转化为自我积累、自我发展能力，并通过各类生态项目来提高当地居民收入的作用。采取"造血型"生态补偿方式可以增加落后地区发展能力，使边境贫困区域的受偿者充分发挥其发展经济的潜能，提高居民的积极性和主观能动性，形成"造血"机能与自我发展机制。建议政府将生态补偿与特色产业相结合，在资源承载力的范围内发展生态旅游业、生态林业、生态农业。同时，对特色生态产业提供贷款、税收减免优惠等优惠措施，激发农牧民参与热情，对当地居民进行技术指导，提升边境贫困地区人口素质，注重人力资源开发，增强自我谋生技能，只有真正掌握了谋生技能，才能拥有促进自身经济发展的内在动力，"造血"补偿才能得到长足发展。

### 6.2.4 合理制定生态补偿标准

6.2.4.1 构建生态补偿标准协商机制

科学的生态补偿标准的确定应是多个利益主体进行协商的共同结果。理想的生态补偿标准应是根据相应的生态服务功能价值评估或生态破坏损失评估等来确定的，但是评估工作因人因地而异，并不能生搬硬套别处的标准，这样既不能解决当地补偿问题，又有可能激发别的矛盾。因此，效仿"讨价还价"的协商机制变得非常重要，在生态补偿过程中最大的矛盾无非是接受补偿和支付补偿。接受补偿和支付补偿并不是完全对立的，两者之间必定存在一种平衡，这个平衡就需双方进行协商、讨论。新疆边境地区是一个多民族聚居的地方，贫困人口中少数民族居多，这为生态补偿工作带来极大困难。在新疆边境贫困地区制定补偿标准的过程中，利用有声望的群众代表和宗教人士作为第三方，协调国家与边境贫困地区农牧民进行的生态补偿工作，不仅能协调生态补偿各方的利益分歧，还可以传达和沟通利益双方需求，通过"讨价还价"的方式，制定满足双方利益的补偿标准。就要求"中间人"应该公平公正，站在现有的事实情况下进行评估和沟通，从而完善新疆边境贫困地区的生态补偿机制。

### 6.2.4.2　确立科学合理的补偿标准构成要素

新疆边境贫困地区如何做到补偿标准在生态服务和扶贫之间做到较好的权衡，促进两大目标的最终实现，是生态补偿机制的核心部分。因此，在设计生态补偿标准时，要确立科学、合理的补偿标准构成要素，不应像过去采用"一刀切"、过于单一化的标准，在确立生态补偿的标准时应当考虑以下四个要素：第一，生态建设与保护者的成本投入要素与丧失的机会成本要素，边境地区农牧民在建设和保护生态环境的同时为了实现大多数人的环境权而牺牲了自身的发展权，因此，贫困地区农牧民有权获得生态补偿，生态保护成本投入与丧失机会成本就成为确定生态补偿最低标准时的重要因素。第二，生态受益者的获益要素。生态受益者应当向贫困地区生态建设者进行补偿，在这个过程中，可以采用市场交易的方式，对生态系统服务和生态产品进行市场定价，通过交易价格和交易量来确定生态补偿的标准，从而激励生态保护与建设者从事环境保护。第三，治理生态破坏所需要的成本要素。第四，生态系统服务功能的价值要素。因此，在确定补偿标准的过程中，应当采取定性与定量相结合，将补偿标准构成要素作为参考要素进行计算，确定补偿标准的上下限和补偿期限。综合考虑边境贫困地区社会和经济发展的实际情况，以及恢复生态环境所需的成本，通过协商和博弈确定贫困地区的补偿标准，将经济标准回归到人的标准；然后根据边境贫困地区生态保护和经济社会发展的阶段性特征，进行动态分阶段补偿，实现生态保护和缓解贫困的两大目标。

### 6.2.5　灵活利用补偿，增强自我补偿能力

#### 6.2.5.1　将生态补偿和地方产业相结合

目前，新疆边境贫困地区的生态补偿方式主要以现金和实物为主，仅能帮助农牧民解决温饱问题，并不能从根本上消除贫困。因此，要灵活运用生态补偿，将生态补偿与地方特色产业相结合，促进地方产业结构调整，将外部补偿转化为自身发展能力，盘活当地生态资源。在改善环境的同时，不断提升农牧民自我发展能力，防止在生态项目到期后，农牧民重返贫困。南疆的沙漠红枣产业发展就是一个很好的例子，通过生态补偿资金的扶持，既发展了产业又保护了生态环境，造就了减缓贫困的长效机制。新疆边境贫困地区具有独特的自然地理环境资源，日照时间长，气候干旱，光源充足，广阔的可供开垦的荒地。当地政府可利用生态补偿的契机，创新生态补偿方式，向生态补偿客体提

供先进科学技术，利用光热资源发展特殊的生态产业、生态农业、生态旅游业。将生态补偿与优势产业、特色产业结合起来，不仅可以提高当地农牧民的收入水平、增强其持续发展能力，也可以推进产业结构调整，最终从根本上解决边境贫困地区"三生"问题。

### 6.2.5.2　利用生态补偿推进生态产业发展

首先，扩展生态补偿范围，利用生态补偿推进生态产业发展。例如，在边境贫困地区除了对公益林进行补偿外，也可将贫困地区林果基地也纳入林业补偿范围，安排专项资金发展产品加工业和贮运保鲜业，在积极推进贫困地区林果业发展的同时，也起到了涵养水源、防风固沙的作用。其次，以生态补偿为契机，大力支持贫困地区生态产业发展，培育新疆边境贫困地区的特色产品品牌，建立生态标识认证体系，给予边境贫困地区特色产品在贷款和技术上提供相应支持。由于新疆边境地区具有丰富而独特的旅游资源，各地区应当根据其独特的民族特色与自然风景，推出具有民族特色的旅游产品和以自然生态环境为依托的生态旅游，将旅游带动就业、旅游扶贫、新农村建设结合起来，从而达到扶贫式生态补偿效果。最后，由于边境贫困地区长时间受到自然灾害和市场风险的双重压力，使得农业生产极其脆弱。因此，国家在发展生态农业时，应对特困区农牧民提供生产补助、农业灾害补助、粮食补助等，并积极开展技术培训，使农牧民参与到生态产业中去，促进当地生态产业发展，提高收入水平。

## 6.2.6　强化公众参与机制

### 6.2.6.1　加强对生态补偿的宣传教育

由于新疆边境贫困地区农牧民的文化水平整体不高，多为少数民族聚集地，对生态补偿项目认识模糊，因此，在开展生态补偿项目初始，加强对生态补偿的宣传力度起到至关重要的作用。首先，可以利用通俗易懂的语言通过广播、电视、网络等新闻媒体对农牧民进行宣传教育，大力提倡"污染者付费、利用者补偿、开发者保护、破坏者恢复"，使农牧民充分了解生态补偿的重要性。其次，各基层政府也应当组织相应部门采取走访形式，入户对农牧民进行政策讲解，让被补偿者充分认识自身的合法权利，鼓励农牧民保护生态环境，积极主动参与到生态补偿项目当中。最后，在生态补偿项目实施过程中，要充分发挥社会媒体的监督作用，对项目进行跟踪报道，对补偿政策执行部门明察暗访，使生态补偿项目实施公开化、透明化，促进其良性循环和发展。

### 6.2.6.2　建立农牧民参与反馈机制

建立农牧民参与生态补偿反馈机制，有利于生态补偿机制的进一步发展和完善。在生态补偿项目实施的过程中，各基层政府和相关行政部门要在基层多进行民意调查，设立公共投诉站、网络投诉等便民实施，鼓励农牧民积极参与。对农牧民反馈的意见认真记录、分类、整理并核实讨论，再采取公开说明会的方式将解决方案进行汇报，对合理意见积极采纳改善，对有争议的意见做好沟通工作并开展农牧民代表大会进行决策。同时，相关政府部门也应当定期将生态补偿实施动态通过广播、电视、网络等方式进行汇报，广泛收集反馈意见，做到"集民智，聚民心"，最大限度地激发贫困地区农牧民的参与意识。

# 参考文献

［1］ Asquith N. M., Vargas M. T., Wunder S. Selling Two Environmental Services: In – kind Payments for Bird Habitat and Watershed Protection in Los Negros, Bolivia ［J］. Ecological Economics, 2008, 65 (4): 675 – 684.

［2］ Beria Leimona, Meine van Noordwijk, Rudolf de Groot, Rik Leemans. Fairly Efficient, Efficiently Fair: Lessons from Designing and Testing Payment Schemes for Ecosystem Services in Asia ［J］. Ecosystem Services, 2015.

［3］ Crystal Gauvin, Emi Uchida, Scott Rozelle, Jintao Xu, Jinyan Zhan. Cost – Effectiveness of Payments for Ecosystem Services with Dual Goals of Environment and Poverty Alleviation ［J］. Environmental Management, 2010 (453).

［4］ Cranford M., Mourato S. Community Conservation and a Two – stage Approach to Payments for Ecosystem Services ［J］. Ecological Economics, 2011, 71 (15): 89 – 98.

［5］ Chomitz K. M., Brenes E., Constantino L. Financing Environmental Services: The Costa Rican Experience and its Implications ［J］. The Science of the Total Environment, 1999, 240 (18): 66 – 67.

［6］ Cowell R. Environmental Compensation and the Mediation of Environmental Change: Making Capital out of Cardiff Bay ［J］. Journal of Environmental Planning and Management, 2000, 43 (5): 34 – 37.

［7］ Choe C., Fraser I Compliance Monitoring and Agri – environmental Policy ［J］. Journal of Agriculture Economics, 1999, 50 (3).

［8］ Esteve Corbera, Nicolas Kosoy, Miguel Martínez Tuna. Equity Implications of Marketing Ecosystem Services in Protected Areas and Rural Communities: Case studies from Meso – America ［J］. Global Environmental Change, 2007.

［9］Food and Agriculture Organization of the United Nations. The State of Food and Agriculture 2007 Paying Farmers for Environmental Service. Rome, Italy, 2007.

［10］Grieg Gran M. , Porras I. T. , Wunder S. How Can Market Mechanisms for Forest Environmental Services Help the Poor? Preliminary lessons from Latin America ［J］. World Development, 2005, 33 (9): 1511-1527.

［11］Gutman P. From good-will to Payments for Environmental Services: A Survey of Financing Alternatives for Sustainable Natural Resource Management in Developing Countries ［R］. WWF, 2003.

［12］J. K. Turpie, C. Marais, J. N. Blignaut. The Working for Water Programme: Evolution of a Payments for Ecosystem Services Mechanism that Addresses both Poverty and Ecosystem Service Delivery in South Africa ［J］. Ecological Economics, 2007.

［13］Landell-Mills, N. and I. T. Porras, Silver Bullet or Fool's Gold ? A Global Review of Markets for Forest Environmental Services and Their Impact on the Poor ［M］. London, IIED, 2002.

［14］Leander Raes, Nikolay Aguirre, Marijke D' Haese, Guido Huylenbroeck. Analysis of the Cost-effectiveness for Ecosystem Service Provision and Rural Income Generation: A Comparison of Three Different Programs in Southern Ecuador ［J］. Environment, Development and Sustainability, 2014: 163.

［15］Leah L. Bremer, Kathleen A. Farley, David Lopez-Carr. What Factors Influence Participation in Payment for Ecosystem Services Programs? An Evaluation of Ecuadors SocioPáramo Program ［J］. Land Use Policy, 2014 (36) .

［16］Perrot-Maire D. The Vittel Payments for Ecosystem Services: A "Perfect" PES Case? London, International Institute for Environment and Development, 2006.

［17］Paglola, Stefano, Rios, Anar, Arcenas, Agustin. Can the poor Participate in Payments for Environmental Services? Lessons from the Silvopastoral Project in Nicaragua ［J］. Environment and Development Economics, 2008 (133) .

［18］Roldan Muradian, Esteve Corbera, Unai Pascual, Nicolás Kosoy, Peter H. May. Reconciling Theory and Practice: An Alternative Conceptual Framework for Understanding Payments for Environmental Services ［J］. Ecological Economics, 2009 (696) .

［19］Sven Wunder. Payments for Environmental Services and the Poor: Concepts and Preliminary Evidence ［J］. Environment and Development Economics,

2008，13（1）：279－297.

［20］Stefanie Engel, Stefano Pagiola, Sven Wunder. Designing Payments for Environmental Services in Theory and Practice：An Overview of the Issues［J］. Ecological Economics, 2008, 65（4）：663－674.

［21］Stefano Pagiola, Agustin Arcenas and Gunars Platais. Can Payments for Environmental Services Help Reduce Poverty? An Exploration of the Issues and the Evidence to Date from Latin America［J］. World Development, 2005, 33（2）：237－253.

［22］Sven Wunder, Stefanie Engel, Stefano Pagiola. Taking stock：A Comparative Analysis of Payments for Environmental Services Programs in Developed and Developing Countries［J］. Ecological Economics, 2008（654）.

［23］Tom Clements, E. J. Milner－Gulland. Impact of Payments for Environmental Services and Protected Areas on Local Livelihoods and Forest Conservation in Northern Cambodia［J］. Conservation Biology, 2015（291）.

［24］Stefanie Engela, Stefano Pagiolab, Sven Wunderc. Designing Payment for Environmental Services in Theory and Practice：An Overview of the Issues［J］. Ecological Economic, 2008.

［25］Stefano Pagiola. Payments for Environmental Services in Costa Rica［J］. Ecological Economic, 2008.

［26］Wunder. S. Payments for Environmental Services：Some Nuts and Bolts. CIFO［R］. Occasional Paper, 2005（42）.

［27］艾沙江. 艾力，瓦尔斯江. 阿布力孜. 新疆贫困地区经济发展因素综合分析［J］. 经济地理，2007（3）：404－408.

［28］阿班·毛力提汗. 新疆贫困地区人力资源开发与扶贫战略［J］. 新疆社会科学，2005（2）：57－61＋108.

［29］陈作成. 新疆重点生态功能区生态补偿经济效应研究［J］. 西南民族大学学报（人文社科版），2015（12）：162－167.

［30］陈作成. 新疆重点生态功能区生态补偿机制研究［D］. 新疆石河子大学，2014.

［31］段靖，严岩，王丹寅，董正举，代方舟. 流域生态补偿标准中成本核算的原理分析与方法改进［J］. 生态学报，2010（1）：221－227.

［32］戴其文，赵雪雁. 生态补偿机制中若干关键科学问题——以甘南藏

族自治州草地生态系统为例[J].地理学报，2010（4）：494 - 506.

[33] 邓远建，肖锐，严立冬.绿色农业产地环境的生态补偿政策绩效评价[J].中国人口·资源与环境，2015（1）：120 - 126.

[34] 董文福，梁少锋，赵志刚，王志朴.新疆煤炭资源开发生态补偿的对策建议[J].环境保护，2013（24）：62 - 64.

[35] 方珊媛，王勤.进一步建立健全新疆生态补偿机制[J].新疆社科论坛，2014（1）：41 - 46.

[36] 冯艳芬，王芳，杨木壮.生态补偿标准研究[J].地理与地理信息科学，2009（4）：84 - 88.

[37] 葛俊宋.完善新疆森林生态效益补偿制度的思考[D].新疆财经大学，2011.

[38] 葛颜祥，梁丽娟，接玉梅.水源地生态补偿机制的构建与运作研究[J].农业经济问题，2006（9）：22 - 27 + 79.

[39] 龚新蜀，陈作成.新疆生态补偿优先序及对策建议[J].环境保护，2013（9）：66 - 67.

[40] 郭学兰.新疆区域生态补偿法律保障机制分析[J].特区经济，2010（9）：195 - 198.

[41] 郭永奇，张红丽.基于生态系统服务价值的生态补偿问题的探讨——以新疆生产建设兵团为例[J].科学管理研究，2009（3）：69 - 72.

[42] 宫小伟.海洋生态补偿理论与管理政策研究[D].中国海洋大学，2013.

[43] 韩洪云，喻永红.退耕还林生态补偿研究——成本基础、接受意愿抑或生态价值标准[J].农业经济问题，2014（4）：64 - 72 + 112.

[44] 胡小飞，傅春，陈伏生，廖志娟.国内外生态补偿基础理论与研究热点的可视化分析[J].长江流域资源与环境，2012（11）：1395 - 1401.

[45] 韩茜.新疆煤炭开发生态补偿机制研究[J].新疆师范大学学报（自然科学版），2011（4）：19 - 23.

[46] 胡毅涛，贾亚男.基于新疆生态补偿的财政转移支付制度的建立[J].新疆财经，2009（4）：36 - 40.

[47] 黄立洪.生态补偿量化方法及其市场运作机制研究[D].福建农林大学，2013.

[48] 黄力平，丁春元，胡东宇.新疆公益林生态效益补偿机制现状及完

善对策[J].宁夏农林科技，2015（4）：15－16＋18.

[49]蒋依依，宋子千，张敏.旅游地生态补偿研究进展与展望[J].资源科学，2013（11）：2194－2201.

[50]景妍.新疆贫困地区县域经济发展影响因素综合分析[D].新疆师范大学，2010.

[51]金淑婷，杨永春，李博，石培基，魏伟，刘润，王梅梅，卢红.内陆河流域生态补偿标准问题研究——以石羊河流域为例[J].自然资源学报，2014（4）：610－622.

[52]孔令英，段少敏.新疆生态公益林补偿困境及对策研究[J].新疆农垦经济，2013（11）：33－36.

[53]孔令英，段少敏，张洪星.新疆生态补偿缓解贫困效应研究[J].林业经济，2014（3）：108－111.

[54]卡那·吐尔逊.新疆生态移民工程政策分析[D].北京林业大学，2011.

[55]刘倩.新疆限制开发区域生态补偿研究[D].石河子大学，2010.

[56]刘林，付云宝.新疆贫困地区扶贫效率的模糊综合评价分析[J].农业经济与管理，2013（2）：49－56.

[57]刘春腊，刘卫东，陆大道.1987～2012年中国生态补偿研究进展及趋势[J].地理科学进展，2013（12）：1780－1792.

[58]刘文慧.新疆矿产资源开发生态补偿法律问题研究[D].新疆财经大学，2012.

[59]刘春腊，刘卫东.中国生态补偿的省域差异及影响因素分析[J].自然资源学报，2014（7）：1091－1104.

[60]赖力，黄贤金，刘伟良.生态补偿理论、方法研究进展[J].生态学报，2008（6）：2870－2877.

[61]赖敏，吴绍洪，尹云鹤，潘韬.三江源区基于生态系统服务价值的生态补偿额度[J].生态学报，2015（2）：227－236.

[62]吕雁琴，慕君辉，李旭东.新疆煤炭资源开发生态补偿博弈分析及建议[J].干旱区资源与环境，2013（8）：33－38.

[63]李虹.中国生态脆弱区的生态贫困与生态资本研究[D].西南财经大学，2011.

[64]李国平，李潇，萧代基.生态补偿的理论标准与测算方法探讨[J].经

济学家，2013（2）：42－49.

[65] 李屹峰，罗玉珠，郑华，杨绍顺，欧阳志云，罗跃初. 青海省三江源自然保护区生态移民补偿标准[J]. 生态学报，2013（3）：764－770.

[66] 李芬，甄霖，黄河清，魏云洁，杨莉，曹晓昌，龙鑫. 鄱阳湖区农户生态补偿意愿影响因素实证研究[J]. 资源科学，2010（5）：824－830.

[67] 李晓光，苗鸿，郑华，欧阳志云. 生态补偿标准确定的主要方法及其应用[J]. 生态学报，2009（8）：4431－4440.

[68] 李文华，刘某承. 关于中国生态补偿机制建设的几点思考[J]. 资源科学，2010（5）：791－796.

[69] 李国平，张文彬. 退耕还林生态补偿契约设计及效率问题研究[J]. 资源科学，2014（8）：1670－1678.

[70] 李国平，石涵予. 退耕还林生态补偿标准、农户行为选择及损益[J]. 中国人口·资源与环境，2015（5）：152－161.

[71] 李昌峰，张娈英，赵广川，莫李娟. 基于演化博弈理论的流域生态补偿研究——以太湖流域为例[J]. 中国人口·资源与环境，2014（1）：171－176.

[72] 慕君辉. 新疆煤炭开发全流程生态补偿应对策略研究[D]. 新疆大学，2013.

[73] 毛德华，胡光伟，刘慧杰，李正最，李志龙，谭子芳. 基于能值分析的洞庭湖区退田还湖生态补偿标准[J]. 应用生态学报，2014（2）：525－532.

[74] 马爱慧，蔡银莺，张安录. 基于选择实验法的耕地生态补偿额度测算[J]. 自然资源学报，2012（7）：1154－1163.

[75] 马延亮. 新疆煤炭资源开发生态补偿标准研究[D]. 新疆大学，2012.

[76] 马爱慧，蔡银莺，张安录. 耕地生态补偿实践与研究进展[J]. 生态学报，2011（8）：2321－2330.

[77] 孟浩，白杨，黄宇驰，王敏，鄢忠纯，石登荣，黄沈发，王璐. 水源地生态补偿机制研究进展[J]. 中国人口·资源与环境，2012（10）：86－93.

[78] 明拥军. 新疆贫困地区反贫困研究[D]. 新疆农业大学，2006.

[79] 宁银苹. 新疆生态环境与经济协调发展研究[D]. 西北民族大学，2009.

［80］欧阳志云，郑华，岳平．建立我国生态补偿机制的思路与措施［J］.生态学报，2013（3）：686－692.

［81］曲富国，孙宇飞．基于政府间博弈的流域生态补偿机制研究［J］.中国人口·资源与环境，2014（11）：83－88.

［82］曲富国．辽河流域生态补偿管理机制与保障政策研究［D］.吉林大学，2014.

［83］秦艳红，康慕谊．国内外生态补偿现状及其完善措施［J］.自然资源学报，2007（4）：557－567.

［84］乔旭宁，杨永菊，杨德刚．流域生态补偿研究现状及关键问题剖析［J］.地理科学进展，2012（4）：395－402.

［85］苏芳，尚海洋．生态补偿方式对农户生计策略的影响［J］.干旱区资源与环境，2013（2）：58－63.

［86］宋晓谕，徐中民，祁元，尹小娟，葛劲松．青海湖流域生态补偿空间选择与补偿标准研究［J］.冰川冻土，2013（2）：496－503.

［87］谭秋成．资源的价值及生态补偿标准和方式：资兴东江湖案例［J］.中国人口·资源与环境，2014（12）：6－13.

［88］谭秋成．关于生态补偿标准和机制［J］.中国人口·资源与环境，2009（6）：1－6.

［89］陶建格．生态补偿理论研究现状与进展［J］.生态环境学报，2012（4）：786－792.

［90］王承武，孟梅，蒲春玲．新疆矿产资源开发生态环境补偿机制研究［J］.生态经济（学术版），2011（1）：345－349.

［91］王辉．煤炭开采的生态补偿机制研究［D］.中国矿业大学，2012.

［92］王军锋，侯超波，闫勇．政府主导型流域生态补偿机制研究——对子牙河流域生态补偿机制的思考［J］.中国人口·资源与环境，2011（7）：101－106.

［93］王明珠．新疆矿产资源开发生态补偿机制研究［D］.中国地质大学（北京），2014.

［94］王蕾，苏杨，崔国发．自然保护区生态补偿定量方案研究——基于"虚拟地"计算方法［J］.自然资源学报，2011（1）：34－47.

［95］王军锋，侯超波．中国流域生态补偿机制实施框架与补偿模式研究——基于补偿资金来源的视角［J］.中国人口·资源与环境，2013（2）：

23 - 29.

［96］王兴杰，张骞之，刘晓雯，温武军．生态补偿的概念、标准及政府的作用——基于人类活动对生态系统作用类型分析［J］．中国人口·资源与环境，2010（5）：41 - 50.

［97］王干，白明旭．中国矿区生态补偿资金来源机制和对策探讨［J］．中国人口·资源与环境，2015（5）：75 - 82.

［98］王女杰，刘建，吴大千，高甡，王仁卿．基于生态系统服务价值的区域生态补偿——以山东省为例［J］．生态学报，2010（23）：6646 - 6653.

［99］王敏，肖建红，于庆东，刘娟．水库大坝建设生态补偿标准研究——以三峡工程为例［J］．自然资源学报，2015（1）：37 - 49.

［100］万军，张惠远，王金南，葛察忠，高树婷，饶胜．中国生态补偿政策评估与框架初探［J］．环境科学研究，2005（2）：1 - 8.

［101］汪海霞．新疆贫困地区自我发展能力研究［D］．石河子大学，2014.

［102］汪运波，肖建红．基于生态足迹成分法的海岛型旅游目的地生态补偿标准研究［J］．中国人口·资源与环境，2014（8）：149 - 155.

［103］汪劲．论生态补偿的概念——以《生态补偿条例》草案的立法解释为背景［J］．中国地质大学学报（社会科学版），2014（1）：1 - 8 + 139.

［104］文琦．中国矿产资源开发区生态补偿研究进展［J］．生态学报，2014（21）：6058 - 6066.

［105］吴箐，汪金武．完善我国流域生态补偿制度的思考——以东江流域为例［J］．生态环境学报，2010（3）：751 - 756.

［106］徐大伟，李斌．基于倾向值匹配法的区域生态补偿绩效评估研究［J］．中国人口·资源与环境，2015（3）：34 - 42.

［107］徐大伟，涂少云，常亮，赵云峰．基于演化博弈的流域生态补偿利益冲突分析［J］．中国人口·资源与环境，2012（2）：8 - 14.

［108］徐海量，樊自立，禹朴家，张青青，张鹏．新疆玛纳斯河流域生态补偿研究［J］．干旱区地理，2010（5）：775 - 783.

［109］徐键．论跨地区水生态补偿的法制协调机制——以新安江流域生态补偿为中心的思考［J］．法学论坛，2012（4）：43 - 50.

［110］肖建红，陈绍金，于庆东，陈东景，刘华平．基于生态足迹思想的皂市水利枢纽工程生态补偿标准研究［J］．生态学报，2011（22）：6696 - 6707.

［111］薛强，樊宏霞．新疆草原生态补偿机制的问题及对策研究［J］．新疆

农垦经济，2011（12）：57－61.

［112］尤立杰．基于生态补偿的新疆煤炭资源开发环境代价评估［D］.新疆大学，2010.

［113］杨新荣．湿地生态补偿及其运行机制研究——以洞庭湖区为例［J］.农业技术经济，2014（2）：103－113.

［114］杨光梅，闵庆文，李文华，甄霖．中国科学院地理科学与资源研究所．我国生态补偿研究中的科学问题［J］.生态学报，2007（10）：4289－4300.

［115］杨鹏宇．基于生态补偿的新疆煤炭资源开发利益分配研究［D］.新疆大学，2014.

［116］余国新，刘维忠．新疆贫困地区产业化扶贫模式与对策选择［J］.江西农业学报，2010（7）：161－163.

［117］袁伟彦，周小柯．生态补偿问题国外研究进展综述［J］.中国人口·资源与环境，2014（11）：76－82.

［118］赵雪雁，李巍，王学良．生态补偿研究中的几个关键问题［J］.中国人口·资源与环境，2012（2）：1－7.

［119］赵雪雁，张丽，江进德，侯成成．生态补偿对农户生计的影响——以甘南黄河水源补给区为例［J］.地理研究，2013（3）：531－542.

［120］赵翠薇，王世杰．生态补偿效益、标准——国际经验及对我国的启示［J］.地理研究，2010（4）：597－60.张灵俐，李万明．新疆草原生态移民补偿机制的框架设计［J］.生态经济，2014（12）：184－186.

［121］周晨，丁晓辉，李国平，汪海洲．南水北调中线工程水源区生态补偿标准研究——以生态系统服务价值为视角［J］.资源科学，2015（4）：792－804.

［122］张春林．新疆可持续发展的区域公共政策研究［D］.新疆大学，2007.

［123］张瑞．新疆生态补偿法律制度研究［D］.新疆大学，2012.

［124］张思锋，杨潇．煤炭开采区生态补偿标准体系的构建与应用［J］.中国软科学，2010（8）：106－116＋147.

［125］张建肖，安树伟．国内外生态补偿研究综述［J］.西安石油大学学报（社会科学版），2009（1）：23－28.

［126］张向丽．新疆跨越式发展进程中生态文明建设研究［D］.喀什师范学院，2014.